大数据与人工智能应用导论

主　编：徐　戈　吴景岚　林东亮

电子科技大学出版社
University of Electronic Science and Technology of China Press
·成都·

图书在版编目(CIP)数据

大数据与人工智能应用导论 / 徐戈, 吴景岚, 林东亮主编. -- 成都 : 电子科技大学出版社, 2019.12（2021.1重印）
ISBN 978-7-5647-7644-2

Ⅰ. ①大… Ⅱ. ①徐… ②吴… ③林… Ⅲ. ①数据处理－研究②人工智能－研究 Ⅳ. ①TP274②TP18

中国版本图书馆CIP数据核字(2020)第016311号

大数据与人工智能应用导论
主编 徐戈 吴景岚 林东亮

策划编辑 陈松明 李述娜
责任编辑 李述娜

出版发行 电子科技大学出版社
成都市一环路东一段159号电子信息产业大厦九楼 邮编 610051
主 页 www.uestcp.com.cn
服务电话 028-83203399
邮购电话 028-83201495

印 刷 定州启航印刷有限公司
成品尺寸 170mm×240mm
印 张 15.25
字 数 290千字
版 次 2019年12月第一版
印 次 2021年1月第二次印刷
书 号 ISBN 978-7-5647-7644-2
定 价 49.00元

前　言

21 世纪，大数据与人工智能密不可分，人工智能会把人从简单的脑力劳动中解放出来，大数据就是第一步。数据量的激增使得企业可以通过数据实现一些过去只有人能够做的事情，因此大数据是人工智能的前提。近年来，关于大数据与人工智能的讨论与研究一直在持续。越来越多使用大数据与人工智能技术的软件与网站出现在我们的生活之中，为无数人的生活与工作带来了便利。与此同时，大数据技术与人工智能技术渗透到了各个行业之中，颠覆了很多常规行业的运作模式。

未来我国大数据应用技术的发展将涉及几个热点领域。首先，机器学习、人工智能继续成为大数据智能分析的核心技术，大数据预测和决策支持仍是主要应用。在学术上，深度分析扮演技术主角，推动整个大数据智能的应用。今后，深度学习将在图像分类、语音识别、问答系统等应用上取得重大突破，并有望成功得到商业应用。其次，数据科学将带动多学科融合。随着社会的数字化程度逐步加深，更为宽泛、更为包容大数据的边界不断完善，使得越来越多的学科在数据层面趋于一致，为类比科学研究创造了条件。“数据科学”的基础研究与成果将源源不断地注入技术研究和应用范畴中。

本书属于大数据与人工智能方面的教材，由大数据与人工智能的基本认识、大数据技术与数据处理、数据挖掘、深度学习、机器学习和大数据与人工智能在各领域应用与案例分析等部分组成。全书以大数据与人工智能为研究对象，分析当前背景下大数据与人工智能在各行各业的应用，阐述大数据与人工智能理论，并进行深入研究，为科学技术和经济社会的发展起到推动作用。

本教材对大数据与人工智能的初学者、人工智能方面的研究者和从业人员有学习和参考价值。由于编者水平经验不足，不足和疏漏不足之处在所难免，敬请读者予以指正。

本教材在撰写过程中得到大数据与人工智能的研究学者的帮助和支持，同时也得到 2017 年度“福建省高等学校新世纪优秀人才支持计划”（徐戈：基于汉字的单词语义相关性计算）和 2018 年度“闽江学院 2018 年教学创新团队”（徐戈：大数据技术教学团队）项目的资助，才使得本书能够及时与读者见面，特此感谢！

目　录

第 1 章　大数据的基本认识

1.1　大数据的特征

大数据与传统数据最大的区别，就在于它所能带来的机遇与挑战。大数据是流动的、变化的、快速增长的信息资产，蕴含着巨大的可能和潜力，能够带来无法想象的价值空间，是一个巨大的宝库，而开启这个宝库的钥匙就是人们的头脑，需要以新的思维模式，运用新的技术手段，采取新的模式方法，来解读和分析它，从而获取其中所蕴涵的价值。

国际化数据公司 (IDC) 从大数据的四个特征来对其进行定义：即海量的数据规模 (Volume)、快速的数据流转 (Velocity)、多样的数据类型 (Variety)、巨大的数据价值 (Value)（图 1-1）。大数据的核心能力，是发现规律和预测未来。我们认为，通过四个“V”，能够更好地把握大数据的特征。

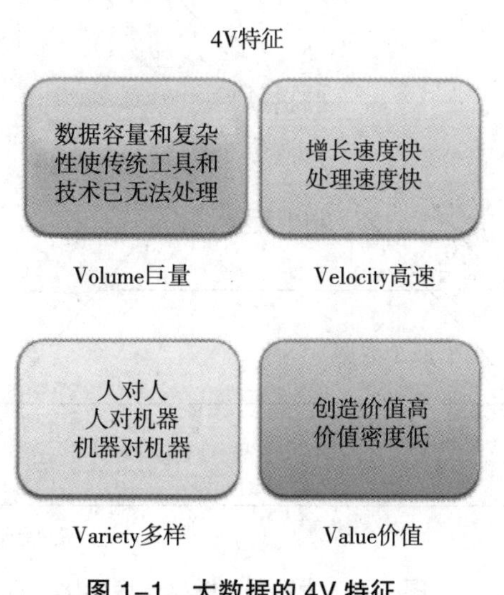

图 1–1　大数据的 4V 特征

1.1.1 体量 (Volume)

大数据的起始计量单位至少是 PB(即 1000TB)、EB(100 万个 TB) 或 ZB(10 亿个 TB)，未来甚至会达到 YB 或者 BB。

这与数据存储和网络技术的发展密切相关。数据的加工处理技术的提高、网络宽带的成倍增加，以及社交网络技术的迅速发展，使数据产生量和存储量成倍增长。

在某种程度上来说，数据的数量级的大小并不重要，重要的是数据具有了完整性。这也使全本分析具备了可能性。

那么，是否数据量足够大时，就可以称为大数据呢？是否可以说体量巨大，才是大数据最重要的特性呢？

为了理解这个问题，将大数据与数据仓库做了一下对比 (图 1-2)。真实世界中的数据可以大致区分为两类，即客观世界中的数据与主观世界中的数据。

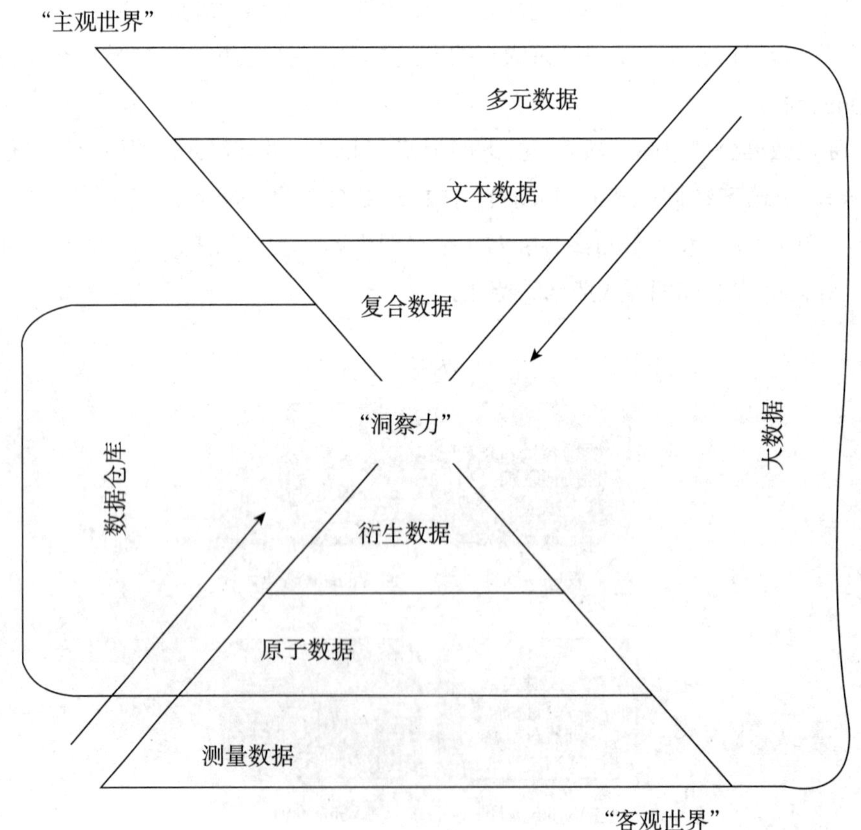

图 1–2　大数据与数据仓库对比

客观世界中的数据描述的是物理世界本身。这部分数据大多是数字的或者是关键字数据，多为结构化的数据，适合用计算机和标准统计学方式来处理，通常称为硬数据。硬数据又可以细分为三类：

1. 测量数据 (Measurement Data)

测量数据指的是从与计算机或与互联网相连的传感器网络所采集到的数据。测量数据包括了位置、速度、流率、事件计数、化学信号等，这个类型的大数据已被科学家认识和研究多年。

2. 原子数据 (Atomic Data)

原子数据指的是由客观事件和人类活动有意义的交织而形成的数据。比如，磁卡读取账户信息，紧接着 ATM 吐出现金，这就标识着一次取现行为的完成。再比如，一组特定模式的位置、速度和重力的测量数据组合，以及自动导航仪中记录的时间数据，共同标识了一次飞机事故。原子数据包括网络日志记录 (Web Log Records)、电子商务事件等。

3. 衍生数据 (Derived Data)

衍生数据由原子数据经数学处理而得到，通常用来帮助人们更深刻地理解数据背后的含义。例如，银行事务可以归结起来生成账户统计信息等。生成衍生数据的过程往往会造成一些细节的丢失。

而主观世界中的数据是通过人类认识世界，以及人类之间的互相交流而产生的。相对于硬数据，可以称为软数据。软数据是人类在与世界和社会互动的过程中产生的数据信息，通常结构化程度不高，需要特定的统计和分析方式来进行处理。软数据也可以细分为三类。

（1）多元数据 (Multiplex Data)，多元数据包括图像、视频、音频数据等，多为非结构化数据。

（2）文本数据 (Textual Data)，文本数据包括文本、文件数据。这类数据通常适用于使用统计工具或者文本分析工具进行处理。

（3）复合数据 (Compound Data)，复合数据是硬信息与软信息的结合体，也是两者之间的桥梁。通常包含作为对硬数据补充解释的结构化的、带语义的和模式化的数据。复合数据的代表是元数据。复合数据是最终极的数据，也是数据科学的研究中最引人注目的地方。

首先将这两大类数据画到一张图里，形成两个互相对立的金字塔。这里金字塔的每一层的宽度与该类型数据的数据体量和记录数目大致呈正比例关系（图 1-2)。图中，上面的是主观世界中的数据，下面的是客观世界中的数据，而人们最关心的就是两者之间的交点，也就是数据所蕴涵的意义。

数据仓库和大数据的目标都是探索数据宇宙中所蕴涵的意义，也都是从高度细节化的数据集开始，逐步朝着人类思维能够理解和把握的，更具有洞察力的小规模数据集方向推进，最后为人类所利用。

但是大数据的关注重点，更强调主观世界中巨量细节化数据，而且传统的数据仓库的分析模式是基于先期假设而开展的，而大数据的研究则基于统计结果来提取和创立假设。

由此可见，并不是说数据量足够大的数据就能称为大数据，而是要符合大数据的全部 4V 特性才行。

1.1.2 多样性 (Variety)

图 1-3 中展示了多种类型的数据各自的特征，任选其中几项。

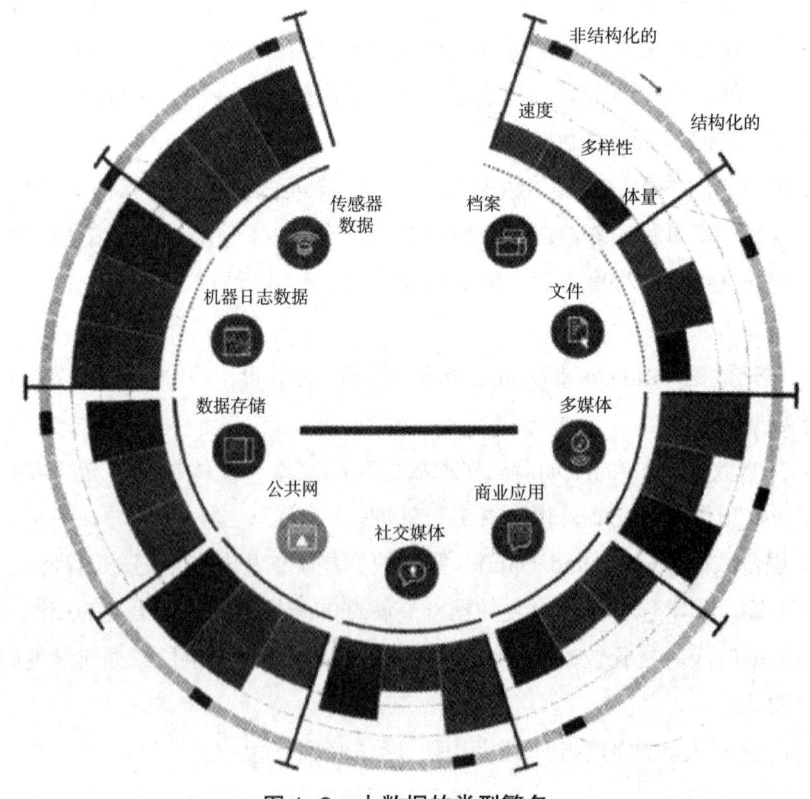

图 1-3　大数据的类型繁多

1. 档案数据：非结构性很强，产生速度慢，多样性不高，体量不算大；

2. 媒体数据：介于结构化与非结构化之间，产生速度非常快，多样性适中，体量巨大；

3. 传感器数据：结构性非常强，产生速度非常快，多样性强，体量巨大。

图中所示的这些类型的数据都包含在大数据的范畴之内，由此可见大数据多样性之一斑。

数据格式的多样化与数据来源的多元化为人类处理这些数据带来了极大的不便。大数据时代所引领的数据处理技术，不仅为挖掘这些数据背后的巨大价值提供了方法，也为处理不同来源、不同格式的多元化数据提供了可能。

以往的数据量尽管巨大，但大多以结构化数据为主。这种数据一般运用关系型数据库作为工具，通过计算机软件和设备很容易进行处理。结构化数据是将某一类事物的数据数字化以便于我们进行存储、计算、分析管理方式而进行抽象的结果。在某种情况下可以忽略一些细节，专注于选取有意义的资讯信息。处理这类数据，只需确定好数据的价值，设置好各个数据间的格式，构建起数据间的相互关系，进行保存即可，一般不需要进行更改。数据世界发展到目前，使得非结构化数据超越结构化数据，非结构化数据具有大小、内容、格式等结构不同，不能用一定的结构来进行框架的特点。如我们在上网冲浪的过程中所看的电影视频、旅游过程中上传的照片、朋友圈发的说说、记录的微博等。人们日常工作中接触的文件、照片、视频，都包含大量的数据，蕴含大量的信息。有机构进行的统计显示，在一个企业组织结构中，目前非结构化数据已占据了总数据量 75% 以上，也有研究机构认为在 85% 以上。尽管截至目前，在这方面还没有一个精准、权威的统计数据，但足以说明非结构数据的增长速度不容小觑。

非结构化数据的出现，为人们如何迅速、方便地处理数据带来很大的挑战。Yahoo 公司在 Google 公司所开发的 Mapreduce 成果的启发上，开发出的 Hadoop 软件，解决了处理非结构化数据的难题，也使得大数据的发展脚步进入了快速化的阶段。

1.1.3　价值 / 真实性 (Value/Veracity)

数据是原始的和零散的，通过对数据的过滤和组织可以得出信息，再将信息进行整合与呈现，就能获取知识，知识最后经由领悟与归纳形成智慧。因此，这是一个不断抽象、不断归纳、不断升华的过程。

大数据的这个特性，更多刻画的是它给人们带来的一个挑战——数据的价值“提纯”。一方面，数据噪声、数据污染等因素带来了数据的不一致性、不完整性、模糊性、近似性、伪装性，这给数据“提纯”带来了挑战；另一方面，超级庞大的数据量、极其复杂的多样特性，也给数据“提纯”增加了难度。

以视频为例，在连续不间断的监控过程中，可能有用的数据仅有一两秒。

在分析数据的过程中，我们会发现，随着掌握的数据越来越多，统计上显著的相关关系也就越来越多。然而，这些相关关系中，有很多都是没有实际意义的，在真正解决问题时很可能将人引入歧途。这种欺骗性会随着数据的增多而指数级地增长。

可以打一个形象的比喻。数据“提纯”的过程就好比要在一个干草垛中找到一根针。数据本身的污染以及数据分析过程中引入的干扰，很可能会将人们引入歧途。这也是大数据时代的特征之一：“重大”发现的数量可能会被数据扩张带来的噪声淹没。所以，如果不能很好地处理大数据的“提纯”问题，最终只会产生更大的“干草垛”。

1.1.4 速度 (Velocity)

如果将大数据的速度仅限定为数据的增长率的话就错误了。这里的速度应动态地理解为对数据的处理速度与数据的流动速度。大数据对数据的处理要求为马工枚速，这也是大数据与传统数据处理特点不同之处。

智能终端、物联网、移动互联网的普遍运用，个人所产生的数据，都会使数据呈现爆炸式的增长\新数据不断涌现，旧数据的快速消失，都为对数据处理的要求提供了硬性的标准。只有做到对数据的处理速度跟上甚至是超越大数据的产生速度，才能使得大量的数据得到有效的利用，否则不断激增的数据不但不能为解决问题带来优势，反而成了快速解决问题的负担。在数据处理速度方面，有一个著名的“1 秒定律”，即大数据下，很多情况下都必须要在 1 秒钟或者瞬间形成结果，否则处理结果就是过时和无效的。对大数据要求快速、持续的实时处理，也是大数据与传统海量数据处理技术的关键差别之一。

此外，数据不是静止不动的，而是在移动互联网、设备中不断流动的，数据的流动消除了“数据孤岛”现象，通过数据如水一般在不同的存储平台之间自由流动，将数据在合理的环境下进行存储，可以使各类组织不仅能够存储数据，而且能够主动管理数据。但也应该看到，对于这样的数据，仍然需要得到有效的处理，才能避免其失去价值。

大数据的 4V 特征，刻画了大数据与传统数据之间的差异，带给人们的既是机遇，也是挑战。

既有的技术架构和路线已经无法高效处理如此海量、多样化、快速增长的数据。因此，大数据技术的战略意义不仅在于掌握庞大的数据信息，还包括对这些含有意义的数据进行专业化处理。

换言之，如果把大数据比作一种产业，那么这种产业实现盈利的关键，在于提高对数据的“加工能力”，通过“加工”实现数据的“增值”。

可以说，大数据时代对人类的数据驾驭能力提出了新的挑战，也为人们获得更为深刻、全面的洞察能力提供了前所未有的空间与潜力。

综合大数据的 4V 特性，可以给大数据下如下定义：大数据，就是在计算机技术的快速发展推动下，随着互联网、物联网的推广与普及，所涌现的高速产生、海量、多种类、多来源、多模态，需要运用先进的处理、分析和呈现技术对其进行“提纯”才能产生价值的结构化、半结构化和非结构化数据。

大数据的时代，更要充分发挥数据的能力，为人们出谋划策。

大数据是未来的信息资产，是 21 世纪的“石油”。石油还有采完的一天，可数据却取之不尽。

1.2　大数据的本质

数据作为一种数字编码，在古埃及时期被认为是一种记录符号，文艺复兴时期被用来描述自然规律和物理现象，现在逐渐被认为是世界的本质，万物的本源，可以说其发展过程历经了长久的洗礼。大数据时代下，其带来的一系列新的理念、思维、认知方式无疑会给对我们传统的世界观形成颠覆性的影响。

1.2.1　数据的本体论主张

世界的本源是什么？这是每一个哲学学派都需要回答的问题，也就是我们所讨论的关于本体论的回答。大数据作为一场数据科学技术革命，也对这个问题带来了新的看法。

远古时期，“数”就经常被先哲们用来揭示事物发展的规律，因此也被认为是事物发展的本质。从博大精深的易经所构思的八卦所推算出的数的变化，到古代哲学家老子所提出的阴阳主张，数的本体论思想得到高度的认同。老子认为，阴阳是世间万物的本源，是世界的本体，故由此提出“道生一，一生二，二生三，三生万物，万物负阴而抱阳，冲气以为和”的主张。后来在这基础之上，各家学派也以此为基础，纷纷提出了自己的哲学主张。特别的，其中河书、洛图更是将世间万事万物与 1、2、3 等几个简单的数字联系，也将数据作为世界的本源主张推至巅峰。在西方，毕达哥拉斯最早提出“数”是万物的本源。毕达哥拉斯主张，世界不是物质的，而是由一系列的相关的“数”所构成的，故此，“万物皆数”。毕达哥拉斯所提出的观点，由此将数升华为万物之基。文艺复兴后，哲学研究的重心由关注“世界是怎样的”转到“怎样认识世界”，因此在这段时期，对于数据的本体论的讨论热度并不是很高，但在这一时期，由于近代科学的兴起，使得数据在科学研究中得到了较大的突破，人们对数据引起了高度的重视，但也仅限于将数据作为一种认识工具。例如牛顿引用数据、数学研究力学，莱布尼兹则通过运用数据工具，发现了著名的“单子论”。

随着电子科学技术革命的蓬勃兴起，数据的重要作用开始显现出来，特别是进入 21 世纪以来，移动互联网、物联网、各种智能终端的普及，使得数据的规模一下子呈现出爆发式的增长。伴随着数据增长的数据处理技术的日益发展成熟，人类也从小数据时代跨入了大数据时期。在大数据时代下，数据作为一项新的生产要素，也可以说是一项新的资源，数据的本体论主张讨论再一次的兴起。

在大数据时代，数据的本体论思想被提升到一种前所未有的高度。大数据哲学思想认为：数据不仅仅是一种衡量事物特征的符号和工具，而是世界的本源，世间的万事万物及其关系都可以用数来表示，用数据来量化一切。大数据时代的预言家舍恩伯格提出，“有了大数据的帮助，我们不会再将世界看作是一连串我们认为或是自然或是社会现象的事件，我们会意识到本质上世界是由信息构成的”。惠勒也提出了“万物源于比特”的主张，这里的比特是一种基本粒子，它是一个抽象的二进制数字。“万物皆数”是大数据时代哲学领域本体论的基本主张。

1.2.2 大数据及其本质

自数据被提升到本体论的高度后，我们也开始思考数据的本质问题，何为数据的本质？不同的哲学分支领域对此做出了不同的回答，我们认为，数据作为一种信息表达方式，与物质的根本属性相同，因此，数据也是一种客观实在。

1. 数据作为信息表达方式，是物质与意识共同作用的结果

我们知道，任何信息的产生和传递，都需要物质作为载体。作为信息表达方式之一的数据，同样也是这样，任何数据都需要物质背景，数据反映的是物质及其关系的表态，或者可以说，数据是物质及其关系的反映，是以物质作为基础的。

马克思主义哲学思想认为，物质决定意识，意识是客观事物在人脑中的反映。那么数据作为一种信息，其以物质为载体，与物质、意识间的关系是如何的呢？事实上，数据作为反映物质现象的表征，从本质上来说，是人类利用自己的主观能动性来对客观世界的一种设想，是我们用自己的意识通过数量的描述方式来反映物质世界及其关系。就如康德所认为的，要想更好地认识世界和改造世界，就需要量、质、关系等多个范畴来对客观世界进行刻画。数据则是能够更好地描述和刻画这些多元化的范畴，正如舍恩伯格所认为的：通过数据化，在很多情况下我们就能全面采集和计算有形物质和无形物质的存在，并对其进行处理。

2. 数据的客观实在性与第三世界

如何对数据的客观实在性进行理解？以我们的影子倒映在墙上来讲，尽管影子没有具有虚拟化的特征，如果把这些影子用一定的方式记录下来的话，那么我们所记录的这些影子便具有了一定意义上的客观实在性了。同理可推，数据作为事物的“影子”记录，其本身也具有客观实在性。大数据时代下，万事万物的状态可以用数据进行量化，那么这些数据记录就会停留下来，作为一种客观实在，成为世间物质运动存在的新方式。

波普尔在其《客观知识》著作中将世界划分为三类，第一世界是物质世界，是指一切客观物质及其现象，包括物理现象及其状态；第二世界是精神世界，指主观精神的世界，包括心理素质、意识状态；第三世界是客观世界，构成这一世界的要素很广泛，包括客观的知识和艺术作品。数据作为主观意识对客观物质的数量描述，它是一种主观精神的产物，具有可复制性和客观性。因此如果按照波普尔三个世界的划分方法，数据应该归属于第三世界的范畴。

如果按照波普尔的观点，主观意识在脱离了主体后，成为一种客观世界的客观知识，那么数据也可以说是一种客观知识。在大数据时代下，海量的数据在智能终端、物联网等科学技术或者是人类采集后，数据就脱离了采集主体而成为一种客观实在，能够影响和反映出客观世界的变化，大幅度地增加了第三世界的内容，拓展了第三世界的广度和深度。

1.3　大数据的现状与应用

资本的注入带来了人才缺口大、大数据相关职位薪资高的现状，因此吸引越来越多的人才开始涌入这个行业。伴随着大量的资本引入，大数据的相关技术在资本的带领下会更快地发展。大数据产业仿佛一棵树苗，根植在“政策”的土壤中，资本作为肥料在不断地促进大数据与人工智能的发展。图 1-4 为腾讯大数据营销战略概念图。

图 1–4　腾讯大数据营销战略概念图

1.3.1 人才缺口巨大

在大数据专业火热的背后是巨大的人才缺口。从以下三个方面就可以看出大数据的人才需求量巨大。

1. 35 所大学开设大数据专业

大数据行业人才缺口巨大，促使国内高等院校瞄准这个机会，大力培养大数据人才。

2. 未来 3~5 年内，需要 180 万大数据人才

大数据行业的火热带动了就业，很多新成立的公司获得了大额的融资，但是面临人才短缺的问题，促使人才需求量增加。

3. 大数据工程师基本薪资在每年 30 万 ~50 万元

大数据行业的公司不是传统互联网行业领跑者就是拥有大量资本的新公司，因此大数据工程师的薪资待遇通常较高。

1.3.2 大数据进入快速增长期

近年来在国家政策支持和各方面的努力下，我国大数据产业循序发展，应用不断深化，大数据已经成为当今经济社会领域备受关注的热点之一。2017 年全球大数据市场规模达到 501 亿美元，同比增长 10%。大数据逐渐成为全球 IT 支出新的增长点。预计大数据市场规模在 2023 年有望达到 892 亿美元。中国大数据产业起步晚，发展速度快。物联网、移动互联网的迅速发展，使数据产生速度加快、规模加大，迫切需要运用大数据手段进行分析处理，提炼其中的有效信息。2017 年，中国大数据市场规模达到 234 亿元，同比增长 39%。

2016 年，我国大数据相关硬件市场规模为 1093 亿元，到 2017 年已经达到 1389 亿元。随着大数据相关产业的快速发展及应用场景的扩大，我国大数据硬件层市场将迎来一个崭新的快速发展的局面。预计 2018 年市场规模将达到 1890 亿元，2023 年将突破至 3000 亿元。就中国大数据市场而言，大数据软件市场占比较小。2012 年大数据软件市场规模约为 0.54 亿元，2016 年大数据软件市场规模约为 7 亿元，2017 年中国大数据软件市场规模约为 11 亿元。预计到 2023 年，其市场规模达到 151 亿元。

中国信息消费市场规模量级巨大，增长迅速。在网络能力的提升、居民消费升级和四化加快融合发展的背景下，新技术、新产品、新内容、新服务、新业态不断激发新的消费需求，而作为提升信息消费体验的重要手段，大数据将在行业领域获得广泛应用。“十三五”期间，金融、电信、零售、汽车等领域仍是重点拓展方向，商会将

产品打包以解决方案模式提供给企业。而在垂直应用领域，人脸识别、声音识别、多重身份匹配等也是拓展的主要领域。

“十三五”时期是我国全面建成小康社会的决胜阶段，全球新一代信息技术产业发展正处于加速变革期，国内市场应用需求处于爆发期，我国大数据产业迎来了重要的发展时刻。预计到 2023 年，中国大数据产业市场规模将增长至 1277 亿元。大数据时代已经到来。我国大数据市场规模如图 1-5 所示。

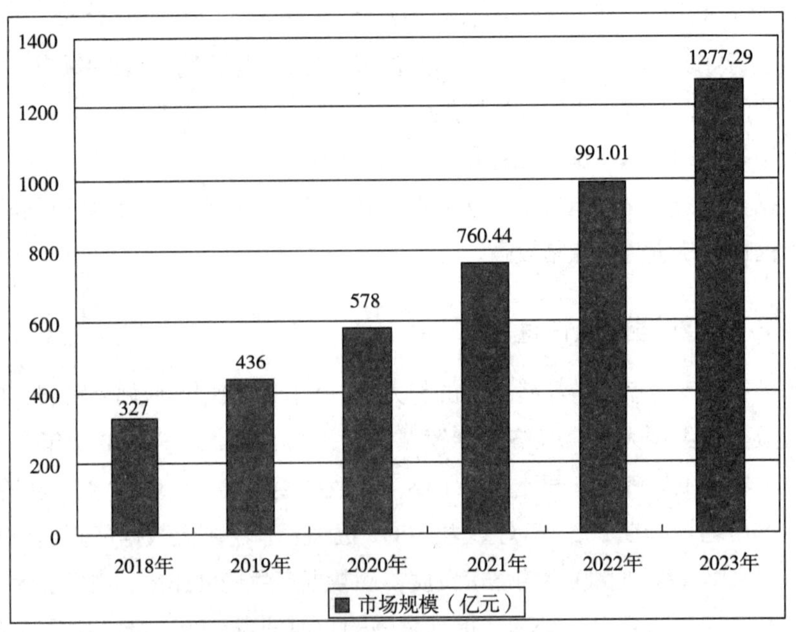

图 1–5　我国大数据市场规模（数据来源：中研普华）

1.3.3　大数据企业年轻化

大数据行业的兴起，使很多投资人对大数据企业较为看好。近几年来，创业者也都选择投入大数据行业。图 1-6 为大数据企业所获投资“轮”[①]。

① 王翔，周勇，畅玉洁，等．走进大数据与人工智能 [M]. 天津：天津大学出版社，2018，08.

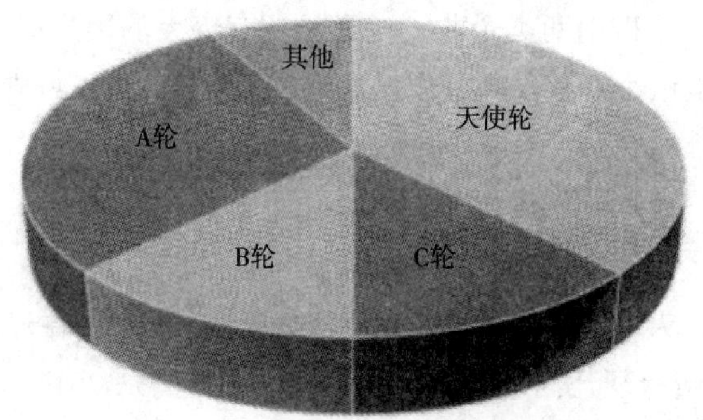

图 1-6　大数据企业所获投资“轮”

轮的字母越靠前，证明所获得投资的时间越短。

天使轮：该企业刚刚创立。

A 轮：基本产品模型已经形成。

B 轮：产品已经成功验证并可以批量生产，需要验证企业赚钱能力。

C 轮：商业模式验证成功，需要在资本上碾压对手。

其他：分为“Pre-IPO”“Pre-A”等，分别有不同的含义。

1.3.4　传统互联网行业占据主导地位

由于传统互联网行业的用户优势和技术优势，在大数据领域，传统互联网企业依然把持着大量的资源。图 1-7 为中国大数据行业发展指数排名前十的企业。

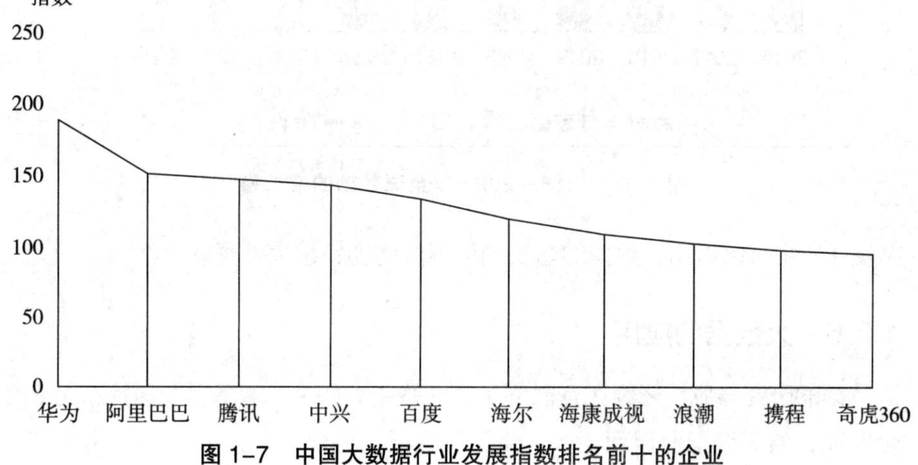

图 1-7　中国大数据行业发展指数排名前十的企业

从图 1-7 中可以分析出两类企业，一类是拥有庞大的用户群体和用户数据的企业，如阿里巴巴、腾讯、百度、携程、奇虎 360；另一类是依靠技术在大数据相关领域进行发展的企业，如华为、中兴、海尔、海康威视、浪潮等。

1.3.5 全球数据量急速增长

伴随着云计算、大数据、物联网、人工智能等信息技术的快速发展和传统产业数字化的转型，数据量呈现几何级增长，全球数据总量将从 2016 年的 16.1ZB 增长到 2025 年的163ZB(约合180万亿GB)，十年10倍的增长，复合增长率为26%(图1-8)。数据量的快速增长已经远远超越单个计算机存储和处理能力，数据中心处理能力变得日益重要，同时也驱动着数据中心网络不断向大带宽低时延方向演进。

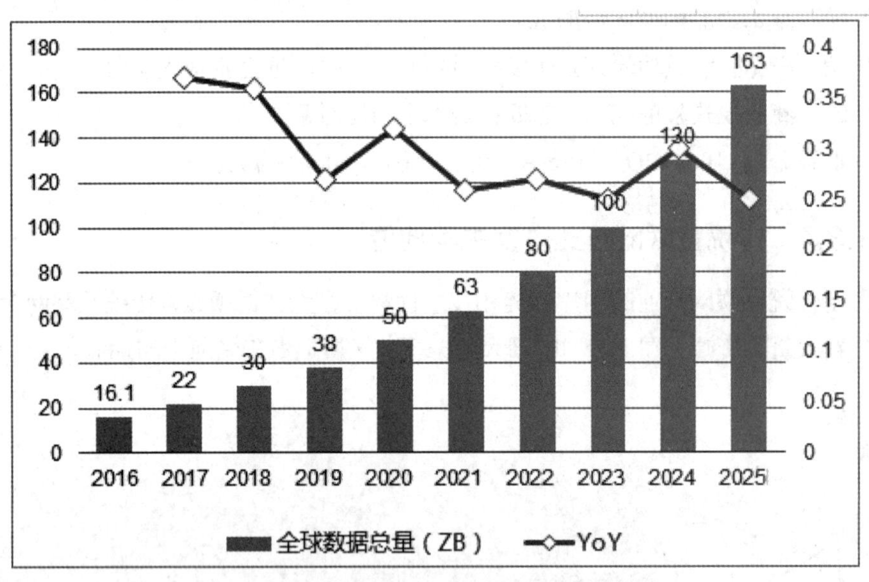

图 1-8 2016—2025 年全球数据的增长量

从图 1-8 中可以看出，数据的增长趋势逐步增加，越来越快。

1.3.6 大数据的应用

大数据的研究与应用已经在互联网、商业智能、咨询与服务以及医疗服务、零售业、金融业、通信等行业显现，并产生了巨大的社会价值和产业空间。2014 年，全球大数据市场规模增长虽然较 2013 年有所回落，但其增长速度还是远远高于整个信息和通信技术市场。从 Gartner 2014 年最新的技术成熟度曲线中可以得到，大数据领域基础建设增长放缓，技术创新和商业模式创新推动着大数据进入应用发展阶段，各行业大数据应用日益成熟，应用创造出的价值成了大数据新的增长动力。目前，大数据应用在各行各业的发展呈现“阶梯式”格局：互联网行业是大数据应用的领跑者，金融、零售、电信、公共管理、医疗卫生等领域的应用正在不断丰富，社会价值和经济价值进一步得以体现。

1. 互联网行业是大数据应用的领跑者

互联网是大数据应用的发源地，大型互联网企业是当前大数据应用的领跑者。谷歌等互联网企业对 Hadoop、Spark、Storm 等开源技术的贡献，使得大数据技术得以广泛的应用。同时，谷歌、亚马孙、Facebook 等互联网巨头不断开拓自己的大数据领域，初步形成了大数据产业链，并在各行业拓展应用。国内以百度、阿里、腾讯为代表的互联网企业在 2014 年纷纷推出了大数据产品和服务，抢占大数据市场。一般来说，按照用途不同，互联网大数据应用模式可以分为三类：企业类大数据应用、公共服务类大数据应用和研发类大数据应用。

（1）企业类大数据应用。企业类大数据应用主要是指致力于商业和企业应用服务，包括消费者行为分析、精准营销、个件化推荐、品牌监测、信贷保险、库存管理、监控预警、网站分析优化等。企业类大数据目前应用最广的就是基于用户信息分析的营销类大数据分析。例如，美国运营商 Verizon 将用户的互联网访问行为、用户所在位置和用户静态肖像信息进行归类与聚合，从而帮助企业选择合理的市场投放广告。另外，金融企业的大数据除了可以基于用户信息进行精准营销，还可以通过这些数据分析结果降低运营成本，或者进行反欺诈、反虚假交易，从而控制风险。

（2）公共服务类大数据应用。公共服务类大数据应用是不以营利为目的，侧重于帮助政府提高科学化决策与精细化管理，从而为社会公众提供服务的大数据应用。国内公共服务类大数据应用主要集中在政府大数据平台的建设上，如山西省建设的“畜牧兽医大数据系统平台”和“山西省省级畜牧兽医大数据中心”，就增强了全省重大动物疫病防控能力。另外，国内公安系统也联手淘宝，利用淘宝和公安大数据进行网络打假行动。

（3）研发类大数据应用。研发类大数据应用是利用大数据技术促进前沿技术研发、持续改进产品性能的应用。互联网大数据的典型应用就是进行 A/B 测试，指服务商同时收集新老版本下的用户行为数据进行分析比对，用于指导产品后续的改进方向。比如利用各种语言版本的网页数据不断提高翻译质量的机器翻译、利用更多话音指令不断提升质量的话音识别技术，以及无人汽车在数据分析的支撑下学习变道、转弯等行驶动作。

2. 大数据应用场景逐渐丰富

大数据应用起源于互联网，但随着公众需求不断地被挖掘、第三方服务机构的参与，大数据应用场景正在逐步丰富起来。大数据应用正在向交通、医疗、金融、零售等行业逐渐渗透，目前主要呈现出两种发展方向。

一是积极整合行业和机构内部的各种数据源，通过对整合后的数据进行挖掘分析，从而发展大数据应用。例如，英国糖尿病管理计划，通过移动终端设备收集患者各种数据、医生诊断数据，对每一个糖尿病患者进行风险等级评估，并制订个性化的糖尿病治疗方案。另外一些新兴的大型百货商场利用大数据平台整合商场 POS 机、商场协同办公系统、无线网络数据、监控设备等数据，对用户进行归纳和聚类，从而来合理摆放商品位置、投放打折信息、查询客户习惯、分析客户群路径等，提高商场营销效率和营业额。

二是借助外部数据，主要是互联网数据，结合行业内部数据分析来实现相关应用。比如金融机构通过手机互联网用户的微博数据、社交数据、历史交易数据来评估用户的信用等级；证券分析机构通过整合新闻、股票论坛、公司公告、行业研究报告、交易数据、行情数据、报单数据等，试图分析和挖掘各种事件和因素对股市和股票价格走向的影响；监管机构将社交数据、网络新闻数据、网页数据等与监管机构的数据库对接，通过比对结果进行风险提示，提醒监管机构及时采取行动；零售企业通过互联网用户数据分析商品销售趋势、用户偏好等等。

3. 大数据应用发展还处于初级阶段

当前大数据还没有形成普遍应用的局面，2014 年全球大数据市场中大数据应用的市场份额仅仅为 7.9%，远远低于行业解决方案、计算分析服务等。对于大部分企业而言，还没有找到行之有效的大数据应用模式，目前大数据应用在总体上有以下几个特征。

（1）大数据理论超越实践应用。这一轮大数据的浪潮，使得人们清晰地认识到数据就是资产。尽管许多公司还没有找到合适的方法来利用数据，但大数据理念的普及使得大部分公司都开始对其数据进行存储、规划，以便今后对数据进行分析和利用。任何数据都是有价值的，关键是找到适当的方法去挖掘并分析，从中获得对生产经营有利的信息或知识。典型的案例就是电信运营商，电信运营商是最有可能成为数据资产运营者的。电信运营商掌握丰富的用户身份数据、语音数据、视频数据、流量数据和位置数据，数据的海量性、多元性和实时性使其具有经营大数据的先天优势。目前主要的电信运营商都已积极探索开发其内部大数据资源。但从目前的应用发展来看，电信运营商的大数据仍主要用于支持内部的客户流失分析、营销分析和网络优化分析等，对外的应用模式尚未成型。

（2）大数据应用模式创新不足。虽然大数据应用已经开始在各个领域崭露头角，但应用模式大都千篇一律，主要集中在互联网的市场营销、个性化推荐上面。目前，不仅仅是大型的互联网公司，众多专业性较强的中小型公司也在积极地与互联网公司加强合作，应用大数据改善现有业务、推销已有产品或控制成本等。在大数据兴起之前，精准营销和个性化推荐一直是企业营销活动的追求方向，新兴数据源和大数据技术的兴起使得企业进一步改善其营销技能，使其精准营销能力进一步增强，这是对企业旧有营销能力的改善。虽然各行各业都对大数据应用表现出了极大的热情，但目前仍然鲜有新业务、新产品和创新的增值业务，实际的大数据应用推进工作仍然存在着一定的困难。

（3）大数据的应用仍以初级应用为主。从数据源来看，大数据应用的数据源仍以企业内部数据为主，数据的开放和交易尚未形成市场的主流形态。比如国内的主要电子商务平台目前推出了很多大数据应用，但大多也是服务于自身的，对于数据的交易和对外开放仍然保持着谨慎的态度。Gartner 的一项调查显示，即使在全球，以内部数据为主仍然是大数据应用的主要特征，各行业应用最多的仍然是企业内部的交易数据和日志数据。而令人期待的跨界合作、数据社交、关系挖掘等模式还未成型，从而导致大数据的应用范围过于局限。从技术角度来看，尽管大数据技术的创新层出不穷，但很多时候开发出来的大数据工具并不能完全符合企业的应用需求。另外，与传统数据分析相比，新的大数据应用虽然开始使用非结构化数据，但在实际应用过程中，这些非结构化数据还是需要被转化为结构化数据，再按照常规方法使用。这些局限性导致大数据应用仍停留在初级应用阶段。

1.4 大数据与人工智能的关系

大数据的发展离不开人工智能，而任何智能的发展，都是一个长期学习的过程，且这一学习的过程离不开数据的支持。近年来，人工智能之所以能取得突飞猛进的进展，正是因为这些年来大数据的持续发展。各类感应器和数据采集技术的发展，人类开始获取以往难以想象的海量数据，同时，也开始在相关领域拥有更深入、详尽的数据。而这些数据，都是训练相关领域“智能”的基础。

与以前的众多数据分析技术相比，人工智能技术立足于神经网络，并在此基础上发展出多层神经网络，从而可以进行深度机器学习。与以往的传统算法相比，这一算法并无多余的假设前提（比如线性建模需要假设数据之间的线性关系），而是完全利用输入的数据自行模拟和构建相应的模型结构。这一算法特点决定了它是更为灵活的依据不同的输入来训练数据而拥有的自优化特性。

在计算机运算能力取得突破以前，这样的算法几乎没有实际应用的价值（因为运算量实在是太大了）。在十几年前，用神经网络算法计算一组并不海量的数据，辛苦等待几天都不一定会有结果。但如今，高速并行运算、海量数据、更优化的算法，打破了这一局面，并共同促成了人工智能发展的突破。

复习思考题：

1. 大数据的 4V 特征是什么？
2. 大数据的本质是什么？
3. 大数据当前现状如何？
4. 大数据应用领域包括什么？
5. 大数据与人工智能是什么关系？

第 2 章　人工智能概述

2.1　人工智能的概念

2.1.1　概念

智能指学习、理解并用逻辑方法思考事物，以及应对新的或者困难环境的能力。智能的要素包括：适应环境和适应偶然性事件，能分辨模糊的或矛盾的信息，在孤立的情况中找出相似性，产生新概念和新思想。智能行为包括知觉、推理、学习、交流和在复杂环境中的行为。智能分为自然智能和人工智能。

自然智能指人类和一些动物所具有的智力和行为能力。人类智能是人类所具有的以知识为基础的智力和行为能力，表现为有目的的行为、合理的思维，以及有效地适应环境的综合性能力。智力是获取知识并运用知识求解问题的能力，能力则指完成一项目标或者任务所体现出来的素质。智能、智力和能力之间的关系与区别，如图 2-1 所示。

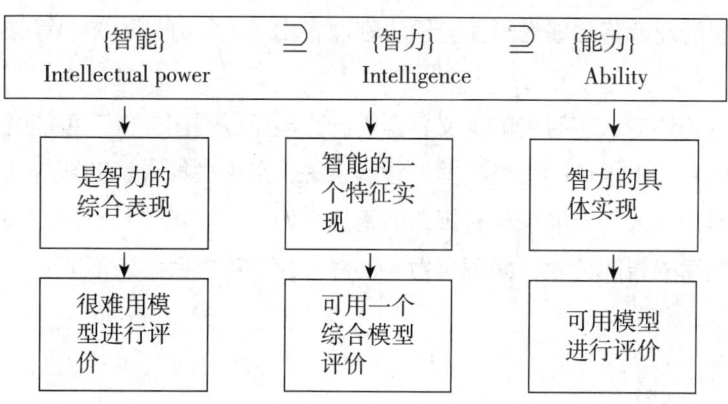

图 2-1　智能、智力和能力之间的关系与区别

2.1.2 人工智能

人工智能(人工智能，Artificial Intelligence) 最初是在 1956 年的 Dartmouth 学会上提出的。自此以后，人工智能的概念也就逐渐扩散开来。从计算机应用系统的角度出发，人工智能是研究如何制造智能机器或智能系统来模拟人类智能活动的能力，以延伸人类智能的科学。

人工智能是相对于人的自然智能而言的，从广义上解释就是“人造智能”，指用人工的方法和技术在计算机上实现智能，以模拟、延伸和扩展人类的智能。人工智能是在机器上实现的，所以又称为机器智能。

精确定义人工智能是件困难的事情，目前尚未形成公认、统一的定义，于是不同领域的研究者从不同的角度给出了不同的描述。

N.J.Nilsson 认为：人工智能是关于知识的科学，即怎样表示知识、怎样获取知识和怎样使用知识，并致力于让机器变得智能的科学。

P.Winston 认为：人工智能就是研究如何使计算机去做过去只有人才能做的富有智能的工作。

M.Minsky 认为：人工智能是让机器做本需要人的智能才能做到的事情的一门科学。

A.Feigenhaum 认为：人工智能是一个知识信息处理系统。

James Albus 认为：理解智能包括理解知识如何获取、表达和存储；智能行为如何产生和学习；动机、情感和优先权如何发展和运用；传感器信号如何转换成各种符号，怎样利用各种符号执行逻辑运算，对过去进行推理及对未来进行规划，智能机制如何产生幻觉、信念、希望、畏惧、梦幻甚至善良和爱情等现象。我相信，对上述内容有一个根本的理解将会成为与拥有原子物理、相对论和分子遗传学等级相当的科学成就。

尽管以上论述对人工智能的定义各自不同，但可以看出，人工智能就其本质而言就是研究如何制造出人造的智能机器或智能系统，用来模拟人类的智能活动，以延伸人们智能的科学。人工智能包括有规律的智能行为。有规律的智能行为是计算机能解决的，而无规律的智能行为，如洞察力、创造力，计算机目前还不能完全解决。

2.2　人工智能的发展历程

人工智能概念的提出始于 20 世纪 40 年代。从人工智能概念的诞生到人工智能的广泛应用已有近 80 年。在人工智能的发展道路上，经历了三“起”三“落”，最终迎来了胜利的曙光。人工智能的发展主要分为三个阶段，如图 2-2 所示。

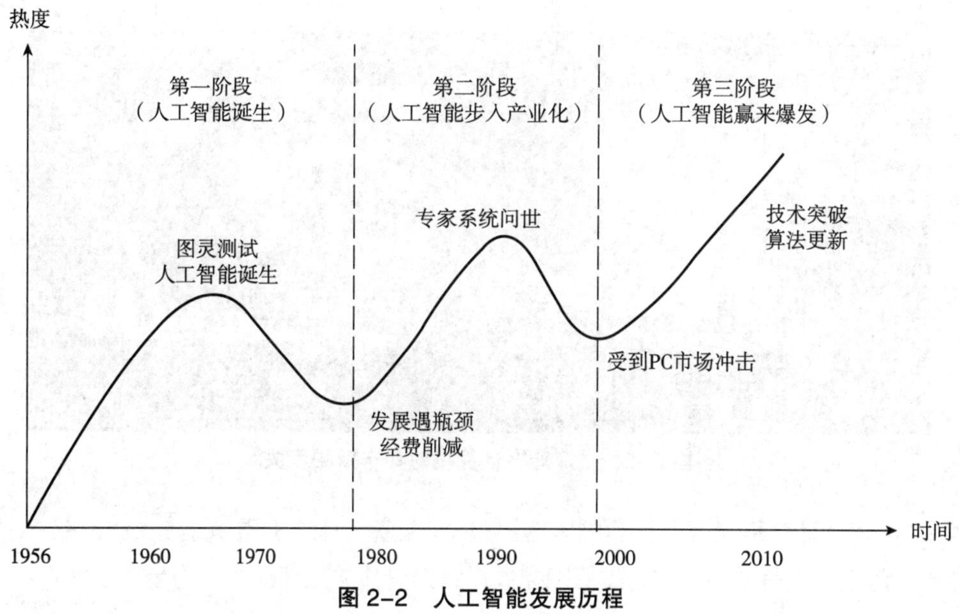

图 2-2　人工智能发展历程

2.2.1　人工智能初级阶段

人工智能的第一阶段也称深耕细作阶段，时间为 20 世纪 50 年代中期到 80 年代初期。早在 1956 年，达特茅斯会议 (Dartmouth Conference) 首次提出“人工智能”术语，标志着人工智能学科的诞生。图灵测试、神经元模型的提出和 SNARC 神经网络计算机的发明，为人工智能的诞生奠定了良好的基础。在 20 世纪 50 年代至 70 年代之间，塞缪尔 (A.M.Samuel) 研制的跳棋程序击败了塞缪尔本人，机器定理的证明、深度学习模型以及 AlphaGo 增强学习的雏形在这个阶段被发明了出来。

2.2.2 人工智能发展阶段

人工智能的第二阶段也称突飞猛进阶段，时间为 20 世纪 80 年代初期至 21 世纪初期。在 20 世纪 80 年代初期，人工智能被引入市场，并显示出使用价值，首个成功的商用专家系统 R1 为 DEC 公司大约每年节省 4000 万美元的费用。20 世纪 90 年代初期，苹果、IBM 推出的台式机开始进入普通百姓家庭，为计算机工业的发展奠定了发展基础和方向，特别是在 1997 年，美国 IBM 公司研制的代号为“深蓝”的计算机击败了保持棋王宝座 12 年之久的卡斯帕罗夫。赛况场景如图 2-3 所示。

图 2-3 “深蓝”计算机对弈卡斯帕罗夫

“深蓝”计算机是并行计算的电脑系统，“深蓝”计算机重量达 1.4 吨，有 32 个节点，每个节点有 8 块专门为进行国际象棋对弈设计的处理器，平均运算速度为每秒 200 万步棋。总计 256 块处理器集成在 IBM 研制的 RS/6000SP 并行计算系统中，从而拥有每秒超过 2 亿步棋的惊人速度。它不会疲倦，不会有心理上的起伏，也不会受到对手的干扰。它的缺陷是没有直觉，不能进行真正的思考，但是比赛过程表明“深蓝”无穷无尽的计算能力在很大程度上弥补了这些缺陷。1997 年版本的“深蓝”运算速度为每秒 2 亿步棋，是其 1996 年版本的 2 倍。1997 年 6 月，“深蓝”在世界超级电脑中排名第 259 位，计算能力为 113.8 亿次浮点运算。

2.2.3 人工智能量变到质变阶段

人工智能第三个阶段也称量变到质变阶段，时间为 21 世纪初期至今。在这个阶段中，人工智能实现了规模化应用，摩尔定律和云计算带来的强大计算能力、互联网广泛应用带来的海量数据积累，使得人工智能的语音识别和语义识别技术、图像识别技术快速发展并迅速应用到各领域，例如手机语音助手将语音转化成文字，扫脸进行打卡，OCR 技术提取图片文字等。量变到质变的流程如图 2-4 所示。

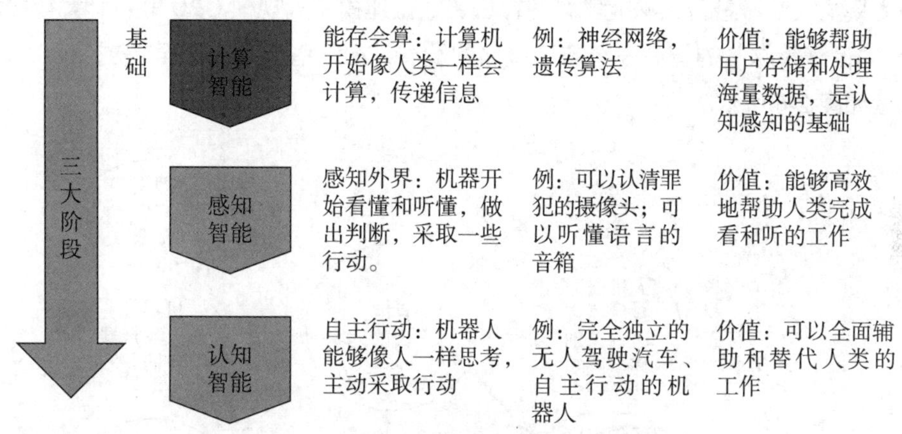

图 2–4　人工智能量变到质变的流程

在第三个阶段，人工智能领域出现了三个大脑，分别为谷歌大脑、百度大脑和 IBM 大脑。

1. 谷歌大脑

被誉为“谷歌大脑”的项目是谷歌无人自动驾驶汽车，该汽车完成了 70 万英里（1 英里 =1.6 千米）的高速公路无人驾驶巡航里程。该项目的诞生源于谷歌公司大量购买人工智能公司、机器公司、智能眼镜公司、智能家居公司等公司的技术，通过收购的技术对“谷歌大脑”提供源源不断的数据，如图 2-5 所示。

图 2–5　谷歌大脑

“谷歌大脑”这个神经网络，能够让更多的用户拥有良好的使用体验。随着时间的推移，谷歌其他的产品（图像搜索、谷歌眼镜等）都得以迅速发展。人工智能在商业中的应用非常广泛。神经网络不需要借助人工训练就可以自我学习、思考和完善。

2. 百度大脑

2016 年百度创始人李彦宏提出推进“百度大脑”项目。该项目主要是使用计算机技术模拟人脑，融合“深度学习”算法、数据建模和大规模 GPU 并行计算等技术。如今，“百度大脑”的智商已经有了超前的发展，在一些能力上甚至超越了人类。其剖析图如图 2-6 所示。

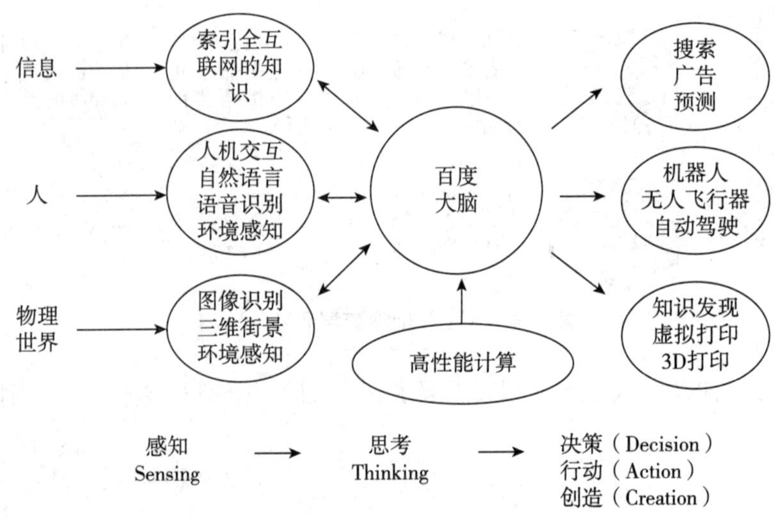

图 2-6　百度大脑剖析图

百度大脑拥有语音、图像、自然语言处理和用户画像四个核心功能，其中：

①语音能力包含语音识别能力和语音合成能力；

②图像能力即计算机视觉，能看见并看懂图像；

③自然语言处理需要具备一定的认知能力并具有推导规划能力，此项功能要比语言能力和图像能力更加难学；

④用户画像根据相关的行为和用户数据，可以对用户做出很好的画像。

3. IBM 大脑

IBM 公司一直致力于研发出能够像人一样思考问题、拥有人一样的智力的人工智能计算机，并在 2011 年发布首款能够模拟人类大脑的芯片 SyNAPSE。在 2011—2014 年，IBM 公司对芯片 SyNAPSE 进行深度研究，升级 SyNAPSE 芯片。该芯片能够认知计算机方面的相关信息，拥有 100 万个“神经元”内核，2.56 亿个“突触”内核，4096 个“神经突触”内核，而耗电率极低，功率仅为 70 毫瓦[①]，如图 2-7 所示。

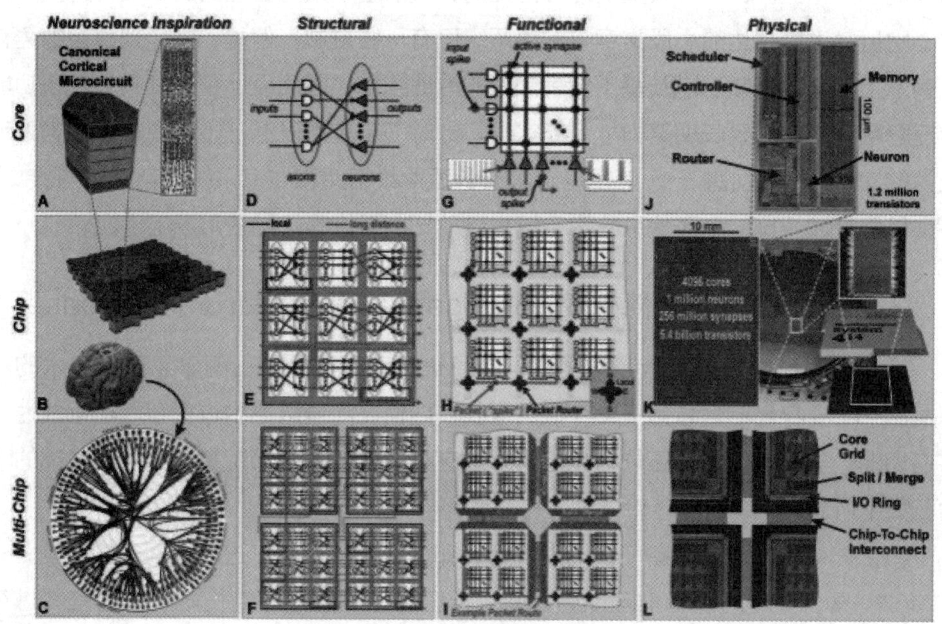

图 2–7　SyNAPSE 神经网络芯片

2.3　人工智能的应用领域

目前，许多关于人工智能的研究都是结合具体应用领域展开的，主要在以下几个领域取得了重要应用进展。

2.3.1　自然语言理解 (Natural Language Understanding)

自然语言是人类之间信息交流的主要媒介，但目前计算机系统与人之间的交互几乎还不能直接使用各种自然语言，但是实现人机之间自然语言通信已经引起人们的兴趣和重视，并且一直是人工智能领域的重要研究课题之一。

由于自然语言系统不是一个形式语言系统，所以计算机在自然语言理解上存在

① 王万良．人工智能及其应用（第 3 版）[M]. 北京：高等教育出版社，2016, 02.

一定的困难。在自然语言的处理中，使用机器翻译是最典型、最具代表性的任务。进行机器翻译的过程中，如果计算机能够理解一个句子的含义，那么就可能通过释义并通顺地给出译文。在十分有限的理解范围内，目前基于人工智能的自然语言对话和理解、用自然语言表达的小段文章等程序系统已有一些进展。但是，由于理解自然语言依赖于上下文背景知识以及基于背景知识的推理技术，因此设计和开发具有较强功能的理解系统依旧需要长期努力才可能实现。针对一定应用已经开始出现具有相当处理能力的实用系统，如基于人工智能技术的多语种数据库和专家系统的自然语言接口、各种机器翻译系统、全义信息检索系统、自动文摘系统等已经在市场上出现。

2.3.2 数据库的智能检索(Intelligent Retrieval from Database)

数据库系统一般是对大量数据知识条目进行存储的系统。随着互联网技术的迅速发展，需要存储的信息量呈爆炸级数增长，如何在海量数据中进行智能检索成为非常迫切的一项任务。一个智能信息检索系统应具备许多基于人工智能的方法实现的能力，如下所示。

（1）能对自然语言具备一定的理解力，即允许用自然语言进行询问式的交互。

（2）具有一定的逻辑推理能力，能基于已经存储的知识结构对所需的答案进行推理。

（3）拥有一定常识性知识，及时补充学科范围的专业知识。也就是说系统根据已有的常识将能演绎出更多相关问题的答案。

2.3.3 专家咨询系统(Expert Consulting Systems)

专家系统是一种智能计算机系统，其开发和研究是人工智能研究中面向实际应用的课题，受到人们的极大重视。已开发的系统数以百计，它能够在一定程度上辅助、模拟或代替人类专家解决某一领域的问题，其水平可以达到甚至超过人类专家的水平，应用领域涉及化学、医疗、地质、气象、交通、教育和军事等。

专家咨询系统就是一种存有某个专门领域中经事先总结，并按某种格式表示的专家知识（构成知识库），以及拥有类似于专家解决实际问题的推理机制（组成推理系统）的智能计算机程序系统。该系统能对输入信息进行处理，并运用存储的知识进行逻辑推理，最终给出决策和判断。专家咨询系统是基于专门知识的人工智能的重要应用。不过专家系统的成功并不代表人工智能的全面成功。开发专家系统的关键问题是知识表示、应用和获取技术，困难在于许多领域中专家的知识往往是琐碎的、不精确的或不确定的，因此目前研究仍集中在这一核心课题。

在专家系统广泛应用的基础上，专家系统开发工具的研制发展也很迅速，只要输入某领域专家知识后就会自动生成该领域的专家系统。这对扩大专家系统应用范围、加快专家系统的开发过程，起到了积极的作用。近年来还出现了新型的专家系统，其在功能和结构上都有很大提高，处理问题的能力和范围也日益强大。

2.3.4　定理证明 (Theorem Proving)

定理证明也是较早出现的人工智能的研究领域之一。1956 年，Newell Shaw 和 Simon 研制的“逻辑理论机”程序能够完成定理的证明，被认为是计算机对人类高级思维活动进行研究的第一个重大成果，是人工智能的开端。

在上述成果的影响下，科学家们不断地进行探索，并取得了不错的成果。机器定理证明的方法主要有自然演绎法、判定法、定理证明器、计算机辅助证明等。定理证明时不仅需要具备基于假设进行逻辑推理的能力，还需要具备一些直觉技巧。例如，数学家在求证一个定理时，会熟练地运用丰富的专业知识，猜测应当先证明哪一个定理，精确判断出已有的哪些定理将起作用，并把主问题分解为若干子问题，分别独立进行求解。

在人工智能方法的发展中，定理证明的研究确实起到了关键性的作用，例如，使用同逻辑语言，其演绎过程的形式体系研究，帮助人们更清楚地理解推理过程的各个组成部分。此外，许多其他领域如医疗诊断、信息检索等也应用了定理证明的研究成果。可见，机器定理证明的研究具有普遍意义。

2.3.5　博弈 (Game Playing)

博弈可泛指单方、双方或多方依靠“智力”获取成功或击败对手获胜等活动过程。它广泛存在于自然界、人类社会的各种活动中，在人工智能中主要是研究下棋程序。20 世纪 60 年代人们设计了多个能够达到大师水平的西洋跳棋及国际象棋程序。进入 20 世纪 90 年代，IBM 公司研究开发了被称之为“深蓝”的国际象棋系统，并为此开发了专用的芯片，以提高计算机的搜索速度。这其中，人工智能技术都是核心技术。计算机博弈为人工智能提供了重要的理论研究和实验场所，同时博弈问题也为搜索策略、机器学习等方向提供了很好的具体应用背景，许多博弈论中提出的概念与方法反过来对人工智能也具有重要参考与借鉴价值。

2.3.6 机器人学 (Robotics)

智能机器人是人工智能的一个重要而又活跃的研究领域。在 20 世纪 60 年代，机器人随着工业自动化和计算机技术飞速发展开始大量生产并走向实际应用。几乎所有的人工智能技术都在机器人开发中得到应用，机器人实际上成了人工智能理论、方法、技术的试验场地，同时机器人学的相关研究也反过来推动人工智能的发展。

对于机器人动作规划生成和规划监督执行等问题的研究推动了规划方法的发展。此外，智能机器除机械手和步行机构外，还要研究机器视觉、触觉、听觉等传感技术及语言和智能控制软件等。机器人学实际上成了一个涉及精密机械、信息传感技术、人工智能方法、智能控制以及生物工程等多种学科的综合性技术。机器人研究对于各学科的相互交叉融合具有较大的促进作用，并且对人工智能技术的发展具有较大的促进作用。

2.3.7 自动程序设计 (Automatic Programming)

自动程序设计的目标是设计一个接受关于所设计的程序要求，实现某个目标的非常高级的描述作为其输入的程序系统，然后自动生成一个能完成这个目标的具体程序。

编译程序就可以接受一段有关于某件事情的源码说明（源程序），然后转换成一个目标码程序（目的程序）去完成这件事情。因此，从某种意义上来说，编译程序实际就是做的“自动程序设计”的工作。

自动程序设计通过对高级描述进行处理，以及规划过程，生成所需的程序，实际上可以认为它是一种“超级编译程序”。自动程序设计涉及许多定理证明和机器人学的相关问题，同时需要用人工智能方法来实现。自动程序设计属于软件工程和人工智能的交叉研究方向。

程序综合是指自动编制出获得某种指定结果的程序。程序验证则是论证一份给定的程序来获得某种指定结果，二者密切相关。许多自动程序设计系统给出程序的同时还能提供一份程序验证。

自动程序设计研究的一个重大贡献是把程序调试的概念作为问题求解的策略来使用。实践已经发现，对程序设计或机器人控制问题，先产生一个代价不太高的有错误的解，然后再进行修改的做法，要比坚持要求第一次得到的解就完全没有缺陷的做法，通常效率要高得多。

2.3.8　组合调度问题 (Combinatorial and Scheduling Problems)

最优调度问题与最佳组合问题等在实际中经常会遇到，如旅行商问题即是一种最优调度问题，旅行商问题的目标是找到一条旅行的最短路径，实现从某一个城市出发经过所有城市且每个城市只访问一次，最后回到开始的城市。对该问题进行一般化处理：对由几个节点组成的一个图的各条边，寻找一条对每一个节点遍历一次的最短路径。

随着求解问题规模的增大，在大多数的这类问题中求解过程都面临着组合爆炸问题，即 NP- 完全问题。通过估计理论上计算这些问题最优解所需要的求解时间 (或步数) 的最严重情况可以对同问题的困难程度进行排序。随着问题中的某种变量（如旅行商问题中，城市数目就是问题大小的一种变量）的增长，问题的困难程度可能随其线性、多项式或指数等方式增长。为了让算法时间随问题大小（参数）的变化曲线尽可能地缓慢，即不要很快出现组合爆炸的问题，研究人员对多个最优组合问题的求解方法进行过深入研究后发现引入问题的领域知识是求解此类问题的有效方法。

2.3.9　感知问题 (Perception Problems)

视觉和听觉都是感知问题，都涉及要对复杂的输入数据进行处理。人工智能研究中，为计算机系统安装摄像机和话筒以便“看见”和“听见”。实验表明，具有“理解”能力的方法才能实现对信息的最有效处理，而掌握大量有关感受到的事物的基础知识则是理解的前提。

人工智能研究中对事物的感知过程本质上是一系列操作过程。其主要是建立一个简单的表示来取代极其庞大的、未经加工而难以处理的各种输入数据，这种表示的性质和质量则由感知系统的目标确定。尽管不同的感知系统将有不同的目标，但把来自输入、多得惊人的感知数据压缩为一种容易处理和有意义的描述，则是所有系统的共同目标。

视觉感知系统感知一幅景物主要面临需要描述目标的数量过多这一困难，一种简单策略是对不同层次的假设目标进行预先描述，然后在图像中检测这些假设的目标是否存在，这一方法中假设目标的建立描述还需要许多感知对象的先验知识。这种假设验证策略是解决视觉感知问题的一种有效方法并广泛应用于许多视觉感知系统中。

感知问题不但涉及信号处理技术，还涉及知识表示和推理模型等一些人工智能技术。

符号主义和联结主义是当前人工智能研究的主要观点。符号主义是传统的人工智能相对于神经网络研究而言的统称。联结主义主要是指从生物、人类神经网络的结构、信息传输、网络设计 (学习) 的角度分析、模拟智能的形成与发展的研究。从其发展的历史上看，二者是相辅相成的，从不同角度讨论智能的形成与发展。

目前，人工智能在这方面面临研究瓶颈，主要表现在以下方面：知识获取（知识表示、机器学习)；实现时的规模扩大问题；应用前景 (封闭的专家系统——机器学习问题)。

综上所述，可以形象地将人工智能的研究内容理解为：利用计算机模拟人的行为 (研究鸟飞行原理)；利用计算机构造智能系统 (研究制造飞机)。

2.4　人工智能与大数据的发展前景

人工智能作为一个整体的研究才刚刚开始，离其预定的目标还很遥远，但人工智能在某些方面将会有大的突破。

（1）自动推理是人工智能最经典的研究分支，其基本理论是人工智能其他分支的共同基础。一直以来，自动推理都是人工智能研究的最热门内容之一，其中知识系统的动态演化特征及可行性推理的研究是最新的热点，很有可能取得大的突破。

（2）机器学习的研究取得长足的发展。许多新的学习方法相继问世并获得了成功的应用，如增强学习 (Reinforcement Learning) 算法等。也应看到，现有的方法在处理在线学习方面尚不够有效，寻求一种新的方法以解决移动机器人、自主 Agent、智能信息存取等研究中的在线学习问题是研究人员共同关心的问题，相信不久会在这些方面取得突破。

（3）自然语言处理是人工智能技术应用于实际领域的典型范例，经过人工智能研究人员的艰苦努力，这一领域已获得了大量令人瞩目的理论与应用成果。许多产品已经进入了众多领域。智能信息检索技术在 Internet 技术的影响下，近年来迅猛发展，已经成为人工智能的一个独立研究分支。由于信息获取与精化技术已成为当代计算机科学与技术研究中迫切需要研究的课题，将人工智能技术应用于这一领域的研究是人工智能走向应用的契机与突破口。从近年的人工智能发展来看，这方面的研究已取得了可喜的进展。

人工智能一直处于计算机技术的前沿，其研究的理论和发现在很大程度上将决定计算机技术的发展方向。如今，已经有很多人工智能的研究成果进入人们的日常生活。未来，人工智能技术的发展将会给人们的生活、工作和教育等带来更大的影响。

复习思考题：

1. 人工智能概念是什么？
2. 人工智能的发展历程是什么？
3. 人工智能的应用领域包括哪些？
4. 人工智能与大数据的发展前景是什么？

第 3 章　大数据技术与数据处理

3.1　数据平台系统的构建

数据平台通过打通数据通道实现数据汇聚、资源共享，同时提供数据的存储、计算、加工、分析等基础能力。大数据时代的到来，大家开始将数据当成资源，当作资产，数据管理的意义也越来越大。大数据管理平台的建设需要设计以下 5 个因素。

（1）数据集中和共享。企业及基础数据平台是公共的、中性的，数据一定要做到集中和共享，否则就失去了它的意义。

（2）数据标准统一。如果每个应用都有自己的一套标准，整个架构会越来越乱。

（3）数据管理策略统一。方向是共性的数据一定要下沉，个性的数据逐渐上浮，也就是说，共性数据都尽量落在基础数据平台上，个性数据可以逐渐落在各个应用上处理。

（4）减少数据复制。

（5）长期和短期相结合。一个完整的企业级基础数据平台包含几个部分，即数据存储平台（包含相应的数据架构、数据存储策略以及应用切分点等），应用（包含报表、数据挖掘、系统应用等），数据管控（包含质量管理办法，比如数据标准等），数据交换采集调度平台和数据处理（包含实施数据区、大数据处理、历史数据存储等）。这类混合架构既要考虑结构性数据的处理方法，也要考虑非结构化数据的处理和文本等的混合运算方法。这个结构能够帮助我们清晰地看到后续要发展成什么样，我们不一定开始就要完成这样一个体系，但是可以考虑好这些相应的数据项目，包括以后扩展的接口。

3.1.1　数据存储和计算

结构化、半结构化、文本、各类传感器的数据，音频、图片、视频等多媒体数据混杂，分别存储在不同的数据库、不同的地域中。如何处理这些数据？没有一个实时计算的数据平台几乎是很难实现的。大数据时代的业务场景是多元化的，不同的数据产品面向的场景很不一样。围绕这些多媒体为存储的核心对象来构建场景，清晰、及时地呈现业务，是非常重要的一项工作。

数据平台建设、部署对数据规范化定义，实现数据的唯一性、准确性、完整性、规范性和实效性，实现数据的共享共用，解决数据层面的孤岛问题。整合企业各个业务系统，形成数据平台。这就要求建立的数据平台能够整合各个业务系统，从物理和逻辑上将数据集中起来，同时数据平台起到了物理隔离生产系统、减轻对生产系统的压力、提升效率的作用。数据平台可以分成以下几类。

1. 常规数据仓库

常规数据仓库的重点在于数据整合，同时也是对业务逻辑的一个梳理。虽然也可以打包成 Saas(多维数据集)、Cube(多维数据库) 等来提升数据的读取性能，但是数据仓库的作用更多的是为了解决企业的业务问题，而不仅仅是性能问题。常规数据仓库的优点如下。

（1）方案成熟，关于数据仓库的架构有着非常广泛的应用，而且能将其落地的人也不少。

（2）实施简单，涉及的技术层面主要是仓库的建模以及 ETL 的处理，很多软件公司具备数据仓库的实施能力，实施难度的大小更多地取决于业务逻辑的复杂程度，而并非技术上的实现。

（3）灵活性强。数据仓库的建设是透明的，如果需要，可以通过对仓库的模型、ETL 逻辑进行修改，来满足变更的需求。同时，对于上层的分析而言，SQL 对仓库数据的分析处理具备极强的灵活性。

常规数据仓库的缺点如下。

（1）实施周期相对比较长。实施周期的长与短取决于业务逻辑的复杂性，时间花在业务逻辑的梳理，并非技术的瓶颈上。

（2）数据的处理能力有限。这个有限也是相对的，海量数据的处理肯定不行，非关系型数据的处理也不行，但是太字节 (TB) 以下级别数据的处理还是可以的（也取决于所采用的数据库系统）。对于这个量级的数据，相当一部分企业的数据其实是很难超过这个级别的。

实时处理的要求是区别大数据应用和传统数据仓库技术的关键差别之一。随着每天创建的数据量爆炸性的增长，就数据保存来说，传统数据库能改进的技术并不大，如此庞大的数据量存储就是传统数据库所面临的非常严峻的问题。

2. MPP(大规模并行处理) 架构

传统的数据库模式在海量数据面前显得很弱。造价非常昂贵，同时技术上无法满足高性能的计算，其架构难以扩展，在独立主机的 CPU 计算和 IO 吞吐上，都没办法满足海量数据计算的需求。分布式存储和分布式计算正是解决这一问题的关键，无论是 MapReduce 计算框架 (Hadoop) 还是 MPP 计算框架，都是在这一背景下产生的。

Greenplum 是基于 MPP 架构的，它的数据库引擎是基于 PostgreSQL 的，并且通过 Interconnnect 连接实现了对同一个集群中多个 PostgreSQL 实例的高效协同和并行计算。同时，基于 Greenpkm 的数据平台建设可以实现两个层面的处理：一个是对数据处理性能的提升，目前 Greenplum 处理 100TB 级左右的数据量是非常轻松的；另一个是数据仓库可以搭建在 Greenplum 中，这一层面也是对业务逻辑的梳理，对公司业务数据的整合。Greenplum 的优点如下。

（1）海量数据的支持，存在大量成熟的应用案例。

（2）扩展性：据说可线性扩展到 10000 个节点，并且每增加一个节点，查询、加载性能都呈线性增长。

（3）易用性：不需要复杂的调优需求，并行处理由系统自动完成。依然是 SQL 作为交互语言，简单、灵活、强大。

（4）高级功能: Greenplum 还研发了很多高级数据分析管理功能，例如外部表、Primary/Mirror 镜像保护机制、行 / 列混合存储等。

（5）稳定性: Greenplum 原本作为一个纯商业数据产品，具有很长的历史，其稳定性比 Hadoop 产品更加有保障。Greenplum 有非常多的应用案例，纳斯达克、纽约证券交易所、平安银行、建设银行、华为等都建立了基于 Greenplimi 的数据平台。其稳定性是可以从侧面验证的。

Greenplum 的缺点如下。

（1）本身来说，它的定位在 OLAP 领域，不擅长 OLTP 交易系统。当然，我们搭建的数据中心也不是用来做交易系统的。

（2）成本，有两个方面的考虑，一是硬件成本, Greenplum 有其推荐的硬件规格，对内存、网卡都有要求；二是实施成本，这里主要是需要人，从基本的 Greenplum 的安装配置到 Greenplum 中数据仓库的构建，都需要人和时间。

（3）技术门槛，这里是相对于数据仓库的，Greenplum 的门槛肯定更高一点。

3. Hadoop 分布式系统架构

Hadoop 已经非常火了，Greenplum 的开源跟它也是脱不了关系的。它有着高可靠性、高扩展性、高效性、高容错性的口碑。在互联网领域有着非常广泛的运用，雅虎、Facebook、百度、淘宝、京东等都在使用 Hadoop。Hadoop 生态体系非常庞大，各公司基于 Hadoop 所实现的也不仅限于数据平台，还包括数据分析、机器学习、数据挖掘、实时系统等。

当企业数据规模达到一定的量级时，Hadoop 应该是各大企业的首选方案。到达这样一个层次的时候，企业所要解决的不仅是性能问题，还包括时效问题、更复杂的分析挖掘功能的实现等。非常典型的实时计算体系也与 Hadoop 这一生态体系有着紧密的联系，比如 Spark。近些年来，Hadoop 的易用性有了很大的提升，SQL-on-Hadoop 技术大量涌现，包括 Hive、Impala、SparkSQL 等。尽管其处理方式不同，但相比于原始的 MapReduce 模式，无论是性能还是易用性都有所提高，因此，对 MPP 产品的市场产生了压力。

对于企业构建数据平台来说，Hadoop 的优势与劣势非常明显：优势是它的大数据处理能力强、可靠性高、容错性高、以及成本低（处理同样规模的数据，换其他方案试试就知道了），并具有开源性；劣势是它的体系复杂，技术门槛较高（能搞定 Hadoop 的公司规模一般都不小）。

关于 Hadoop 的优缺点，对于公司的数据平台选型来说，影响已经不大了。需要使用 Hadoop 的时候，也没什么其他的方案可选择（要么太贵，要么不行），没达到这个数据量的时候，也没人愿意碰它。总之，不要为了大数据而大数据。

Hadoop 生态圈提供海量数据的存储和计算平台，包括以下几种。

结构化数据：海量数据的查询、统计、更新等操作。

非结构化数据：图片、视频、Word、PDF、PPT 等文件的存储和查询。

半结构化数据：要么转换为结构化数据存储，要么按照非结构化存储。

Hadoop 的解决方案如下。

存储：HDFS、HBase、Hive 等。

并行计算：MapReduce 技术。

流计算：Storm、Spark①。

如何选择基础数据平台？我们至少要从以下几个方面去考虑。

（1）目的：从业务、系统、性能三种视角去考虑，或者是其中几个的组合。当然，要明确数据平台建设的目的有时并不容易，初衷与讨论后确认的目标或许是不一

---

① 赵守香，唐胡鑫，熊海涛．大数据分析与应用[M]．北京：航空工业出版社，2015，12.

致的。比如，某企业要搭建一个数据平台的初衷可能很简单，只是为了减轻业务系统的压力，将数据拉出来后再分析，如果目的真的这么单纯，而且只有一个独立的系统，那么直接将业务系统的数据库复制一份就好了，不需要建立数据平台；如果是多系统，选择一些商业数据产品也够了，快速建模，直接用工具就能实现数据的可视化与 OLAP 分析。但是，既然已经决定要将数据平台独立出来，就不再多考虑一点吗？多个业务系统的数据不趁机梳理整合一下？当前只是分析业务数据的需求，以后会不会考虑历史数据呢？方案能否支撑明年和后年的需求？

（2）数据量：根据公司的数据规模选择合适的方案。

（3）成本：包括时间成本和金钱成本。但是这里有一个问题，很多企业要么不上数据平台，一旦有了这样的计划，就恨不得马上把平台搭建出来并用起来，不肯花时间成本。这样的情况很容易考虑不周全，也容易被数据实施方忽悠。

在方案选型时，一个常见的误区是忽略业务的复杂性，要用工具来解决或者绕开业务的逻辑。企业选择数据平台的方案有着不同的原因，要合理地选型，既要充分地考虑搭建数据平台的目的，也要对各种方案有着充分的认识。对于数据层面来说，还是倾向于一些灵活性很强的方案，因为数据中心对于企业来说太重要了，更希望它是透明的，是可以被自己完全掌控和充分利用的。

3.1.2 数据质量

当前越来越多的企业认识到了数据的重要性，大数据平台如雨后春笋般建设出来。但数据是一把双刃剑，它给企业带来业务价值的同时，也是组织最大的风险来源。糟糕的数据质量常常意味着糟糕的业务决策，将直接导致出现数据统计分析不准确、监管业务难、高层领导难以决策等问题。据 IBM 统计：错误或不完整的数据将导致 BI 和 CRM 系统不能正常发挥优势甚至失效；数据分析员每天有 30% 的时间浪费在了辨别数据是否是“坏数据”上；低劣的数据质量严重降低了全球企业的年收入。

可见数据质量问题已经严重影响了企业业务的正常运营。在企业信息化初期，各类业务系统恣意生长。后来业务需求增长，需要按照统一的架构和标准把各类数据集成起来，这个阶段的问题纷纷出现。数据不一致、不完整、不准确等各种问题扑面而来。费了九牛二虎之力才把数据融合起来，如果因为数据质量不高而无法完成数据价值的挖掘，那就太可惜了。

大数据时代，数据集成融合的需求会愈加迫切，不仅要融合企业内部的数据，也要融合外部（互联网等）数据。如果没有对数据质量问题建立相应的管理策略和技术工具，那么数据质量问题的危害会更加严重。数据质量问题会造成“垃圾进，垃圾出”。数据质量不好造成的结果，对业务的分析不但起不到好的效果，相反还有误导的作用。很多人可能在纠结，数据质量问题究竟是“业务”的问题还是“技术”的问题。根据我们以往的经验，造成数据质量问题的原因主要分为以下几种。

（1）数据来源渠道多，责任不明确。

（2）业务需求不清晰，数据填报缺失。

（3）ETL 处理过程中，业务部门变更代码导致数据加工出错，影响报表的生成。

（1）和（2）都是业务的问题，（3）虽然表面上看是技术的问题，但本质上还是业务的问题。因此，大部分数据质量问题还是来自业务。很多企业认识不到数据质量问题的根本原因，只从技术单方面来解决数据问题，没有形成管理机制，导致效果大打折扣。在走过弯路之后，很多企业认识到了这一点，开始从业务着手来解决数据质量问题。在治理数据质量问题时，采用规划顶层设计，制定统一数据架构、数据标准，设计数据质量的管理机制，建立相应的组织架构和管理制度，采用分类处理的方式持续提升数据质量。还有，通过增加 ETL 数据清洗处理逻辑的复杂度，提高 ETL 处理的准确度。

1. 人工智能系统本身的数据质量

在大数据时代，信息由数据构成，数据是信息的基础，数据已经成为一种重要资源。数据质量成为决定资源优劣的一个重要方面。随着大数据的发展，越来越丰富的数据给数据质量的提升带来了新的挑战和困难。对于企业而言，进行市场情报调研、客户关系维护、财务报表展现、战略决策支持等都需要进行数据的搜集、分析、知识发现，为决策者提供充足且准确的情报和资料。对于政府而言，进行社会管理和公共服务的影响面更为宽广和深远，政策和服务能否满足社会需要，是否高效地使用了公共资源，都需要数据提供支持和保障，因而对数据的需求显得更为迫切，对数据质量的要求也更为苛刻。

数据作为人工智能系统的重要构成部分，数据质量问题是影响人工智能系统运行的关键因素，直接关系到人工智能系统建设的成败。根据“垃圾进，垃圾出 (garbage in, garbage out)”的原理，为了使人工智能建设取得预期效果，达到数据决策的目标，要求所提供的数据是可靠的，能够准确反映客观事实。如果数据质量得不到保证，即使人工智能分析工具再先进，模型再合理，算法再优良，在充满“垃圾”的数据环境中也只能得到毫无意义的垃圾信息。系统运行的结果、做出的分析就可能是错误的，甚至影响后续决策的制定和实行。高质量的数据来源于数据收集，是数据设计以及数据分析、评估、修正等环节的强力保证。因此，对于人工智能而言，数据质量管理尤为重要，这就需要建立一个有效的数据质量管理体系，尽可能全面地发现数据存在的问题并分析原因，以推动数据质量的持续改进。

2. 大数据环境下数据质量管理面临的挑战

随着移动互联网、云计算、物联网的快速发展，数据的生产者、生产环节都在急速攀升，随之快速产生的数据呈指数级增长。在信息和网络技术飞速发展的今天，越来越多的企业业务和社会活动实现了数字化。全球最大的零售商沃尔玛，每天通过分布在世界各地的6000多家商店向全球客户销售超过2.67亿件商品，每小时获得2.5PB的交易数据。而物联网下的传感数据也慢慢发展成了大数据的主要来源之一。有研究估计，到2020年则高达35.2ZB。此外，随着移动互联网、Web 2.0技术和电子商务技术的飞速发展，大量的多媒体内容在呈指数级增长的数据量中发挥着重要作用。大数据时代的数据与传统数据呈现出了重大差别，直接影响到数据在流转环节中的各个方面，给数据存储处理分析性能、数据质量保障都带来了很大挑战，这更容易产生数据质量问题。

（1）在数据收集方面，大数据的多样性决定了数据来源的复杂性。来源众多、结构各异、大量不同的数据源之间存在着冲突、不一致或相互矛盾的现象。在数据获取阶段，保证数据定义的完整性、数据质量的可靠性尤为必要。

（2）由于规模大，大数据在获取、存储、传输和计算过程中可能产生更多错误。采用传统数据的人工错误检测与修复或简单的程序匹配处理远远处理不了大数据环境下的数据问题。

（3）由于高速性，数据的大量更新会导致过时数据迅速产生，也更易产生不一致数据。

（4）由于发展迅速、市场庞大、厂商众多、直接产生的数据或者产品产生的数据标准不完善，数据有更大的可能产生不一致和冲突。

（5）由于数据生产源头激增、产生的数据来源众多、结构各异，以及系统更新、升级加快和应用技术更新换代频繁，使得不同的数据源之间、相同的数据源之间都可能存在着冲突、不一致或相互矛盾的现象，再加上数据收集与集成往往由多个团队协作完成，增大了数据处理过程中产生问题数据的概率。

因此，我们需要一种数据质量策略，从建立数据质量评价体系、落实质量信息的采集分析与监控、建立持续改进的工作机制和完善元数据管理4个方面，多方位优化改进，最终形成一套完善的质量管理体系，为信息系统提供高质量的数据支持。

3. 建立数据质量管理策略和评价体系

为了改进和提高数据质量，必须从产生数据的源头开始抓起，从管理入手，对数据运行的全过程进行监控，密切关注数据质量的发展和变化，深入研究数据质量问题所遵循的客观规律，分析其产生的机理，探索科学有效的控制方法和改进措施。必须强化全面数据质量管理的思想观念，把这一观念渗透到数据生命周期的全过程。建立数据质量评价体系，评估数据质量，可以从以下 4 个方面来考虑。

（1）完整性：数据的记录和信息是否完整，是否存在缺失情况。

（2）一致性：数据的记录是否符合规范，是否与前后及其他数据集保持统一。

（3）准确性：数据中记录的信息和数据是否准确，是否存在异常或者错误信息。

（4）及时性：数据从产生到可以查看的时间间隔，也叫数据的延时时长。

有了评估方向，还需要使用可以量化、程序化识别的指标来衡量。通过量化指标，管理者才可能了解到当前的数据质量，并确定采取修正措施之后数据质量的改进程度。而对于海量数据，数据量大、处理环节多，获取质量指标的工作不可能由人工或简单的程序来完成，而需要程序化的制度和流程来保证，因此指标的设计、采集与计算必须是程序可识别处理的。

完整性可以通过记录数和唯一值来衡量。比如某类交易数据，每天的交易量应该呈现出平稳的特点，平稳增长或保持一定范围内的周期波动。如果记录数量出现激增或激减，就需要追溯是在哪个环节出现了变动，最终定位是数据问题还是服务问题。对于属性的完整性考量，则可以通过空值占比或无效值占比来进行检查。

一致性检验主要是检验数据和数据定义是否一致，因此可以通过合规记录的比率来衡量。比如取值范围是枚举集合的数据，其实际值超出范围之外的数据占比，比如存在特定编码规则的属性值，不符合其编码规则的记录占比。还有一些存在逻辑关系的属性之间的校验，比如属性 A 取某定值时，属性 B 的值应该在某个特定的数据范围内，都可以通过合规率来衡量。

准确性可能存在于个别记录，也可能存在于整个数据集上。准确性和一致性的差别在于，一致性关注合规，表示统一，而准确性关注数据错误。因此，同样的数据表现，比如数据的实际值不在定义的范围内，如果定义的范围准确，值完全没有意义，就属于数据错误。但如果值是合理且有意义的，可能是范围定义不够全面，就不能认定为数据错误，而应该去补充或修改数据的定义。

通过建立数据质量评价体系，对整个流通链条上的数据质量进行量化指标输出，后续进行问题数据的预警，使得问题一出现就可以暴露出来，便于进行问题的定位和解决，即在哪个环节出现问题就在哪个环节解决，避免将问题数据带到后端，使得质量问题扩大。

4. 落实数据质量信息的采集、分析与监控

有评价体系作为参照，还需要进行数据的采集、分析和监控，为数据质量提供全面可靠的信息。在数据流转环节的关键点上设置采集点，采集数据质量监控信息，按照评价体系的指标要求输出分析报告。通过对来源数据的质量分析，可以了解数据和评价接入数据的质量，通过对不同采集点的数据分析报告的对比，可以评估数据处理流程的工作质量。配合数据质量的持续改进工作机制，进行质量问题原因的定位、处理和跟踪。

5. 建立数据质量的持续改进工作机制

通过质量评价体系和质量数据采集系统可以发现问题，之后还需要对发现的问题及时做出反应，追溯问题的原因和形成机制，根据问题的种类采取相应的改进措施，并持续跟踪验证改进之后的数据质量提升效果，形成正反馈，达到数据质量持续改良的效果。在源头建立数据标准或接入标准，规范数据定义，在数据流转过程中建立监控数据转换质量的流程和体系，尽量做到在哪里发现问题就在哪里解决问题，不把问题数据带到后端。

导致数据质量产生问题的原因很多。有研究表示，从问题的产生原因和来源，可以分为四大问题：信息问题域、技术问题域、流程问题域和管理问题域。“信息类问题”是由于对数据本身的描述、理解及度量标准偏差而造成的数据质量问题。产生这类数据质量问题的主要原因包括：数据标准不完善、元数据描述及理解错误、数据质量得不到保证和变化频度不恰当等。“技术类问题”是指由于在数据处理流程中数据流转的各技术环节异常或缺陷而造成的数据质量问题，产生的直接原因是技术实现上的某种缺陷。技术类数据质量问题主要产生在数据创建、数据接入、数据抽取、数据转换、数据装载、数据使用和数据维护等环节。“流程类问题”是指由于数据流转的流程设计不合理、人工操作流程不当造成的数据质量问题。所有涉及数据流转流程的环节都可能出现问题，比如接入新数据缺乏对数据检核、元数据变更没有考虑到历史数据的处理、数据转换不充分等各种流程设计错误、数据处理逻辑有缺陷等问题。“管理类问题”是指由于人员素质及管理机制方面的原因造成的数据质量问题。比如数据接入环节由于工期压力而减少对数据检核流程的执行和监控、缺乏反馈渠道及处理责任人、相关人员缺乏培训等带来的一系列问题。

了解问题产生的原因和来源后，就可以对每一类问题建立起识别、反馈、处理、

验证的流程和制度。比如数据标准不完善导致的问题，就需要有一整套数据标准问题识别、标准修正、现场实施和验证的流程，确保问题的准确解决，不带来新的问题。比如缺乏反馈渠道和处理责任人的问题，则属于管理问题，需要建立一套数据质量的反馈和响应机制，配合问题识别、问题处理、解决方案的现场实施与验证、过程和积累等多个环节和流程，保证每一个问题都能得到有效解决并有效积累处理的过程和经验，形成越来越完善的有机运作体。当然，很多问题是相互影响的，单一地解决某一方面的问题可能暂时解决不了所发现的问题，但是当多方面的持续改进机制协同工作起来之后，互相影响，交错前进，一点点改进，最终就会达到一个比较好的效果。

6. 完善元数据管理

数据质量的采集规则和检查规则本身也是一种数据，在元数据中定义。元数据按照官方定义，是描述数据的数据。面对庞大的数据种类和结构，如果没有元数据来描述这些数据，使用者就无法准确地获取所需的信息。正是通过元数据，海量的数据才可以被理解、使用，才会产生价值。

元数据可以按照其用途分为 3 类：技术元数据、业务元数据和管理元数据。“技术元数据”是存储关于信息系统技术细节的数据，是开发和管理数据而使用的数据，主要包括对数据结构、数据处理过程的特征描述，存储方式和位置覆盖涉及整个数据的生产和消费环节。“业务元数据”是从业务角度描述数据系统中的数据，提供了业务使用者和实际系统之间的语义层，主要包括业务术语、指标定义、业务规则等信息。“管理元数据”是描述系统中管理领域相关概念、关系和规则的数据，主要包括人员角色、岗位职责、管理流程等信息。良好的元数据管理系统能为数据质量的采集、分析、监控、改进提供高效、有力的强大保障。同时，良好的数据质量管理系统也能促进元数据管理系统的持续改进，互相促进完善，共同为一个高质量和高效运转的数据平台提供支持。

7. 对不同的数据问题分类处理

从时间维度上分，企业数据主要有三类：未来数据、当前数据和历史数据。在解决不同种类的数据质量问题时，要采取不同的处理方式。

如果你拿着历史数据找业务部门做整改，业务部门通常以“当前的数据问题都处理不过来，哪有时间帮你追查历史数据的问题”为理由无情拒绝。这个时候即便是找领导协调，一般也起不到太大的作用。对于历史数据问题的处理，一般可以发挥 IT 技术人员的优势，用数据清洗的办法来解决，清洗的过程要综合使用各类数据源，提升历史数据的质量。

当前数据的问题需要从问题定义、问题发现、问题整改、问题跟踪、效果评估 5 个方面来解决。未来数据的处理一般要采用作数据规划的方法来解决，从整个企业信息化的角度出发，规划统一企业数据架构，制定企业数据标准和数据模型。借业务系统改造或者重建的时机，来从根本上提高数据质量。当然，这种机会是可遇而不可求的，在机会到来之前，应该把企业数据标准和数据模型建立起来，一旦机会出现，就可以遵循这些标准。

总之，通过对不同时期数据的分类处理，采用不同的处理方式做到事前预防、事中监控、事后改善，能从根本上解决数据质量问题，为企业业务创新打通数据关卡。数据质量 (Data Quality) 管理贯穿数据生命周期的全过程，覆盖质量评估、数据监控、数据探查、数据清洗、数据诊断等方面。数据源在不断增多，数据量在不断加大，新需求推动的新技术也在不断诞生，这些都对大数据下的数据质量管理带来了困难和挑战。因此，数据质量管理要形成完善的体系，建立持续改进的流程和良性机制，持续监控各系统数据质量的波动情况及数据质量的规则分析，适时升级数据质量监控的手段和方法，确保持续掌握系统数据的质量状况，最终达到数据质量的平稳状态，为人工智能系统提供良好的数据保障。数据质量问题需要业务部门参与才能从根本上解决。要发挥数据资产的价值，需要将组织、技术和流程三者进行有机结合，从业务出发做问题定义，由工具自动、及时发现问题，跟踪问题整改进度，并建立相应的质量问题评估 KPI。通过对数据质量问题全过程的管理，才能最终实现数据质量持续提升的目标，支撑数据业务应用，体现数据价值。

3.1.3 数据管理

数据管理和数据治理有很多地方是互相重叠的，它们都围绕数据这个领域展开，因此这两个术语经常被混为一谈。此外，每当人们提起数据管理和数据治理的时候，还有一对类似的术语叫信息管理和信息治理，更混淆了人们对它们的理解。关于企业信息管理这个课题，还有许多相关的子集，包括主数据管理、元数据管理、数据生命周期管理等。于是，出现了许多不同的理论描述关于企业中数据 / 信息的管理以及治理如何运作：它们如何单独运作，又如何一起协同工作，是“自下而上”还是“自上而下”的方法更高效？

1. 数据治理

其实，数据管理包含数据治理，治理是整体数据管理的一部分，这个概念目前已经得到了业界的广泛认同。数据管理包含多个不同的领域，其中一个最显著的领域就是数据治理。CMMI 协会颁布的数据管理成熟度 (DMM) 模型使这个概念具体化。DMM 模型中包括 6 个有效数据管理分类，而其中一个就是数据治理。数据管理协会 (DAMA) 在数据管理知识体系 (DMBOK) 中也认为，数据治理是数据管理的一部分。在企业信息管理 (EIM) 这个定义上，Gartner 认为 EIM 是“在组织和技术的边界上结构化、描述、治理信息资产的一个综合学科”。Gartner 这个定义不仅强调了数据 / 信息管理和治理的紧密关系，也重申了数据管理包含治理这个观点。

在明确数据治理是数据管理的一部分之后，下一个问题就是定义数据管理。数据管理是一个更为广泛的定义，它与任何时间采集和应用数据的可重复流程的方方面面都紧密相关。例如，简单地建立和规划一个数据平台，是数据管理层面的工作。定义以及如何访问这个数据平台，并且实施各种各样针对元数据和资源库管理工作的标准，也是数据管理层面的工作。

2. 数据建模

数据建模是另一个数据管理中的关键领域。利用一个规范化的数据建模有利于将数据管理工作扩展到其他业务部门。遵从一致性的数据建模，令数据标准变得有价值 (特别是应用于大数据和人工智能)。我们利用数据建模技术直接关联不同的数据管理领域，例如数据血缘关系以及数据质量。当需要合并非结构化数据时，数据建模将会更有价值。此外，数据建模加强了管理的结构和形式。

数据管理在 DMM 中有 5 个类型，包括数据管理战略、数据质量、数据操作 (生命周期管理)、平台与架构 (例如集成和架构标准) 以及支持流程。数据管理本身着重提供一整套工具和方法，确保企业实际管理好这些数据。首先是数据标准，有了标准才有数据质量，质量是数据满足业务需求使用的程度。有了标准之后，能够衡量数据，可以在整个平台的每一层做技术上的校验或者业务上的校验，可以做到自动化的配置和相应的校验，生成报告来帮助我们解决问题。有了数据标准，就可以建立数据模型了。数据模型至少包括数据元 (属性) 定义、数据类 (对象) 定义、主数据管理。

大数据对现有数据库管理技术产生了很多挑战。同样，在传统数据库上，创建大数据的数据模型可能会面临很多挑战。经典数据库技术并没有考虑数据的多类别 (Variety)，也没有考虑非结构化数据的存储问题。一般而言，借助数据建模也可以在传统数据库上创建多类别的数据模型，或直接在 HBase 等大数据数据库系统上创建。

数据模型是分层次的，主要分为三层，基础模型一般用于关系建模，主要实现数据的标准化；融合模型一般用于维度建模，主要实现跨越数据的整合，整合的形式可以是汇总、关联，也包括解析；挖掘模型其实是偏应用的，但如果用的人多了，你也可以把挖掘模型作为企业的知识沉淀到平台，比如某个模型具有很大的共性，就应该把它规整到平台模型，以便开放给其他人使用，这是相对的，没有绝对的标准。

3.1.4 数据目录

数据目录管理系统应该具备以下的能力（图 3-1)。

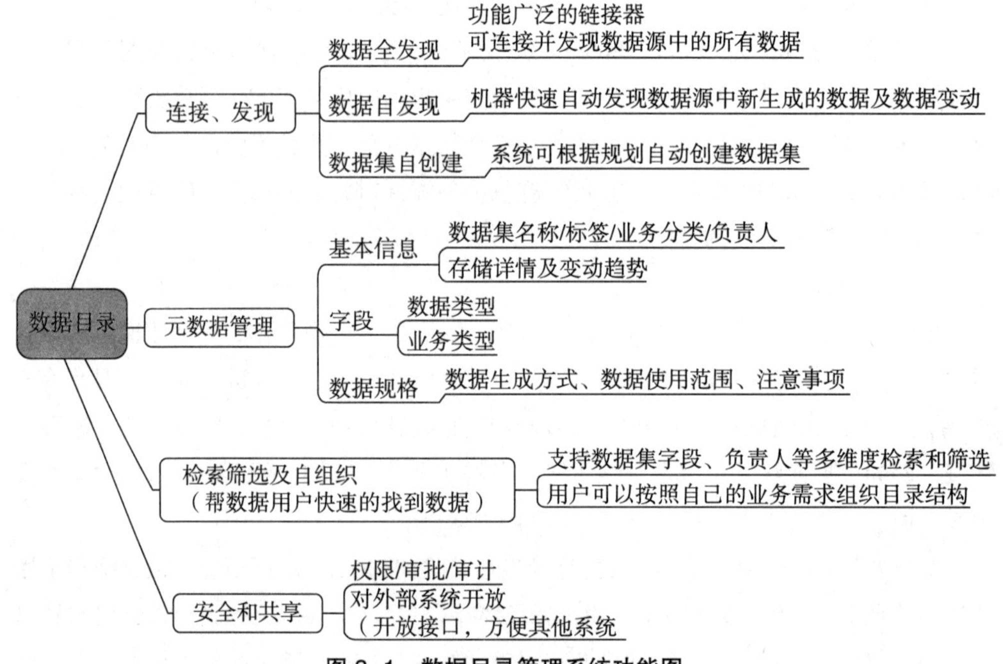

图 3-1 数据目录管理系统功能图

1. 数据的连接和发现能力

做大数据分析和人工智能，首先需要清晰地知道我们有哪些数据，通过人工梳理的方式显然已经跟不上数据增长和变化的速度。所以，一个数据目录最基础的能力就是可以连接我们拥有的多种数据源（如 HDFS、MySQL、HBase、ORACLE 等），并且可以定时地监测新生成的数据，在数据目录中根据规则自动注册为数据集或更新数据集状态 (如关系型数据库新产生的表可注册为数据集，HDFS 分区格式数据只更新当前数据集的容量大小，等等，一般需要人工辅助审核和修改）。

2. 元数据管理能力

元数据管理能力包括以下三个方面。

（1）数据集基本信息：包括数据集的名称、标签（业务分类）、负责人以及存储详情的变动趋势。

（2）字段描述信息：字段的数据类型、字段的业务类型、字段的描述信息、整个 Schema 的版本控制。

（3）数据规格：数据资产部门或者数据负责人维护数据说明的页面，包括数据的生成方式、使用范围、注意事项等。提供数据规格的编写能力，方便版本控制，用户可以按照时间线来查询数据规格。

3. 检索筛选和用户自组织能力

（1）检索筛选能力：如果数据目录没有强大的检索能力，系统中数据集的信息和沉淀的相关知识就不能实现其价值，也不能促进系统的良性循环。检索和筛选的内容包括数据集名称、标签、描述、字段相关信息、数据内容、数据规格详情等。

（2）用户自组织数据集的能力：不同用户使用数据集的场景不一样，所以组织方式也会不一样。每个用户可以按照自己的理解和需求组织自己的数据目录，方便用户的使用。同时，不同用户根据不同场景对数据集的组织方式也是一种知识，可以沉淀。

4. 安全和共享能力

（1）权限和审计：为数据集的访问提供权限控制，主要体现在数据集的访问申请和审批上。想要使用数据集的用户可以在系统中申请，访问申请会自动转向数据集所有者（负责人），数据集所有者需要在系统中答复。所有申请和审批都以时间线的方式组织，方便审计人员查阅和检索。所有用户对数据集的操作都需要做记录。

（2）共享能力：数据集及相关信息分享给使用者，使用者可以看到数据集的元数据等详情。

（3）开放能力：数据目录应该提供数据集的访问接口，可以支持内部数据探索工具、数据 ETL 工具的调用，可以支持外部客户的调用和加工。

3.1.5　数据安全管控

如图 3-2 所示，安全保障体系架构包括安全技术体系和安全管理体系。安全技术体系采取技术手段、策略、组织和运作体系紧密结合的方式，从应用、数据、主机、网络、物理等方面进行信息安全建设。

图 3-2 安全体系框架

（1）应用安全，从身份鉴别、访问控制、安全审计、剩余信息保护、通信完整性、通信保密性、抗抵赖、软件容错、资源控制、代码安全等方面进行考虑。

（2）数据安全，从数据属性、空间数据、数据完整性、数据敏感性、数据备份和恢复等方面进行考虑。

（3）主机安全，从身份鉴别、访问控制、安全审计、剩余信息保护、入侵防范、恶意代码防范、资源控制等方面进行考虑。

（4）网络安全，从结构安全、访问控制、安全审计、边界完整性检查、入侵防范、恶意代码防范和网络设备防护等方面进行考虑。

（5）物理安全，是指机房物理环境达到国家信息系统安全和信息安全相关规定的要求。

安全管理体系建设具体包括安全管理制度、安全管理机构、人员安全管理、系统建设管理、系统运维管理等方面的建设。

数据安全管控是整个安全体系框架的一个组成部分，它是从属性数据、空间数据、数据完整性、数据保密性、数据备份和恢复等几方面考虑的。对于一些敏感数据，数据的传输与存储采用不对称加密算法和不可逆加密算法确保数据的安全性、完整性和不可篡改性。对于敏感性极高的空间数据，坐标信息通过坐标偏移、数据加密算法及空间数据分存等方法进行处理。在数据的传输、存储、处理的过程中，使用事务传输机制对数据完整性进行保证，使用数据质量管理工具对数据完整性进行校验，在监测到完整性错误时进行告警，并采用必要的恢复措施。数据的安全机制应至少包含以下 4 个部分。

（1）身份 / 访问控制，通过用户认证与授权实现，在授权合法用户进入系统访问数据的同时，保护其免受非授权的访问。在安全管控平台实施集中的用户身份、访问、认证、审计、审查管理，通过动态密码、CA 证书等设置认证。

（2）数据加密，在数据传输的过程中，采用对称密钥或 VPN 隧道等方式进行数据加密，再通过网络进行传输。在数据存储上，对敏感数据先加密后存储。

（3）网络隔离，通过内外网方式保障敏感数据的安全性，即数据传输采用公网，存储采用内网。

（4）设备管理，通过数据镜像、数据备份、分布式存储等方式实现，保障数据安全。

3.1.6　数据准备

如今的数据往往来自文件系统、数据库、数据湖、传感器或外部数据源。为了满足各类数据的人工智能分析需求，我们必须将所有数据采集，并将各个数据源的数据互相关联整合，如下所示。

（1）来自电商平台的数据与客户关系管理中的客户数据集成在一起，以定制营销策略。

（2）物联网传感器数据与运营和财务数据库中的数据相关联，以控制吞吐量并报告制造过程的质量。

（3）开发预测模型的数据科学家通常会加载多种外部数据源，例如计量经济学、天气、人口普查和其他公共数据，然后将其与内部资源融合。

（4）试验人工智能的创新团队需要汇总可用于训练和测试算法的大型复杂数据源。

1. 数据整合工具与平台

那么，用什么工具和做法来整合数据源，什么平台被用来自动化整合数据？主要类型有编程和脚本完成数据集成、提取、转换和加载 (ETL) 工具、数据高速公路 SaaS 平台、具有数据集成功能的大数据管理平台、人工智能注入数据集成平台。

（1）数据集成编程与脚本。对于工程师来说，将数据从源文件移动到目标文件最常见的方式是开发一个简短的脚本。这些脚本通常以几种模式之一运行：它们可以按照预定义的时间表运行，也可以作为由事件触发的服务运行，或者在满足定义的条件时做出响应。工程师可以从多个来源获取数据，在将数据传送到目标数据源之前加入过滤、清理、验证和数据转换。

脚本是移动数据的快捷方式，但它不是专业级的数据处理方法。要成为生产级的数据处理脚本，需要自动执行处理和传输数据所需的步骤，并处理多种操作需求。例如，若脚本正在处理大量数据，则可能需要使用 ApacheSpark 或其他并行处理引擎来运行多线程作业。如果输入的数据不干净，程序员应该启用异常处理并在不影响数据流的情况下踢出记录。数据集成脚本通常难以跨多个开发人员进行维护。出于这些原因，具有较大数据集成需求的组织通常不会只用编程和脚本来实现数据集成。

（2）提取、转换与加载工具。自 20 世纪 70 年代以来，ETL 技术已经出现，IBM、Informatica、微软、Oracle、Talend 等公司提供的 ETL 工具在功能、性能和稳定性方面已经成熟。这些平台提供可视化编程工具，让开发人员能够分解并自动执行从源中提取的数据，执行转换并将数据推送到目标存储库的步骤。由于它们是可视化的，并将数据流分解为原子步骤，与难以解码的脚本相比，管道更易于管理和增强。另外，ETL 平台通常提供操作界面来显示数据管道崩溃的位置并提供重启它们的步骤。

多年来，ETL 平台增加了许多功能。大多数平台可以处理来自数据库、平面文件和 Web 服务的数据，无论它们在本地、云中，还是在 SaaS 数据存储中。它们支持各种数据格式，包括关系数据、XML 和 JSON 等半结构化格式，以及非结构化数据和文档。许多工具使用 Spark 或其他并行处理引擎来并行化作业。企业级 ETL 平台通常包括数据质量功能，因此数据可以通过规则或模式进行验证，并将异常发送给数据管理员进行解决。

当数据源持续提供新数据并且目标数据存储的数据结构不会频繁更改时，通常会使用 ETL 平台。

（3）面向 SaaS 平台的数据高速公路。是否有更有效的方法从常见数据源中提取数据呢？也许主要数据目标是从 Salesforce、Microsoft Dynamics 或其他常见 CRM 程序中提取账户或客户联系人。或者，营销人员希望从 Google Analytics 等工具中提取网络分析数据。我们应该如何防止 SaaS 平台成为云中的数据孤岛，并轻松实现双向数据流呢？如果我们已经拥有 ETL 工具，则需要查看该工具是否提供通用 SaaS 平台的标准连接器。如果我们没有 ETL 工具，那么可能需要一个易于使用的工具来构建简单的数据高速公路。

Scribe、Snaplogic 和 Stitch 等数据高速公路工具提供了简单的网络界面，可以连接到常见的数据源，选择感兴趣的领域，执行基本转换，并将数据推送到常用目的地。数据高速公路的另一种形式有助于更接近实时地整合数据。它通过触发器进行操作，因此当源系统中的数据发生更改时，可以将其操作并推送到辅助系统。IFTTT、Workato 和 Zapier 就是这类工具的例子。这些工具对于将单个记录从一个 SaaS 平台转移到另一个 SaaS 平台时特别有用。在评估它们时，请考虑它们集成的平台数量、处理逻辑的功能和简单性以及价格。

（4）大数据企业平台与数据集成功能。如果正在 Hadoop 或其他大数据平台上开发功能，则可以选择：开发脚本或使用支持大数据平台的 ETL 工具作为端点；具有 ETL、数据治理、数据质量、数据准备和主数据功能的端到端数据管理平台。

许多提供 ETL 工具的供应商也出售具有这些新型大数据功能的企业平台。还有像 Datameer 和 Unifi 这样的新兴平台可以实现自助服务（如数据准备工具），并可以在 Hadoop 发行版上运行。

（5）人工智能驱动型数据集成平台。一些下一代数据集成工具将包括人工智能功能，以帮助自动化重复性任务或识别难以找到的数据模式。例如，Informatica 提供了智能数据平台 Claire，而 Snaplogic 正在营销 Iris，它“推动自我驱动整合”。

2. ETL

ETL 就是对数据的合并、清理和整合。通过转换可以实现不同的源数据在语义上的一致性。数据采集平台主要是 ETL，它是数据处理的第一步，一切的开端。有数据库就会有数据，就需要采集。在数据挖掘的范畴中，数据清洗的前期过程可简单地认为是 ETL 的过程。ETL 伴随着数据挖掘发展至今，其相关技术也已非常成熟。

（1）概念。ETL 是 Extract(提取)、Transform(转换)、Load(加载)三个单词的首字母。ETL 负责将分散的、异构数据源中的数据（如关系数据库数据、平面数据文件等）抽取到临时中间层后，进行清洗、转换和集成，最后加载到大数据平台中，成为为分析处理、数据挖掘提供决策支持的数据。

ETL 是构建大数据平台重要的一环，用户从数据源抽取所需的数据，经过数据清洗，最终按照预先定义好的数据模型将数据加载到大数据平台中。ETL 技术已发展得相当成熟，似乎并没有什么深奥之处，但在实际的项目中，却常常在这个环节上耗费太多的人力，而在后期的维护上，往往更费脑筋。导致上面的原因往往是在项目初期没有正确地估计 ETL 的工作，没有认真地考虑其与工具支撑有很大的关系。

在做 ETL 产品选型的时候，仍然必不可少地要考虑 4 点：成本、人员经验、案例和技术支持。ETL 工具包括 Data stage、Power center、Kettle 等。在实际 ETL 工具应用的对比上，对元数据的支持、对数据质量的支持、维护的方便性、对定制开发功能的支持等方面是我们选择的切入点。一个项目，从数据源到最终目标平台，多则达上百个 ETL 过程，少则也有十几个。这些过程之间的依赖关系、出错控制以及恢复的流程处理都是工具所需要重点考虑的内容。

（2）过程。在整个数据平台的构建中，ETL 工作占整个工作的 50%~70%。要求的第一点就是，团队协作性要好。ETL 包含 E、T、L，还有日志的控制、数据模型、数据验证、数据质量等方面。例如，我们要整合一个企业亚太区的数据，但是每个国家都有自己的数据源，有的是 ERP，有的是 Access，而且数据库都不一样，要考虑网络的性能问题。如果直接用 JDBC 连接两地的数据源，这样的做法显然是不合理的，因为网络不好，经常连接，很容易导致死机。如果我们在各地区的服务器放置一个导出为 Access 的数据或者文件的程序，这样文件就可以比较方便地通过 FTP 的方式进行传输。下面我们指出上述案例需要做的几项工作。

①有人写一个通用的数据导出工具，可以用 Java、脚本或其他的工具，总之要通用，可以通过不同的脚本文件来控制，使各地区的不同数据库导出的文件格式是一样的，而且还可以实现并行操作。

②有人写 FTP 的程序，可以用 BAT、ETL 工具或其他的方式，总之要准确，而且方便调用和控制。

③有人设计数据模型，包括在 1 之后导出的结构。

④有人写 SP，包括 ETL 中需要用到的 SP 和日常维护系统的 SP，比如检查数据质量之类的。

⑤有人分析源数据，包括表结构、数据质量、空值和业务逻辑。

⑥有人负责开发流程，包括实现各种功能，还有日志的记录，等等。

⑦有人测试真正好的 ETL，都是团队来完成的，一个人的力量是有限的。

（3）ETL 处理步骤。主要从 E、T、L 和异常处理方面简单说明。

①数据清洗

· 数据补缺：对空数据、缺失数据进行数据补缺操作，无法处理的做标记。

· 数据替换：对无效数据进行数据的替换。

· 格式规范化：将源数据抽取的数据格式转换成为目标数据格式。

· 主外键约束：通过建立主外键约束，对非法数据进行数据替换或导出到错误文件重新处理。

②数据转换

· 数据合并：多用表关联实现，大小表关联用 Lookup，大大表相交用 Join(每个字段加索引，保证关联查询的效率)。

· 数据拆分：按一定规则进行数据拆分。

· 行列互换、排序 / 修改序号、去除重复记录。

· 数据验证：Loolup、Sum、Count。

实现方式包含两种，一种是在 ETL 引擎中进行的（SQL 无法实现的）；另一种是在数据库中进行的 (SQL 可以实现的)。

③数据加载

· 时间戳方式：在业务表中统一添加字段作为时间戳，当业务系统修改业务数据时，同时修改时间戳字段值。

· 日志表方式：在业务系统中添加日志表，业务数据发生变化时，更新维护日志表的内容。

· 全表对比方式：抽取所有源数据，在更新目标表之前先根据主键和字段进行数据比对，有更新的进行 Update 或 Insert。

· 全表删除插入方式：删除目标表数据，将源数据全部插入。

④异常处理

在 ETL 的过程中，面临数据异常的问题不可避免，处理办法如下所示。

· 将错误信息单独输出，继续执行 ETL，错误数据修改后再单独加载；或者中断 ETL，修改后重新执行 ETL。原则是最大限度地接收数据。

· 对于网络中断等外部原因造成的异常，设定尝试次数或尝试时间，超数或超时后，由外部人员手工干预。

· 诸如源数据结构改变、接口改变等异常状况，应进行同步后，再装载数据。

ETL 不是想象中的一蹴而就的，在实际过程中，你会遇到各种各样的问题，甚至是部门之间沟通的问题。给它定义到占据整个项目的 50%~70% 是不足为过的。

总之，大数据现在是一个热门话题，但企业和 IT 领导者需要明白，分析糟糕的数据意味着糟糕的分析结果，可能会造成错误的商业决策。正因为如此，读者一定要高度重视数据准备。在大数据平台建设中，推进数据标准体系建设，制定有关大数据的数据采集、数据开放、分类目录和关键技术等标准，推动标准符合性评估。要加大标准实施力度，完善标准服务、评测、监督体系，坚持标准先行。

3. 数据 Profile 能力

数据的 Profile 能力包括以下几点。

（1）数据集的条数、空值等。

（2）针对枚举字段枚举值的统计，针对数据类型字段数值分布范围的统计。

（3）用户自定义策略的统计。提供用户自定义界面，可以组合各种规则统计数据集中满足条件的数据条数。

（4）针对各类指标的时序可视化展示。数据 Profile 有了时序的概念，才能做一些数据趋势的分析，以及监控和报警。

数据平台应该可灵活配置数据集 Profile 的计算频率。对于不同的数据集，数据量差距很大。针对 MySQL 的一个小表，数据集的 Profile 可能秒出，ETL 产生的天库数据集 profile 只能定时运行了。

3.1.7 数据整合

数据整合是对导入的各类源数据进行整合，新进入的源数据匹配到平台上的标准数据，或者成为系统中新的标准数据。数据整合工具对数据关联关系进行设置。经过整合的源数据实现了基本信息的唯一性，同时又保留了与原始数据的关联性。具体功能包括关键字匹配、自动匹配、新增标准数据和匹配质量校验 4 个模块。有时，需要对标准数据列表中的重复数据进行合并，在合并时保留一个标准源。对一些拥有上下级关联的数据，对它们的关联关系进行管理设置。

数据质量校验包括数据导入质量校验和数据整合质量校验两个部分，数据导入质量校验的工作过程是通过对原始数据与平台数据从数量一致性、重点字段一致性等方面进行校验，保证数据从源库导入平台前后的一致性；数据整合质量校验的工作是对经过整合匹配后的数据进行质量校验，保证匹配数据的准确性，比如通过 SQL 脚本进行完整性校验。

数据整合往往涉及多个整合流程，所以数据平台一般具有 BPM 引擎，能够对整合流程进行配置、执行和监控。

3.1.8 数据服务

将数据模型按照应用要求做了服务封装，就构成了数据服务，这个跟业务系统中的服务概念是完全相同的，只是数据封装比一般的功能封装要难一点。随着企业大数据运营的深入，各类大数据应用层出不穷，对于数据服务的需求非常迫切。大数据如果不服务化，就无法规模化，比如某移动运营商封装了客户洞察、位置洞察、营销管理、终端洞察、金融征信等各种服务共计几百个，每月调用量超过亿次，灵活地满足了内外大数据服务的要求。

数据服务往往需要运行在企业服务总线 (Enterprise Service Bus，ESB) 之上。ESB 基于 SOA 构建，完成数据服务的释放、监控、统计和审计。除了直接访问数据的服务之外，数据服务还可能包括数据处理服务、数据统计和分析服务（比如 TopN 排行榜）、数据挖掘服务 (比如关联规则分析、分类、聚类）和预测服务（比如预测模型和机器学习后的结果数据）。有时，算法服务也属于数据服务的一种类型。

3.1.9　数据开发

有了数据模型和数据服务还是远远不够的，因为再好的现成数据和服务也往往无法满足前端个性化的要求，数据平台的最后一层就是数据开发，其按照开发难度也分为三个层次，最简单的是提供标签库，比如，用户可以基于标签的组装快速形成营销客户群，一般面向业务人员；其次是提供数据开发平台，用户可以基于该平台访问所有的数据并进行可视化开发，一般面向 SQL 开发人员；最后就是提供应用环境和组件，比如页面组件、可视化组件等，让技术人员可以自主打造个性化数据产品，以上层层递进，满足不同层次人员的要求。

3.1.10　数据平台总结

大数据行业应用持续升温，特别是企业级大数据市场正在进入快速发展时期。越来越多的企业期望实现数据孤岛的打通，整合海量的数据资源，挖掘并沉淀有价值的数据，进而驱动更智能的商业。随着公司数据爆发式增长，原有的数据库无法承担海量数据的处理，那么就开始考虑大数据平台了。大数据平台应该支持大数据常用的 Hadoop 组件，如 HBase、Hive、Flume、Spark，也可以接 Greenplum，而 Greenplum 正好有它的外部表（也就是 Greenplum 创建一张表，表的特性叫作外部表，读取的内容是 Hadoop 的 Hive 中的），这可以和 Hadoop 融合（当然也可以不用外部表）。通过搭建企业级的大数据平台，打通各系统之间的数据，通过多源异构接入多个业务系统的数据，完成对海量数据的整合。大数据采集平台应支持多样数据源，接口丰富，支持文件和关系型数据库等，支持直接跨库跨源的混合计算。

大数据平台实现数据的分层与水平解耦，沉淀公共的数据能力。这可分为三层：数据模型、数据服务与数据开发，通过数据建模实现跨域数据的整合和知识沉淀，通过数据服务实现对数据的封装和开放，快速、灵活地满足上层应用的要求，通过数据开发工具满足个性化数据和应用的需要。

数据平台还涉及三方面内容。第一是数据技术。大家都有自己的数据中心、机房、小数据库。但当数据积累到一定体量后，这方面的成本会非常高，而且数据之间的质量和标准不一样，会导致效率不高等问题。因此，我们需要通过数据技术对海量数据进行采集、计算、存储、加工，同时统一标准和口径。第二是数据资产。把数据统一之后，会形成标准数据，再进行存储，形成大数据资产层，进而保证为各业务提供高效服务。第三是数据服务，包括指数，就是数据平台面向上端提供的数据服务。

数据平台应确保大家在使用数据的过程中，口径、标准、时效性、效率都有保障，能有更高的可靠性和稳定性。

3.2 大数据技术框架

在数据内容足够丰富、数据量足够大的前提下，隐含于大数据中的规律、特征就能被识别出来。通过创新性的大数据分析方法实现对大量数据快速、高效、及时地分析与计算，得出跨数据间的、隐含于数据中的规律、关系和内在逻辑，帮助用户理清事件背后的原因，预测发展趋势，获取新价值。

1. 可视化分析

大数据分析的使用者有大数据分析专家，也有普通用户，但是二者对于大数据分析最基本的要求都是可视化分析，因为可视化分析能够直观地呈现大数据的特点，同时能够非常容易地被读者所接受，就如同看图说话一样简单明了。

2. 数据挖掘算法

大数据分析的理论核心是数据挖掘算法。各种数据挖掘的算法基于不同的数据类型和格式才能更加科学地呈现出数据本身具备的特点，也正是因为这些被全世界统计学家所公认的各种统计方法（可以称为真理），才能深入数据内部，挖掘出公认的价值。另一方面，也是因为有这些数据挖掘的算法，才能更快速地处理大数据，如果一个算法得花费好几年才能得出结论，那么大数据的价值也就无从说起了。

3. 预测性分析能力

大数据分析最重要的应用领域之一就是预测性分析，从大数据中挖掘出特点，通过科学的建立模型，之后便可以通过模型带入新的数据，从而预测未来的数据。

4. 语义引擎

大数据分析广泛应用于网络数据挖掘，可以从用户的搜索关键词、标签关键词或其他输入语义分析和判断用户的需求，从而实现更好的用户体验和广告匹配。

5. 数据质量和数据管理

大数据分析离不开数据质量和数据管理，高质量的数据和有效的数据管理，无论是在学术研究还是在商业应用领域，都能够保证分析结果的真实和有价值。

大数据分析的基础就是以上几个方面，当然更加深入大数据分析的话，还有很多更加有特点的、更加深入的、更加专业的大数据分析方法。

3.2.1　数据技术的演进

大数据技术可以分成两个大的层面，即大数据平台技术与大数据应用技术。要使用大数据，必须先有计算能力，大数据平台技术包括数据的采集、存储、流转、加工所需要的底层技术，如 Hadoop 生态圈。大数据应用技术是指对数据进行加工，把数据转化成商业价值的技术，如算法，以及由算法衍生出来的模型、引擎、接口、产品等。这些数据加工的底层平台包括平台层的工具以及平台上运行的算法，也可以沉淀到一个大数据的生态市场中，避免重复的研发，大大地提高了大数据的处理效率。

大数据首先需要有数据，数据首先要解决采集与存储的问题。数据采集与存储技术随着数据量的爆发与大数据业务的飞速发展，也在不停地进化。在大数据的早期，或者很多企业的发展初期，只有关系型数据库用来存储核心业务数据，即使是数据仓库，也是集中型 OLAP 关系型数据库。比如很多企业，包括早期的淘宝，就建立了很大的 Oracle RAC 作为数据仓库，按当时的规模来说，可以处理 10TB 以下的数据规模。一旦出现独立的数据仓库，就会涉及 ETL，如数据抽取、数据清洗、数据校验、数据导入，甚至是数据安全脱敏。如果数据来源仅仅是业务数据库，ETL 还不会很复杂，如果数据的来源是多方的，比如日志数据、App 数据、爬虫数据、购买的数据、整合的数据等，ETL 就会变得很复杂，数据清洗与校验的任务就会变得很重要。这时的 ETL 必须配合数据标准来实施，如果没有数据标准的 ETL，可能会导致数据仓库中的数据都是不准确的，错误的大数据会导致上层数据应用和数据产品的结果都是错误的。错误的大数据结论还不如没有大数据。由此可见，数据标准与 ETL 中的数据清洗、数据校验是非常重要的。

随着数据的来源变多，数据的使用者变多，整个大数据流转就变成了一个非常复杂的网状拓扑结构。在这个网络中，每个人都在导入数据、清洗数据，同时每个人也都在使用数据，但是谁都不相信对方导入和清洗的数据，就会导致重复数据越来越多，数据任务越来越多，任务的关系也越来越复杂。要解决这样的问题，必须引入数据管理，也就是针对大数据的管理，比如元数据标准、公共数据服务层（可信数据层）、数据使用信息披露等。

随着数据量的持续增长，集中式的关系型 OLAP 数据仓库已经不能解决企业的问题，这个时候就出现了基于 MPP 的专业级数据仓库处理软件，如 Greenplum。Greenplum 采用 MPP 方式处理数据，可以处理的数据更多更快，但是本质上还是数据库的技术。Greenplum 支持 100 台机器左右的规模，可以处理帕字节 (PB) 级别的数据量。Greenplum 的产品是基于流行的 Postgre SQL 开发的，几乎所有的 PostgreSQL 客户端工具及 PostgreSQL 应用都能运行在 Greenplum 平台上。

随着数据量的持续增加，比如每天需要处理 100PB 以上的数据，每天有 100 万以上的大数据任务，使用以上解决方案都没有办法解决了，这个时候就出现了一些更大的基于 M/R 分布式的解决方案，如大数据技术生态体系中的 Hadoop、Spark 和 Storm。它们是目前最重要的三大分布式计算系统，Hadoop 常用于离线的、复杂的大数据处理，Spark 常用于离线的、快速的大数据处理，而 Storm 常用于在线的、实时的大数据处理。

3.2.2 分布式计算系统概述

Hadoop 是一个由 Apache 基金会所开发的分布式系统基础架构。Hadoop 框架最核心的设计是: HDFS 和 MapReduce。HDFS 为海量的数据提供了存储，而 MapReduce 为海量的数据提供了计算。Hadoop 作为一个基础框架，上面也可以承载很多其他东西，比如 Hive，不想用程序语言开发 MapReduce 的人、熟悉 SQL 的人可以使用 Hive 离线地进行数据处理与分析工作。比如 HBase，作为面向列的数据库运行在 HDFS 之上，HDFS 缺乏随机读写操作，HBase 正是为此而出现的，HBase 是一个分布式的、面向列的开源数据库。

Spark 也是 Apache 基金会的开源项目，它由加州大学伯克利分校的实验室开发，是另一种重要的分布式计算系统。Spark 与 Hadoop 最大的不同点在于，Hadoop 使用硬盘来存储数据，而 Spark 使用内存来存储数据，因此 Spark 可以提供超过 Hadoop100 倍的运算速度。Spark 可以通过 YARN(另一种资源协调者）在 Hadoop 集群中运行，但是现在的 Spark 也在往生态走，希望能够上下游通吃，一套技术线解决大家多种需求。比如 Spark SQL，对应着 Hadoop Hive,Spark Streaming 对应着 Storm。

Storm 是 Twitter 主推的分布式计算系统，是 Apache 基金会的孵化项目。它在 Hadoop 的基础上提供了实时运算的特性，可以实时地处理大数据流。不同于 Hadoop 和 Spark，Storm 不进行数据的收集和存储工作，它直接通过网络实时地接收数据并且实时地处理数据，然后直接通过网络实时地传回结果。Storm 擅长处理实时流式数据。比如日志、网站购物的点击流是源源不断的、按顺序的、没有终结的，所有通过 Kafka 等消息队列传来数据后，Storm 就开始工作。Storm 自己不收集数据也不存储数据，一边传来数据，一边处理，一边输出结果。

上面的三个系统只是大规模分布式计算底层的通用框架，通常也用计算引擎来描述它们。除了计算引擎外，想要做数据的加工应用，我们还需要一些平台工具，如开发 IDE、作业调度系统、数据同步工具、BI 模块、数据管理平台、监控报警等，它们与计算引擎一起构成大数据的基础平台。在这个平台上，我们可以做大数据的加工应用，开发数据应用产品。比如一个餐厅，为了做中餐、西餐、日料、西班牙菜，必须有食材（数据），配合不同的厨具（大数据底层计算引擎），加上不同的佐料（加工工具），才能做出不同类型的菜系。但是为了接待大批量的客人，还必须配备更大的厨房空间、更强的厨具、更多的厨师（分布式）。做的菜到底好吃不好吃，这又得看厨师的水平（大数据加工应用能力）。

3.2.3 Hadoop

Hadoop 由 Apache 基金会开发。它受到谷歌开发的 Map/Reduce 和 Google File System(GFS) 的启发。可以说 Hadoop 是谷歌的 MapReduce 和 Google File System 的开源简化版本。

Hadoop 是一个分布式系统的基础架构。Hadoop 提供一个分布式文件系统架构 (Hadoop Distributed File System,HDFS)。HDFS 有着高容错性的特点，并且设计用来部署在相对低成本的 x86 服务器上。而且它提供高传输率来访问应用程序的数据，适合有着超大数据集的应用程序。

Hadoop 的 MapReduce 是一个能够对大量数据进行分布式处理的软件开发框架，是一个能够让用户轻松架构和使用的分布式计算平台。用户可以轻松地在 Hadoop 上开发和运行处理海量数据的应用程序。它主要有高可靠性、高扩展性、高效性、高容错性和高性价比五个优点。

1. 拓扑架构

如图 3-3 所示，Hadoop 由许多元素构成。其最底层是 HDFS，用于存储 Hadoop

集群中所有存储节点上的文件。HDFS 的上一层是 MapReduce 分布式计算框架，该引擎由 JobTrackers 和 TaskTrackers 组成。HBase 利用 Hadoop HDFS 作为其文件存储系统，利用 Hadoop MapReduce 来处理 HBase 中的海量数据，利用 ZooKeeper 作为协同服务。

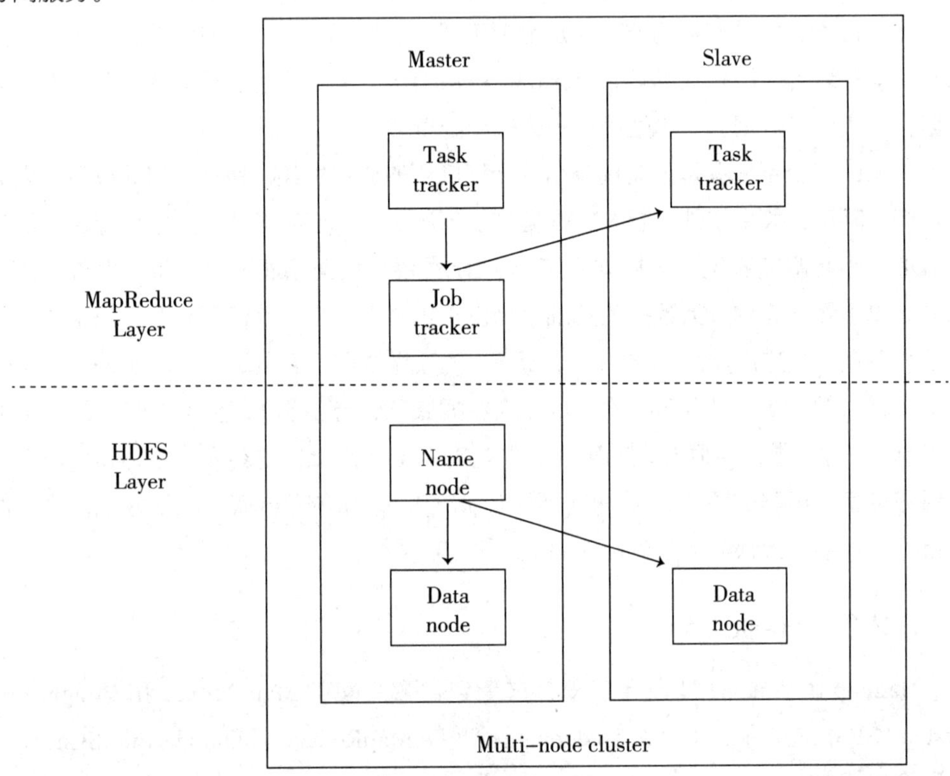

图 3-3　Hadoop 架构

（1）HDFS。在 Hadoop 中，所有数据都被存储在 HDFS 上，而 HDFS 由一个管理节点 (NameNode) 和 *N* 个数据节点 (DataNode) 组成，每个节点均为一台普通的 x86 服务器。HDFS 在使用上与单机的文件系统很类似，一样可以建立目录，创建、复制和删除文件，查看文件内容等。但底层实现是把文件切割成 Block(通常为 64MB)，这些 Block 分散存储在不同的 DataNode 上，每个 Block 还可以复制数份存储于不同的 DataNode 上，达到容错冗余的目的。NameNode 是 HDFS 的核心，通过维护一些数据结构记录每个文件被切割成多少个 Block，以及这些 Block 可以从哪些 DataNode 中获得、各个 DataNode 的状态等重要信息。

HDFS 可以保存比一个机器的可用存储空间更大的文件，这是因为 HDFS 是一套具备可扩展能力的存储平台，能够将数据分发至成千上万个分布式节点及低成本服务器之上，并让这些硬件设备以并行方式共同处理同一任务。

（2）分布式计算框架 (MapReduce)。MapReduce 通过把对数据集的大规模操作分发给网络上的每个节点实现可靠性。MapReduce 实现了大规模的计算：应用程序被分割成许多小部分，而每个部分在集群中的节点上并行执行（每个节点处理自己的数据）。

总之，Hadoop 是一种分布式系统的平台，通过它可以很轻松地搭建一个高效、高质量的分布式系统。Hadoop 的分布式包括两部分：一个是分布式文件系统 HDFS；另一个是分布式计算框架，一种编程模型，就是 MapReduce，两者缺一不可。用户可以通过 MapReduce 在 Hadoop 平台上进行分布式的计算编程。

（3）基于 Hadoop 的应用生态系统。Hadoop 框架包括 Hadoop 内核、MapReduce、HDFS 和 Hadoop YARN 等。Hadoop 也是一个生态系统，在这里面有很多组件，除了 HDFS 和 MapReduce 外，还有 NoSQL 数据库的 HBase、数据仓库工具 Hive、Pig 工作流语言、机器学习算法库 Mahout、在分布式系统中扮演重要角色的 ZooKeeper、内存计算框架的 Spark、数据采集的 Flume 和 Kafka。总之，用户可以在 Hadoop 平台上开发和部署任何大数据应用程序。

HBase 是 Hadoop Database，是一个高可靠性、高性能、面向列、可伸缩的分布式存储系统，利用 HBase 技术可在高性价比的 x86 服务器上搭建起大规模的结构化存储集群。HBase 是 Google Bigtable 的开源实现，类似 Google Bigtable 利用 GFS 作为其文件存储系统，HBase 利用 Hadoop HDFS 作为其文件存储系统；谷歌运行 MapReduce 来处理 Bigtable 中的海量数据，HBase 同样利用 Hadoop MapReduce 来处理 HBase 中的海量数据；Google Bigtable 利用 Chubby 作为协同服务，HBase 利用 ZooKeeper 作为对应。

Hadoop 应用生态系统的各层系统中，HBase 位于结构化存储层，Hadoop HDFS 为 HBase 提供了高可靠性的底层存储支持，Hadoop MapReduce 为 HBase 提供了高性能的计算框架，ZooKeeper 为 HBase 提供了稳定服务和 Failover 机制。

此外，Pig 和 Hive 还为 HBase 提供了高层语言支持，使得在 HBase 上进行数据统计处理变得非常简单。Sqoop 则为 HBase 提供了方便的 RDBMS 数据导入功能，使得传统数据库数据向 HBase 中迁移变得非常方便。

2. 行业应用

总之，数据处理模式会发生变化，不再是传统的针对每个事务从众多源系统中拉数据，而是由源系统将数据推至 HDFS，ETL 引擎处理数据，然后保存结果。结果可以用 Hadoop 分析，也可以提交到传统报表和分析工具中分析。经证实，使用 Hadoop 存储和处理结构化数据可以减少 10 倍的成本，并可以提升 4 倍处理速度。以金融行业为例，Hadoop 有以下几个方面可以对用户的应用有帮助。

（1）涉及的应用领域：内容管理平台。海量低价值密度的数据存储，可以实现像结构化、半结构化、非结构化数据存储。

（2）涉及的应用领域：风险管理、反洗钱系统等。利用 Hadoop 做海量数据的查询系统或者离线的查询系统。比如用户交易记录的查询，甚至是一些离线分析都可以在 Hadoop 上完成。

（3）涉及的应用领域：用户行为分析及组合式推销。用户行为分析与复杂事务处理提供相应的支撑，比如基于用户位置的变化进行广告投送，进行精准广告的推送，都可以通过 Hadoop 数据库的海量数据分析功能来完成。

3.2.4 Spark

随着大数据的发展，人们对大数据的处理要求也越来越高，原有的批处理框架 MapReduce 适合离线计算，却无法满足实时性要求较高的业务，如实时推荐、用户行为分析等。因此，Hadoop 生态系统又发展出以 Spark 为代表的新计算框架。相比 MapReduce,Spark 速度快，开发简单，并且能够同时兼顾批处理和实时数据分析。

Apache Spark 是加州大学伯克利分校的 AMPLabs 开发的开源分布式轻量级通用计算框架，于 2014 年 2 月成为 Apache 的顶级项目。由于 Spark 基于内存设计，使得它拥有比 Hadoop 更高的性能，并且对多语言 (Scala、Java、Python) 提供支持。Spark 有点类似 Hadoop MapReduce 框架。Spark 拥有 Hadoop MapReduce 所具有的优点，但不同于 MapReduce 的是，Job 中间输出的结果可以保存在内存中，从而不再需要读写 HDFS(MapReduce 的中间结果要放在文件系统上），因此，在性能上，Spark 比 MapReduce 框架快 100 倍左右，排序 100TB 的数据只需要 20 分钟左右。正是因为 Spark 主要在内存中执行，所以 Spark 对内存的要求非常高，一个节点通常需要配置 24GB 的内存。在业界，我们有时把 MapReduce 称为批处理计算框架，把 Spark 称为实时计算框架、内存计算框架或流式计算框架。

Hadoop 使用数据复制来实现容错性 (I/O 高），而 Spark 使用 RDD(Resilient Distributed Datasets，弹性分布式数据集）数据存储模型来实现数据的容错性。RDD 是只读的、分区记录的集合。如果一个 RDD 的一个分区丢失，RDD 含有如何重建这个分区的相关信息。这就避免了使用数据复制来保证容错性的要求，从而减少了对磁盘的访问。通过 RDD，后续步骤如果需要相同数据集，就不必重新计算或从磁盘加载，这个特性使得 Spark 非常适合流水线式的数据处理。

虽然 Spark 可以独立于 Hadoop 运行，但是 Spark 还是需要一个集群管理器和一个分布式存储系统。对于集群管理，Spark 支持 Hadoop YARN、Apache Mesos 和 Spark 原生集群。对于分布式存储，Spark 可以使用 HDFS、Cassandra、OpenStack Swift 和 Amazon S3。Spark 支持 Java、Python 和 Scala(Scala 是 Spark 最推荐的编程语言,Spark 和 Scala 能够紧密集成,Scala 程序可以在 Spark 控制台上执行）。应该说，Spark 紧密集成 Hadoop 生态系统中的上述工具。Spark 可以与 Hadoop 上的常用数据格式（如 Avro 和 Parquet) 进行交互，能读写 HBase 等 NoSQL 数据库，它的流处理组件 Spark Streaming 能连续从 Flume 和 Kafka 之类的系统上读取数据，它的 SQL 库 Spark SQL 能和 Hive Metastore 交互。

Spark 可用来构建大型的、低延迟的数据分析应用程序。如图 3-4 所示，Spark 包含的库有: SparkSQL、SparkStreaming、MLlib（用于机器学习）和 GraphX。其中，SparkSQL 和 SparkStreaming 最受欢迎，大概 60% 的用户在使用这两个库中的一个，而且 Spark 还能替代 MapReduce 成为 Hive 的底层执行引擎。

图 3-4　Spark 组件

Spark 的内存缓存使它适合进行迭代计算。机器学习算法需要多次遍历训练集，可以将训练集缓存在内存里。在对数据集进行探索时，数据科学家可以在运行查询的时候将数据集放在内存中，这样就节省了访问磁盘的开销。

虽然 Spark 目前被广泛认为是下一代 Hadoop，但是 Spark 本身的复杂性也困扰着开发人员。Spark 的批处理能力仍然比不过 MapReduce，与 Spark SQL 和 Hive 的

SQL 功能相比还有一定的差距，Spark 的统计功能与 R 语言相比还没有可比性。

3.2.5 Storm 系统

Storm 是 Twitter 支持开发的一款分布式的、开源的、实时的、主从式的大数据流式计算系统，使用的协议为 Eclipse Public License 1.0，其核心部分使用高效流式计算的函数式语言 Clojure 编写，极大地提高了系统性能。但为了方便用户使用，支持用户使用任意编程语言进行项目的开发。

1. 任务拓扑

任务拓扑 (Task Topology) 是 Storm 的逻辑单元，一个实时应用的计算任务将被打包为任务拓扑后发布，任务拓扑一旦提交将会一直运行，除非显式地去中止。一个任务拓扑是由一系列 Spout 和 Bolt 构成的有向无环图，通过数据流 (Stream) 实现 Spout 和 Bolt 之间的关联，如图 3-5 左图所示。其中，Spout 负责从外部数据源不间断地读取数据，并以元组 (Tuple) 的形式发送给相应的 Bolt。Bolt 负责对接收到的数据流进行计算，实现过滤、聚合、查询等具体功能，可以级联，也可以向外发送数据流。

数据流是 Storm 对数据的抽象，它是时间上无穷的元组序列。如图 3-5 右图所示，数据流通过流分组 (Stream Grouping) 所提供的不同策略实现在任务拓扑中的流动。此外，为了确保消息能且仅能被计算 1 次，Storm 还提供了事务任务拓扑。

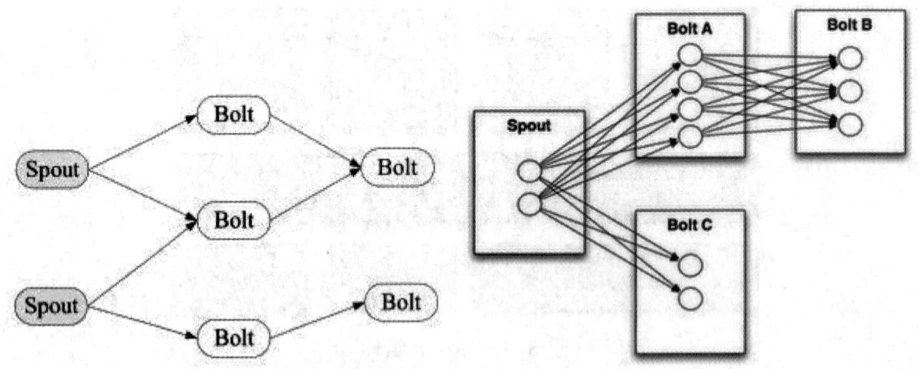

图 3–5　Storm 任务拓扑（左图）和 Storm 数据流组（右图）

2. 总体架构

如图 3-6 所示，Storm 采用主从系统架构，在一个 Storm 系统中有两类节点（一个主节点 Nimbus、多个从节点 Supervisor) 及 3 种运行环境 (Master、Cluster 和 Slaves)。

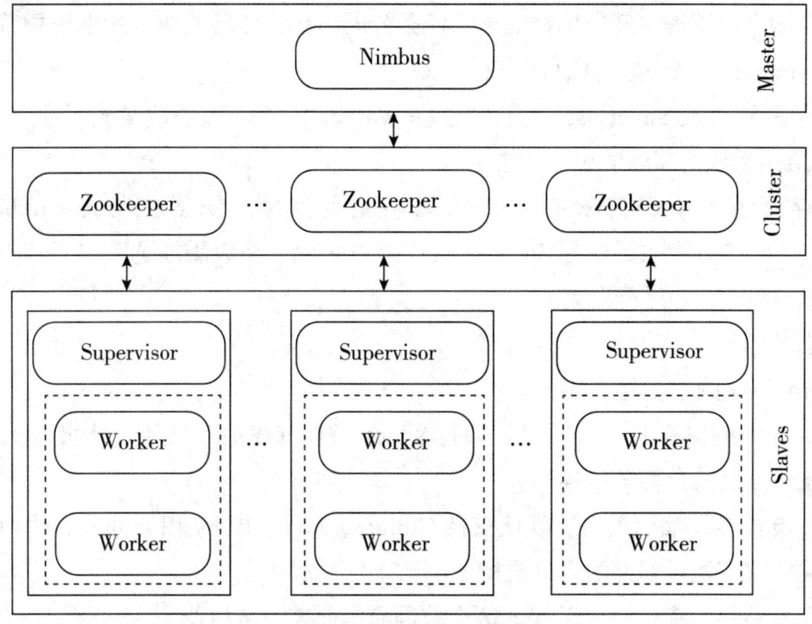

图 3-6　Storm 系统架构

（1）主节点 Nimbus 运行在 Master 环境中，是无状态的，负责全局的资源分配、任务调度、状态监控和故障检测。一方面，主节点 Nimbus 接收客户端提交来的任务，验证后分配任务到从节点 Supervisor 上，同时把该任务的元信息写入 ZooKeeper 目录中；另一方面，主节点 Nimbus 需要通过 ZooKeeper 实时监控任务的执行情况。当出现故障时进行故障检测，并重启失败的从节点 Supervisor 和工作进程 Worker。

（2）从节点 Supervisor 运行在 Slaves 环境中，也是无状态的，负责监听并接受来自主节点 Nimbus 所分配的任务，并启动或停止自己所管理的工作进程 Worker。其中，工作进程 Worker 负责具体任务的执行。一个完整的任务拓扑往往由分布在多个从节点 Supervisor 上的 Worker 进程来协调执行，每个 Worker 都执行且仅执行任务拓扑中的一个子集。在每个 Worker 内部会有多个 Executor，每个 Executor 对应一个线程。Task 负责具体数据的计算，即用户所实现的 Spout/Blot 实例。每个 Executor 会对应一个或多个 Task，因此系统中 Executor 的数量总是小于等于 Task 的数量。

ZooKeeper 是一个针对大型分布式系统的可靠协调服务和元数据存储系统。通过配置 ZooKeeper 集群，可以使用 ZooKeeper 系统所提供的高可靠性服务。Storm 系统引入 ZooKeeper，极大地简化了 Nimbus、Supervisor、Worker 之间的设计，保障了系统的稳定性。ZooKeeper 在 Storm 系统中具体实现了以下功能。

①存储客户端提交任务拓扑信息、任务分配信息、任务的执行状态信息等，便于主节点 Nimbus 监控任务的执行情况。

②存储从节点 Supervisor、工作进程 Worker 的状态和心跳信息，便于主节点 Nimbus 监控系统各节点的运行状态。

③存储整个集群的所有状态信息和配置信息，便于主节点 Nimbus 监控 ZooKeeper 集群的状态。在主 ZooKeeper 节点挂掉后，可以重新选取一个节点作为主 ZooKeeper 节点，并进行恢复。

3. 系统特征

Storm 系统的主要特征如下。

（1）简单编程模型。用户只需编写 Spout 和 Bolt 部分的实现，因此极大地降低了实时大数据流式计算的复杂性。

（2）支持多种编程语言。默认支持 Clojure、Java、Ruby 和 Python，也可以通过添加相关协议实现对新增语言的支持。

（3）作业级容错性。可以保证每个数据流作业被完全执行。

（4）水平可扩展。计算可以在多个线程、进程和服务器之间并发执行。

（5）快速消息计算。通过 ZeroMQ 作为其底层消息队列，保证消息能够得到快速的计算。

Storm 系统存在的不足主要包括：资源分配没有考虑任务拓扑的结构特征，无法适应数据负载的动态变化；采用集中式的作业级容错机制，在一定程度上限制了系统的可扩展性。

3.2.6 Kafka 系统

Kafka 是 Linkedin 所支持的一款开源的、分布式的、高吞吐量的发布订阅消息系统，可以有效地处理互联网中活跃的流式数据，如网站的页面浏览量、用户访问频率、访问统计、好友动态等，开发语言是 Scala，可以使用 Java 进行编写。Kafka 系统在设计过程中主要考虑了以下需求特征。

（1）消息持久化是一种常态需求。

（2）吞吐量是系统需要满足的首要目标。

（3）消息的状态作为订阅者 (Consumer) 存储信息的一部分，在订阅者服务器中进行存储。

（4）将发布者 (Producer)、代理 (Broker) 和订阅者 (Consumer) 显式地分布在多台机器上，构成显式的分布式系统。

形成了以下关键特性。

（1）在磁盘中实现消息持久化的时间复杂度为 $O(1)$，数据规模可以达到太字节 (TB) 级别。

（2）实现了数据的高吞吐量，可以满足每秒数十万条消息的处理需求。

（3）实现了在服务器集群中进行消息的分片和序列管理。

（4）实现了对 Hadoop 系统的兼容，可以将数据并行地加载到 Hadoop 集群中。

1. 系统架构

Kafka 消息系统的架构是由发布者、代理和订阅者共同构成的显式分布式架构，它们分别位于不同的节点上，如图 3-7 所示。各部分构成一个完整的逻辑组，并对外界提供服务；各部分间通过消息 (Message) 进行数据传输。其中，发布者可以向一个主题 (Topic) 推送相关消息，订阅者以组为单位可以关注并获取自己感兴趣的消息，通过 ZooKeeper 实现对订阅者和代理的全局状态信息的管理及其负载均衡的实现。

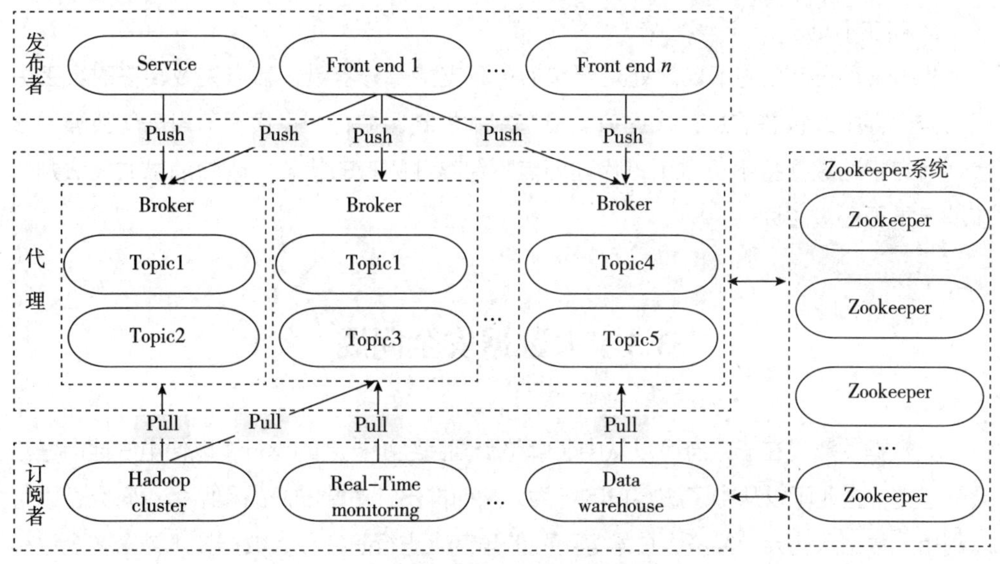

图 3-7　Kafka 系统架构

2. 数据存储

Kafka 消息系统通过仅进行数据追加的方式实现对磁盘数据的持久化保存，实现了对大数据的稳定存储，并有效地提高了系统的计算能力，通过采用 Sendfile 系统调用方式优化了网络传输，提高了系统的吞吐量。即使对于普通的硬件，Kafka 消息系统也可以支持每秒数十万的消息处理能力。此外，在 Kafka 消息系统中，通过仅保存订阅者已经计算数据的偏量信息，一方面可以有效地节省数据的存储空间，另一方面也简化了系统的计算方式，方便系统的故障恢复。

3. 消息传输

Kafka 消息系统采用推送、拉取相结合的方式进行消息的传输。其中，当发布者需要传输消息时，会主动地推送该消息到相关的代理节点；当订阅者需要访问数据时，其会从代理节点进行拉取。通常情况下，订阅者可以从代理节点中拉取自己感兴趣的主题消息。

4. 负载均衡

在 Kafka 消息系统中，发布者和代理节点之间没有负载均衡机制，但可以通过专用的第 4 层负载均衡器在 Kafka 代理上实现基于 TCP 连接的负载均衡的调整。订阅者和代理节点之间通过 Zookeeper 实现负载均衡机制，在 Zookeeper 中管理全部活动的订阅者和代理节点信息。当有订阅者和代理节点的状态发生变化时，才实时地进行系统的负载均衡的调整，保障整个系统处于一个良好的均衡状态。

5. 存在不足

Kafka 系统存在的不足之处主要包括：只支持部分容错，节点失效转移时会丢失原节点内存中的状态信息；代理节点没有副本机制保护，一旦代理节点出现故障，该代理节点中的数据将不再可用；代理节点不保存订阅者的状态，删除消息时无法判断该消息是否已被阅读。

3.3　大数据安全问题

大数据的意义在于政府可以从中了解整个国民经济社会的运行，以便更好地指导社会的运转；企业可以从中了解客户的行为，从而推出针对性的产品和服务；研究者则可以利用大数据从社会、经济、技术等不同的角度来进行研究。大数据技术被众多企业和组织机构列为最具战略意义的技术之一，同时各国政府也是大数据技术的主要推动者。2009 年美国政府建立了 data.gov 网站，旨在向公众开放政府所拥有的公共数据。随后，英国、澳大利亚等 30 多个国家和地区也建立了自己的数据开放门户网站。

中国通信学会、计算机学会等重要学术组织先后建立了大数据专家委员会。2013 年，中国管理科学学会、信息系统学会中国分会均以大数据背景作为大会主题，为我国人数据应用和发展提供理论支持。北京市信息化建设的快速发展，使得每年有大量的医疗临床数据、交通运转数据以及金融等行业数据产生，同时，北京市聚集了大量的高校和科研院所，也有不少技术成果和技术交易数据。而这些数据资源由于分散于各个政府部门、科研院所和行业部门的不同平台上，缺乏整合开发，既不利于政府在公共管理时的全面分析利用，也难以有效服务于社会并创造史大的经济和社会效益。因此，建立信息共享的大数据平台，逐步向数据需求方开放，是提升首都公共服务能力的重要手段。

3.3.1　安全问题

在大数据技术正在飞速发展的今天，数据安全成为最为严峻的问题。

数据被称为新时代的“石油”或“黄金”，正在成为企业和国家的核心资产，成为企业创新的关键基础，成为国家的重要战略资源。数据的价值越来越大，这引来了违法分子的关注。他们除了直接盗取数据进行倒卖之外，也通过全面的数据分析进行精准的诈骗活动，甚至对用户数据进行加密。

2016 年，欧洲议会通过了《一般数据保护条例》，在 2018 年 5 月 25 日生效。该条例对欧盟公民的隐私保护做出了极为严格的要求：违规企业可能最高被处以 2000 万欧元或者前一年全球总年营业额的 4% 收益的罚款。该条例对全球众多企业都产生了非常大的影响。我国经过长时间的酝酿与讨论，在 2016 年 11 月 7 日发布了《中华人民共和国网络安全法》，该法律于 2017 年 6 月 1 日实施。个人信息和重要数据的安全是这部法律的重要组成部分。

数据安全问题受到全世界从政府到普通消费者的各种不同角度的关注，但随着对数据安全的关注度越来越高，人们似乎陷入了另外一种风险中，那就是“数据恐慌”。“数据恐慌”是对数据采集和使用的过度限制和禁止，而不是通过数据保护能力的提升来改善数据安全水平。如果这种趋势不能遏制，会导致法律法规、政策标准严重制约数字经济的发展，会使广大消费者对新经济丧失信心，导致各种创新创业受挫，这是对数字经济发展的不利影响。

数据只有流通共享才能促进产业协同发展，优化资源配置，更好地激活生产力。大数据时代的生产过程就是数据采集、数据存储、数据应用和数据共享的过程。这是一个以数据为中心的经济时代，以数据为中心的安全能力至关重要。

1. 数据无处不在

随着信息化的发展，各组织机构的业务被数据化，数据被广泛应用于组织的业务支撑、经营分析与决策、新产品研发、外部合作，数据也不再只是管理者拥有的权利，上至管理者，下至实际业务岗位，都在使用数据。

2. 系统、组织数据边界模糊

组织内部的核心业务系统、内部办公系统、外部协同系统不再是直线结构。数据之间共享程度最大化，使系统间存在大量数据接口。系统以网状分布，互为上下游，每个系统都是其他系统的一部分，同时其他系统也是自身系统的一部分。数据的流通也进一步促进了组织间的协同发展。

3. 数据关联、集合更容易

大数据技术的广泛应用使数据采集与使用更加便利，数据的种类更加丰富，可关联的数据也大大增加。数据运算能力的提升使得数据关联或聚合的效率更高。

4. 数据流动、处理更实时

实时数据处理技术的发展使得数据的流动和处理更加实时，在提升效率的同时也加剧了安全的挑战。

5. 海量数据加密

大量数据的沉淀，使敏感数据量越来越大，传统的数据加密手段效果越来越差。如何在灵活使用数据的同时还能够高效、安全地保护数据，也是急需解决的问题。

6. 数据的交换、交易

数据成为核心生产资料，其价值越来越受到重视。数据交换、交易行为的市场应运而生。如何确保这些行为的安全，进而维护好国家、组织与个人的合法权益，是巨大的挑战。

7. 数据所有者和权利不断转换

目前行业主流的数据相关方有数据主体、数据生产者、数据提供者、数据管理者、数据加工者和数据消费者，数据的使用权利不断转换，而数据的所有者及相关权利的界定至今未能达成一致意见。

3.3.2 大数据安全需求

大数据的产生使数据分析与应用更加复杂，难以管理。据统计，过去 3 年里全球产生的数据量比以往 400 年的数据加起来还多，这些数据包括文档、图片、视频、Web 页面、电子邮件、微博等不同类型，其中，只有 20% 是结构化数据，80% 则是非结构化数据。数据的增多使数据安全和隐私保护问题日渐突出，各类安全事件给企业和用户敲响了警钟。

在整个数据生命周期里，企业需要遵守更严格的安全标准和保密规定，故对数据存储与使用的安全性和隐私性要求越来越高，传统数据保护方法常常无法满足新变化网络和数字化生活，也使得黑客更容易获得他人信息，有了更多不易被追踪和防范的犯罪手段，而现有的法律法规和技术手段却难以解决此类问题。因此，在大数据环境下数据安全和隐私保护是一个重大挑战。

在大数据时代，业务数据和安全需求相结合才能够有效提高企业的安全防护水平。通过对业务数据的大量搜集、过滤与整合，经过细致的业务分析和关联规则挖掘，企业能够感知自身的网络安全态势，预测业务数据走向。了解业务运营安全情况，这对企业来说具有革命性的意义。

目前，已有一些企业部门开始使用安全基线和网络安全管理设备，如部署 UniNAC 网络准入控制、终端安全管理 UniAccess 系统，用于检测与发现网络中的各种异常行为和安全威胁，从而采取相应的安全措施。据 Gartner 公司预测：2016 年，40% 的企业（以银行、保险、医药、电信、金融和国防等行业为主）将积极地对至少 10TB 数据进行分析，以找出潜在的安全威胁。

随着对大数据的广泛关注，有关大数据安全的研究和实践也已逐步展开，包括科研机构、政府组织、企事业单位、安全厂商等在内的各方力量，正在积极推动与大数据安全相关的标准制定和产品研发，为大数据的大规模应用奠定更加安全和坚实的基础。

在理解大数据安全内涵、制定相应策略之前，有必要对各领域大数据的安全需求进行全面了解和掌握，以分析大数据环境下的安全特征与问题。

1. 互联网行业

互联网企业在应用大数据时，常会涉及数据安全和用户隐私问题。随着电子商务、手机上网行为的发展，互联网企业受到攻击的情况比以前更为隐蔽。攻击的目的并不仅是让服务器宕机，更多是以渗透 APT 的攻击方式进行。因此，防止数据被损坏、篡改、泄露或窃取的任务十分艰巨。

同时，由于用户隐私和商业机密涉及的技术领域繁多、机理复杂。很难有专家可以贯通法理与专业技术，界定出由于个人隐私和商业机密的传播而产生的损失，也很难界定侵权主体是出于个人目的还是企业行为。所以，互联网企业的大数据安全需求是：可靠的数据存储、安全的挖掘分析、严格的运营监管，呼唤针对用户隐私的安全保护标准、法律法规、行业规范，期待从海量数据中合理发现与发掘商业机会和商业价值。

2. 电信行业

大量数据的产生、存储和分析，使得运营商在数据对外应用和开放过程中面临着数据保密、用户隐私、商业合作等一系列问题。运营商需要利用企业平台、系统和工具实现数据的科学建模，确定或归类这些数据的价值。

由于数据通常散乱在众多系统中，信息来源十分庞杂，因此运营商需要进行有效的数据收集与分析，保障数据的完整性和安全性。在对外合作时，运营商需要能够准确地将外部业务需求转换成实际的数据需求，建立完善的数据对外开放访问控制。

在此过程中，如何有效保护用户隐私，防止企业核心数据泄露，成为运营商对外开展大数据应用需要考虑的重要问题。因此，电信运营商的大数据安全需求是：确保核心数据与资源的保密性、完整性和可用性，在保障用户利益、体验和隐私的基础上充分发挥数据的价值。

3. 金融行业

金融行业的系统具有相互牵连、使用对象多样化、安全风险多方位、信息可靠性和伪密性要求高等特征，而且金融业对网络的安全性、稳定性要求更高。系统要能够高速处理数据，提供冗余备份和容错功能，具备较好的管理能力和灵活性，以应对复杂的应用。

虽然金融行业一直在数据安全方面追加投资和技术研发，但是金融领域业务链条的拉长、云计算模式的普及、自身系统复杂度的提升以及对数据的不当利用等，都增加了金融行业大数据的安全风险。

因此，金融行业的大数据安全需求是：对数据访问控制、处理算法、网络安全、数据管理和应用等方面提出安全要求，期望利用大数据安全技术加强金融机构的内部控制，提高金融监管和服务水平，防范和化解金融风险。

4. 医疗行业

随着医疗数据的几何倍数增长，数据存储压力也越来越大。数据存储是否安全可靠，已经关乎医院业务的连续性。因为系统一旦出现故障，首先考验的就是数据的存储、设备和恢复能力。如果数据不能迅速恢复，而且恢复不到断点，就会对医院的业务、患者满意度构成直接损害。

同时，医疗数据具有极强的隐私性，大多数医疗数据拥有者不愿意将数据直接提供给其他单位或个人进行研究利用，而数据处理技术和手段的有限性也造成了宝贵数据资源的浪费。因此，医疗行业对大数据安全的需求是：数据隐私性高于安全性和机密性，同时需要安全和可靠的数据存储、完善的数据备份和管理，以帮助医疗机构进行疾病诊断，药物开发，管理决策，完善医院服务，提高病人满意度，降低病人流失率。

5. 政府组织

大数据分析在安全上的潜能已经被各国政府组织发现，它的作用在于能够帮助国家构建更加安全的网络环境。例如，美国进口安全申报委员会很早就宣布，通过 6 个关键性的调查结果证明，大数据分析不仅具备强大的数据分析能力，而且能确保数据的安全性。

美国国防部已经在积极部署大数据行动，利用海量数据挖掘高价值情报，以提高快速响应能力，实现决策自动化。而美国中央情报局通过利用大数据技术，提高了从大型复杂的数字数据集中提取知识和观点的能力，加强了国家安全。

因此，政府组织对大数据安全的需求是：隐私保护的安全监管、网络环境的安全感知、大数据安全标准的制定、安全管理机制的规范等内容。

通过上述分析可知，各领域的安全需求正在发生改变，从数据采集、数据整合、数据提炼、数据挖掘、安全分析、安全态势判断、安全检测到发现威胁，已经形成了一个新的完整链条。在这一链条中，数据可能会丢失、泄露、被越权访问、被篡改，甚至涉及用户隐私和企业机密等内容。

3.3.3　大数据安全的特征

1. 移动数据安全面临高压力

社交媒体、电子商务、物联网等新应用的兴起，打破了企业原有价值链的围墙，仅对原有价值链各个环节的数据进行分析，已经不能满足需求。需要借助大数据战略打破数据边界，使企业了解更全面的运营及运营环境的全景图。

但是，这显然会对企业的移动数据安全防范能力提出更高的要求。此外，数据价值的提升会造成更多敏感性分析数据在移动设备间传递，一些恶意软件甚至具备一定的数据上传和监控功能，能够追踪到用户位置，窃取数据或机密信息，严重威胁个人的信息安全，使安全事故等级升高。

在移动设备与移动平台威胁飞速增长的情况下，如何跟踪移动恶意软件样本及其始作俑者，分析样本相互间关系，成为移动大数据安全需要解决的问题。

2. 网络化社会使大数据易成为攻击目标

在网络空间里，大数据是更容易被发现的大目标。一方面，网络访问便捷化和数据流的形成，为实现资源的快速弹性推送和个性化服务提供了基础。正因为平台的暴露，使得蕴含着潜在价值的大数据更容易吸引黑客的攻击。

另一方面，在开放的网络化社会，大数据的数据量大且相互关联，使得黑客成功攻击一次就能获得更多数据，无形中降低了黑客的进攻成本，增加了收益率。例如，黑客能够利用大数据发起傀儡网络攻击，同时控制上百万台傀儡机并发起攻击，或者利用大数据技术最大限度地收集更多有用信息。

3. 用户隐私保护成为难题

大数据的汇集不可避免地加大了用户隐私数据信息泄露的风险。数据中包含大量的用户信息，使得对大数据的开发利用很容易侵犯公民的隐私，恶意利用公民隐私的技术门槛大大降低。在大数据应用环境下，数据呈现动态特征，面对数据库中属性和表现形式不断随机变化，基于静态数据集的传统数据隐私保护技术面临挑战。各领域对于用户隐私保护有多方面的要求和特点，数据之间存在着复杂的关联和敏感性，而大部分现有隐私保护模型和算法都是仅针对传统的关系型数据，不能直接将其移植到大数据应用中。

4. 海量数据的安全存储问题

随着结构化数据和非结构化数据量的持续增长，以及分析数据来源的多样化，以往的存储系统已经无法满足大数据应用的需要。对于占数据总量 80% 以上的非结构化数据，通常采用 NoSQL 存储技术完成对大数据的抓取、管理和处理。

虽然 NoSQL 数据存储易扩展、高可用、性能好，但是仍存在一些问题。例如，访问控制和隐私管理模式问题、技术漏洞和成熟度问题、授权与验证的安全问题、数据管理与保密问题等。而结构化数据的安全防护也存在漏洞，例如物理故障、人为误操作、软件问题、病毒、木马和黑客攻击等因素都可能严重威胁数据的安全性[①]。

大数据所带来的存储容量问题、延迟、并发访问、安全问题、成本问题等，对大数据的存储系统架构和安全防护提出了挑战。

5. 大数据生命周期变化促使数据安全进化

传统数据安全往往是围绕数据生命周期部署的，即数据的产生、存储、使用和销毁。随着大数据应用越来越多，数据的拥有者和管理者相分离，原来的数据生命周期逐渐转变成数据的产生、传输、存储和使用。

由于大数据的规模没有上限，且许多数据的生命周期极为短暂，因此，传统安全产品要想继续发挥作用，则需要及时解决大数据存储和处理的动态化、并行化特征，动态跟数据边界，管理对数据的操作行为。

① 王翔，周勇，畅玉洁，等．走进大数据与人工智能[M]．天津：天津大学出版社，2018, 08.

6. 大数据的信任安全问题

大数据的最大不是在多大程度上取得成功，而是让人们真正相信和信任大数据，这包括对别人数据的信任和自我数据被正确使用的信任。例如，近年来工资“被增长”、CPI“被下降”、房价“被降低”、失业率“被减少”，因百姓的切身感受与统计数据之间的差异以及国家和地方之间 GDP 数据严重不符，都导致了市场对统计数据的质疑。

同时，大数据的信任安全问题也不仅是指要相信大数据本身，还包括要相信可以通过数据获得的成果。但是，要让人们相信和信任通过大数据模型获得的洞察信息却并不容易，而证明大数据本身的价值比成功完成一个项目要更加困难。因此，构建对大数据的安全信任至关重要，这需要政府机构、企事业单位、个人等多方面共同建设和维护好大数据可信任的安全环境。

解决大数据自身的安全问题。大数据安全不同于关系型数据安全，大数据无论是在数据体量、结构类型、处理速度、价值密度方面，还是在数据存储、查询模式、分析应用上，都与关系型数据有着显著差异。

大数据意味着数据及其承载系统的分布式，单个数据和系统的价值相对降低，空间和时间的大跨度，价值的稀疏，使得外部人员寻找价值攻击点更不容易。但是，在大数据环境下完全的去中心化很难。只要存在中心就可能成为被攻击的穴道，而对于低密度价值的提炼过程也是吸引攻击的内容。

针对这些问题，传统安全产品所使用的监控、分析日志文件、发现数据和评估漏洞的技术在大数据环境中并不能有效运行。很多传统安全技术方案中，数据的大小会影响到安全控制或配套操作能否正确运行。多数网络安全产品不能进行调整，无法满足大数据领域，也不能完全理解其面对的信息。而且，在大数据时代会有越来越多的数据开放，交叉使用，在这个过程中如何保护用户隐私是最需要考虑的问题。

为解决大数据自身的安全问题，需要重新设计和构建大数据安全架构和开放数据服务，从网络安全、数据安全、灾难备份、安全风险管理、安全运营管理、安全事件管理、安全治理等各个角度考虑，部署整体的安全解决方案，保障大数据计算过程、数据形态、应用价值的安全。

随后将从以下三个方面探讨大数据安全问题。

（1）大数据信息安全风险因素的识别。研究大数据信息安全风险因素的识别方法，分析大数据传播、挖掘过程中的各种风险因素，包括其中的政策、制度、技术、隐私保护和法律风险因素。研究基于数据追溯的风险识别机制，实现数据和关联资产的识别，使大数据的流动、使用变得部分可控、可追踪；进而在此基础上，围绕关联数据和资产，研究威胁的识别方法和可能性计算方法，使不确定的威胁也可以得到动态识别。

（2）大数据安全策略研究。研究以数据为中心的大数据风险评估模型，将不同来源的大数据独立作为一种资产进行建模，从数据规模、维度、传播范围、用户数量、内容关联性强弱等方面描述大数据资产的价值，从敏感属性及其关联性、隐私复合约束性等方面描述大数据内容的脆弱性和可能面临的威胁。研究数据源和数据使用方之间的直接、间接信任关系，数据可信性的传递机制，建立大数据可信度的计算模型。将模糊数学理论、知识发现理论等引入大数据的风险评估，对风险事件发生的概率和影响进行分析，确定各风险因素的风险等级，并评估整体的风险度。

（3）大数据信息安全的法律法规建设。研究大数据系统的安全预警、安全决策与应急处置机制，研究大数据系统安全预警的启动条件和安全预警决策启动流程，研究数据共享与安全应急处置决策、方案调控的整体框架，以及应急方案的多属性群体决策方法。建立大数据安全风险控制问题的求解策略框架，研究应急方案的效用指标和多目标优化模型及求解方法，作为应急方案实施效果评价和决策的依据。研究大数据采集、共享、使用、传播当中的隐私保护等法律问题，从民法、经济法、刑法及行政法等不同层面提出法律对策和建议。

3.3.4　数据安全实现与方法

1. 设立组织

为了有效保障数据安全政策的落地实施，企业应该设置专职的数据安全团队。此外，还需要设立面向全组织的数据安全委员会，委员会需要有来自业务、数据、安全、法律等多方面、多领域的不同角色参与，形成专业互补和完整的组织，统筹全局的数据安全管理政策，兼顾发展与安全，推进各部门落实数据安全各项政策。数据安全是系统性工程，服务于组织的大数据战略，需要得到组织高层管理者的重视。数据安全委员会负责人应该是组织内的最高管理层。

2. 盘点现状

数据安全的核心是数据，需要对海量数据资产以及数据相关的部门、业务、流程进行盘点，重点梳理数据的种类、数据量、核心的数据内容、数据来源以及数据的安全分级情况和流转。与数据相关的业务主要是指以数据为核心生产要素的业务，这类业务高度依赖数据。

3.3.5　数据安全实现难点与挑战

1. 高层重视度不足

负责人的层级不足，难以协调；提供的资源投入有限，力度不足；仅作为合作，响应被动；缺乏长远性布局，缺乏长远的数据安全技术研究与投入。

2. 业务部门配合意愿低

其他业务部门认为这是安全部门的事情，因而主动性不强，业务能力不足，从而导致数据安全政策未实际贴近业务，影响政策实际落地及业务发展。

3. 内部系统繁多，数据庞杂

业务的 IT 化促成大量数据产生。系统间的数据接口成为基础治理工作的重要部分。日常实践中，治理工作往往得不到重视，管理者的急功近利忽视了基础治理工作的重要性。

4. 政策落地难

由于历史因素影响，组织本身存在大量业务，大数据安全政策难免与现有业务流程产生冲突，冲突发生时数据安全问题为其他业务让路，造成数据安全政策落地难的困境。

5. 业务快速发展

大数据引发业务创新的加速，业务出现快速发展的势头，频繁迭代升级，因而数据安全政策及技术手段更容易落后。

复习思考题：

1. 数据平台系统构建需要哪些因素？
2. 大数据技术框架的意义及包含内容有哪些？
3. 大数据安全特征有哪些？
4. 大数据安全实现难点与所遇挑战有哪些？

第 4 章　数据挖掘

4.1　数据挖掘技术的产生

数据挖掘是一个多学科交叉的研究与应用领域：数据库技术、人工智能、机器学习、神经网络、统计学、模式识别、知识系统、知识获取、信息检索、高性能计算以及可视化计算等广泛的领域。

随着计算机硬件和软件的飞速发展，尤其是数据库技术与应用的日益普及，人们积累的数据越来越多，如何有效利用这一丰富数据的海洋为人类服务，也已成为广大信息技术工作者所关注的焦点之一。激增的数据背后隐藏着许多重要而有用的信息，人们希望能够对其进行更高层次的分析，以便更好地利用它们。与日趋成熟的数据管理技术和软件工具相比，人们所依赖的传统的数据分析工具功能，已无法有效地为决策者提供其决策支持所需要的相关知识，由于缺乏挖掘数据背后的知识的手段，而形成了“数据爆炸但知识贫乏”的现象。为有效解决这一问题，自 20 世纪 80 年代开始，数据挖掘技术逐步发展起来，数据挖掘技术的迅速发展，得益于目前全世界所拥有的巨大数据资源，以及对将这些数据资源转换为信息和知识资源的巨大需求，对信息和知识的需求来自各行各业，从商业管理、生产控制、市场分析到工程设计、科学探索等。

4.1.1　数据挖掘发展经历

20 世纪 60 年代及之前：数据收集与数据库创建阶段，主要用于基础文件处理。

70 年代：数据库管理系统阶段，主要研究网络和关系数据库系统、数据建模工具、索引和数据组织技术、查询语言和查询处理、用户界面与优化方法、在线事务处理等。

80 年代中期：先进数据库系统的开发与应用阶段，主要进行先进数据模型（扩展关系、面向对象、对象关系）、面向应用（空间、时间、多媒体、知识库）等的研究。

20 世纪 80 年代后期至 21 世纪初：数据仓库和数据挖掘蓬勃兴起，主要对先进数据模型（扩展关系、面向对象、对象关系）、面向应用（空间、时间、多媒体、知识库）等的研究。

数据挖掘 (Data Mining，DM) 是 20 世纪 90 年代在信息技术领域开始迅速兴起的数据智能分析技术，由于其所具有的广阔应用前景而备受关注，作为数据库与数据仓库研究与应用中的一个新兴的富有前途领域，数据挖掘可以从数据库，或数据仓库，以及其他各种数据库的大量各种类型数据中，自动抽取或发现出有用的模式知识。

数据挖掘简单来讲就是从大量数据中挖掘或抽取出知识，数据挖掘概念的定义描述有若干版本，以下给出一个被普遍采用的定义性描述。

数据挖掘，又称数据库中的知识发现 (Knowledge Discovery from Database，KDD)，是一个从大量数据中抽取挖掘出未知的、有价值的模式或规律等知识的复杂过程。数据挖掘的全过程描述如图 4-1 所示。

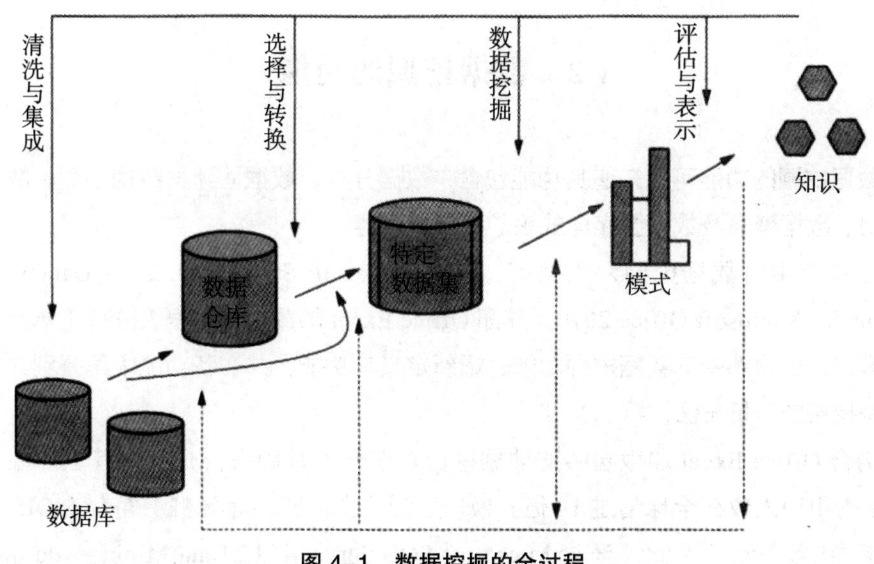

图 4–1　数据挖掘的全过程

4.1.2　数据挖掘步骤

1. 数据预处理

2011 年至今：大数据时代，大数据挖掘成为研究热点和新的挑战。

①数据清洗。清除数据噪声和与挖掘主题明显无关的数据。

②数据集成。将来自多数据源中的相关数据组合到一起。

③数据转换。将数据转换为易于进行数据挖掘的数据存储形式。

④数据消减。缩小所挖掘数据的规模，但却不影响最终的结果，包括：数据立方合计、维数消减、数据压缩、数据块消减、离散化与概念层次生成等。

2. 数据填充

针对不完备信息系统，对缺失值进行填充。

3. 数据挖掘

利用智能方法挖掘数据模式或规律知识。

4. 模式评估

根据一定评估标准，从挖掘结果筛选出有意义的模式知识。

5. 知识表示

利用可视化和知识表达技术，向用户展示所挖掘出的相关知识。

4.2 数据挖掘的功能

数据挖掘的功能可以知道其功能包含：数据分类、数据估计、数据预测、数据关联分组、数据聚类及数据循序样式采矿等六大功能。

在本节中将数据挖掘六大功能，加入 Microsoft SQL Server 2012 Data Mining Add-ins for Microsoft Office 2010，亦即 Office Excel 加载宏（数据表分析工具及数据挖掘客户端）软件中的数据挖掘功能，重新定义其功能，并在各功能中再分别介绍各种数据挖掘的分析方法。

结合 Office Excel 加载宏中的数据挖掘功能作为基础进行介绍，其主要原因为 Office 的用户人数在全球超过 10 亿。换句话说，全世界的计算机中拥有的 Office 软件数量相当庞大。因此，通过 Microsoft SQL Server 2012 Data Mining Add-ins for Microsoft Office 2010 将 SQL 与 Office 系统工具整合，以单一平台满足多元化的商业智能应用，即可实现最佳的成本效益，使用者通过简单的安装步骤，就可以沿用熟悉的 Office 操作环境，无须额外投资昂贵又复杂的客户端软件。在这大数据的时代，Microsoft SQL Server 为使用者提供符合直觉的全面深入预测能力，兼顾多方信息做出最佳决策。

4.2.1　数据分类 (Data Classification)

数据分类为数据挖掘中常见的功能之一，顾名思义即是将分析对象依不同的属性分类并加以定义，建立不同的类组。数据挖掘中的分类是指针对未发生的结果进行预测分类，主要包含归纳和推论两步骤，其主要目的在于提高分类的准确度，建立分类规则，再评估准则的优劣。常用“判定树”算法。

4.2.2　数据估计 (Data Estimation)

根据不同相关属性数据的连续性数值，找出各属性间的关联性，以了解并获得某一特定属性未知的连续性数值。常用“回归分析”及“类神经网络”算法。

4.2.3　数据预测 (Data Prediction)

预测工作的目的在于以其他属性的值为基础来预测特定属性的值。而这个被预测属性的值通常称为目标变量或是因变量，而其他属性则称为解释变量或自变量，预测的主要方法在于建立数据当中因变量与自变量间的关系。常用“回归分析”“时间序列分析”及“类神经网络”算法。

4.2.4　数据关联分组 (Data Association Rules)

数据关联分组主要用来发现数据中特征属性间具有高度关联性的一种模式，其所发现的模式通常是用规则来表现的。常用“关联规则（又称购物篮分析）”算法。

4.2.5　数据聚类 (Data Clustering)

数据聚类主要是利用数据中类似或相同的项目，将同构型较高的数据区隔为不同的聚类，聚类内数据相似度越高越好，聚类间差异度越大越好。在一大群的研究对象当中，根据不同的研究目的必定会有异质化的现象，但异质化的现象可能是由几个同质化的群组所造成的，数据聚类的主要目的便是将不 N 的同质化的组别差异找出来。常用“判别分析”与“聚类分析”算法。

4.2.6　进阶

该阶段可以选择数据挖掘算法，并以手动的方式自行设定参数。Microsoft 所提供的算法分别为“判定树”“贝氏概率分析”“时序群集”“时间序列”“聚类”“线性间归”“罗吉斯回归”“关联规则”“类神经网络”，共九种算法。

本节最后将数据挖掘的功能，统整为三大类别区分，其分别为：分类区隔类(数据分类+数据聚类)、推算预测类(数据估计+数据预测)、序列规则类(数据关联分组)，并结合 Microsoft 所提供的几种算法，汇整数据挖掘的功能如表 4-1 所示。

表 4-1　数据挖掘的功能汇整

<table>
<tr><th>类　别</th><th>项　目</th><th colspan="2">摘　要</th></tr>
<tr><td rowspan="4">分类区隔类</td><td>分类</td><td colspan="2">1. 根据一些变量的数值做计算，再依照结果做分类
2. 用一些根据历史经验已经分类好的数据来研究它们的特征，然后再根据这些特征对其他未经分类或是新的数据做预测</td></tr>
<tr><td>聚类</td><td colspan="2">将数据聚类，其目的在于将聚类间的差异找出来，同时也将聚类内成员的相似性找出来。与分类不同在于分析前并不知道会以何种方式或根据什么来聚类，所以必须要配合专业领域知识来解读这些聚类的意义</td></tr>
<tr><td rowspan="2">理论技术</td><td>传统技术(统计分析)</td><td>1. 因素分析 (Factor Analysis)——精简变精
2. 判别分析 (Discriminant Analysis)——分类
3. 聚类分析 (Cluster Analysis)——区隔群体</td></tr>
<tr><td>改良技术(判定树，Decision Tree)</td><td>1. 用树枝状展现数据受各变量的影响情形的预测模型，根据对目标变量产生的效应的不同而建构分类的规则
2. 一般多运用在对顾客数据的区隔分析上
3. 常用两种分类方法为：
CART(Classification and Regression Trees)
CHAID(CHi-square Automatic Interaction Detector)</td></tr>
<tr><td rowspan="3">推算预测类</td><td>回归分析</td><td colspan="2">1. 使用一系列的现有数值来预测一个连续数值的可能值
2. 可利用罗吉斯回归来预测类别变量</td></tr>
<tr><td>时间序列</td><td colspan="2">用现有的数值来预测未来的数值。与回归不同之处在于时间序列所分析的数值都与时间有关</td></tr>
<tr><td>理论技术</td><td>传统技术(统计分析)</td><td>1. 回归分析 (Regression)——连续变量
2. 罗吉斯回归分析 (Logistic Regression)——类别变量
3. 时间序列 (Time Series)——时间变量</td></tr>
</table>

续　表

<table>
<tr><th>类　别</th><th>项　目</th><th colspan="2">摘　要</th></tr>
<tr><td>推算预测类</td><td>理论技术</td><td>改良技术(类神经网络)</td><td>1. 仿真人脑思考结构的数据分析模式，从输入的变量与数值中自我学习并根据所得的知识不断调整参数以期建构数据的型样 (Patterns)
2. 与传统回归分析相比
好处：在进行分析时无须限定模式，特别是当数据变量间存有交互效应时可自动侦测出
缺点：分析过程为一黑盒子，故常无法以可读的模型格式展现，每阶段的加权与转换亦不明确
3. 类神经网络多用于数据属于高度非线性且带有相当程度的变量交互效应时</td></tr>
<tr><td rowspan="4">序列规则类</td><td>关联规则</td><td colspan="2">找出在某一事件或是数据中会同时出现的东西——如果 A 是某一事件的一种选择，则 B 也出现在该事件中的概率有多少</td></tr>
<tr><td>序列模式</td><td colspan="2">序列模式与关联规则不同的是，序列模式事件的相关是以时间因素来做区隔</td></tr>
<tr><td rowspan="2">理论技术</td><td colspan="2">缺乏</td></tr>
<tr><td colspan="2">是一种由一连串的“如果……则……(If/Then)”的逻辑规则对数据进行细分的技术，在实际运用时如何界定规则为有效是最大的问题，通常需先将数据中发生数太少的项目先剔除，以避免产生无意义的逻辑规则</td></tr>
</table>

4.3　数据挖掘的方法

4.3.1　判定树 (Decision Tree)

判定树又称为分类树 (Classification Tree)，是可同时提供分类与预测的常用方法，可处理类别型与连续型分类预测问题。判定树是一种“监督式”的学习方法，其主要功能是借由已知分类的事例来建构树状结构，利用树形图的分类自动确认和评估区隔，从中归纳出规则，并利用样本进行预测。其分类的决策过程以树状结构来表示，以树状方式依照不同属性，由上而下划分数据来分类。

判定树模块的建置，包括以下三种形式的变量。

（1）针对类别预测变量，计算以单变量分裂为基础的二元判定树。

（2）针对顺序预测变量，计算以单变量分裂为基础的二元判定树。

（3）针对混合两类的预测变量，计算以单变量分裂为基础的二元判定树。

另外，也提供以线性组合分裂 (Linear Combination Split) 为基础，计算区间尺度预测变量的判定树选项。

1. 判定树的优点

判定树在数据挖掘领域应用非常广泛，尤其在分类问题上是很有效的方法。除具备图形化分析结果易于了解的优点外，判定树具有以下优点。

（1）判定树模型可以用图形或规则表示，而且这些规则容易解释和理解。容易使用，而且很有效。

（2）可以处理连续型或类别型的变量。以最大信息增益选择分割变量，模型显示变量的相对重要性。

（3）面对大的数据集也可以处理得很好。此外，因为树的大小和数据库大小无关，当有很多变量进入模型时，判定树仍然可以建构。

2. 判定树的架构

判定树主要构造包含根部节点 (Root node)、中间节点 (Non-leaf Node)、分支 (Branches) 及叶节点 (Leaf Node)，所谓的根部节点包含所有训练的数据，中间节点是指依照不同分割准则所分割出来的数据，分支为节点之间的链接，一个分支代表一种分割准则，叶节点则是节点的一种，但是叶节点为最末端的节点，并无节点由此分支出去[①]。判定树的架构如图 4-2 所示。

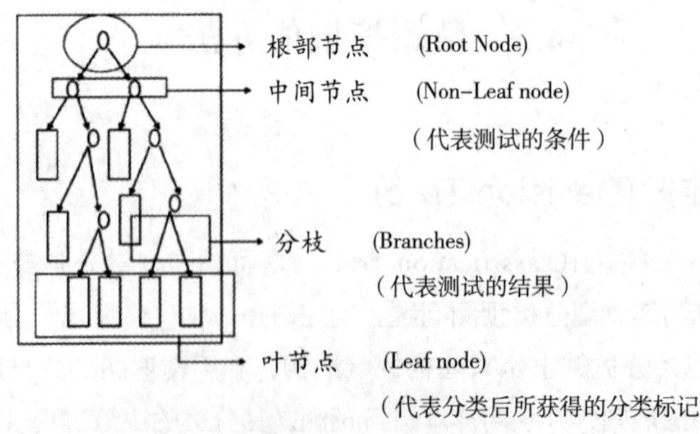

图 4-2 判定树的架构

① 樊重俊，刘臣，霍良安．大数据分析与应用 [M]. 上海：立信会计出版社，2016, 01.

建立判定树的过程，即树的生长过程是不断地把数据进行切分的过程，每次切分对应一个问题，也对应着一个节点。对每个切分都要求分成的组之间的“差异”最大。各种判定树算法之间的主要区别就是对这个“差异”衡量方式的区别，而切分的过程也可称为数据的“纯化”。

3. 判定树的计算方式

判定树的学习主要利用信息论中的信息增益 (Information Gain)，寻找数据集中有最大信息量的变量，建立数据的一个节点，再根据变量的不同取值建立树的分枝，每个分枝子集中重复建树的下层结果和分枝的过程，一直到完成建立整棵判定树。

在树的每个节点上，使用信息增益选择测试的变量，信息增益是用来衡量给定变量区分训练样本的能力，选择最高信息增益或最大熵 (Entropy) 简化的变量，将之视为当前节点的分割变量，该变量促使需要分类的样本信息量最小，而且反映了最小随机性或不纯度 (Impurity)。

若某一事件发生的概率是 p，令此事件发生后所得的信息量为 $I(p)$，若 $p=1$，则 $I(p)=0$，因为某一事件一定会发生，因此该事件发生不能提供任何信息。反之，如果某一事件发生的概率很小，不确定性愈大，则该事件发生带来的信息很多，因此 $I(p)$ 为递减函数，并定义 $I(p)=-\log(p)$。

给定数据集 S，假设类别变量 A 有 m 个不同的类别（$c_1,\cdots,c_i,\cdots,c_m$），利用变量 A 将数据集分为 m 个子集（$s_1,s_2,\cdots,s_m$），其中 s_i 表示在 S 中包含数值 c_i 的样本。对应的 m 种可能发生概率为（$p_1,\cdots,p_i,\cdots,p_m$），因此第 i 种结果的信息量为 $-\log(p_i)$，则称该给定样本分类所得的平均信息为熵，熵是测量一个随机变量不确定性的测量标准，可以用来测量训练数据集内纯度 (Purity) 的标准。熵的函数表示如下式

$$I(s_1,s_2,\cdots,s_m)=-\sum_{i=1}^{m}p_i\log_2(p_i)$$

其中，p_i 是任意样本属于 c_i 的概率，对数函数以 2 为底，因为信息用二进制编码。

变量分类训练数据集的能力，可以利用信息增益来测量。算法计算每个变量的信息增益，具有最高信息增益的变量选为给定集合 S 的分割变量，产生一个节点，同时以该变量为标记，对每个变量值产生分枝，以此划分样本。

4.3.2　单纯贝叶斯分类 (Naive Bayes Classifier)

单纯贝叶斯分类算法是一种简单且实用的分类方法。采用监督式的学习方式，分类前必须事先知道分类形态，通过训练样本，学习与记忆分类与所使用属性的关系，

产生这些训练样本的中心概念，再用学习后的中心概念对未归类的数据进行类别预测，以得到受测试数据对象的目标值，有效地处理未来欲分类的数据。

每个训练样本，一般含有分类相关的属性的值，以及分类结果（又称为目标值）；一般而言，属性可能出现两种以上不同的值，而目标值则多半为二元的相对状态，如“是 / 否”“好 / 坏”“对 / 错”“上 / 下”。

然而，单纯贝叶斯分类算法仅支持离散 (Discrete) 或离散式 (Discretized) 属性，只能输入类别变量，如果提供可预测属性，它视所有输入变量是相互独立的。其主要是根据贝叶斯定理 (Bayesian Theorem) 交换事前 (Prior) 及事后 (Posteriori) 概率，配合决定分类特性的各属性彼此间是互相独立的假设，来预测分类的结果。贝叶斯定理公式如下所示。

h_{MAP}：最大可能的假说 (Maximum a Posteriori)。

$$\begin{aligned} h_{\text{MAP}} &= \underset{h\in V}{\operatorname{argmax}}\, P(h|\ D) \\ &= \underset{h\in V}{\operatorname{argmax}}\, \frac{P(D|\ h)P(h)}{P(D)} \\ &= \underset{h\in V}{\operatorname{argmax}}\, P(D|\ h)P(h) \end{aligned}$$

式中，D：训练样本；V：假说空间 (Hypotheses Space)；$P(D)$：训练样本的事前概率，对于假说 h 而言，为一常数；$P(h)$：假说 h 事前概率（尚未观察训练样本时的概率）；$P(h|D)$：在训练样本 D 集合下，假说 h 出现的条件概率。

1. 单纯贝叶斯分类的优点

可快速建立的分类算法，很适合预测模型，且用于大型数据库，可以得出准确性高且有效率的分类结果。在某些领域的应用上，其分类效果优于神经网络和判定树。

2. 单纯贝叶斯分类的计算方式

单纯贝叶斯分类器会根据训练样本，对于所给予测试对象的属性值 a_1 ,…, a_n（假设一共有 n 个学习概念的属性 A_1 ,…, A_n , a_n 为 A_n 相对应的属性值），指派具有最高概率值的类别 (C 表示类别的集合）为目标结果。

（1）计算各属性的条件概率 $P(C=c_j|\mathrm{A}_1=a_1,\cdots,\mathrm{A}_n=a_n)$ 。贝叶斯定理：

$$P(c_j|\ a_1,\cdots,a_n)=\frac{P(a_1,\cdots,a_n|\ c_j)P(c_j)}{P(a_1,\cdots,a_n)}$$

属性独立：

$$P(a_1,\cdots,a_n|\ c_j)P(c_j)=\prod_{i=1}^{n}P(a_i|\ c_j)$$

$P(c_j)$ 表示事前概率。

$P(c_j|A)$ 表示事后概率（事件 c_j 是一个原因，A 是一个结果）。

$$c_{NB}=\underset{cj\in C}{\operatorname{argmax}}\,P(c_j|\ a_1,\cdots,a_n)=\underset{rj\in C}{\operatorname{argmax}}\,P(c_j)\prod_{i=1}^{n}P(a_i|\ c_j)$$

（2）预测推论新测试样本所应归属的类别。综合上述单纯贝叶斯分类器的理论，只要单纯贝叶斯分类器所涉及学习概念的属性，彼此间互相独立的条件被满足时，单纯贝叶斯分类器所得到的最大可能分类结果与贝叶斯定理的最大可能假说具有相同的功效。

4.3.3 关联规则 (Association Rule)

关联规则又称为购物篮分析 (Market Basket Analysis)，是寻找数据库中数值的相关性，分析发现数据库中不同变量或个体之间的关系程度或概率大小。因此用这些规则分析事务数据库，即可以找出顾客购买行为模式，如购买了计算机对购买其他计算机外设商品（打印机、音箱、移动硬盘等）的相关影响或概率大小。发现这样的规则可以应用于商品货架摆设、库存安排以及根据购买行为模式对客户进行分类。

数据挖掘得到的关联规则并不是真正的规则，其只是对数据库中数据间相关性的一种描述。还没有其他数据来验证得到的规则的正确性，也不能保证利用过去的数据得到的规律在未来新的情况下仍有效。

有时很难确定能利用发现的关联规则做些什么。如在超市货架的摆放策略上，按照发现的关联规则把相关性很强的物品放在一起，反而可能会使整个超市的销售量下降，因为顾客如果可以很容易地找到他要买的商品，他就不会再买那些本来不在他的购买计划上的商品。总之，在采取任何行动之前一定要经过分析和实验，即使它是利用数据挖掘得到的知识。

1. 关联规则的形式

关联规则依不同的情况，可分为以下三种形式。

（1）按“处理变量”可分为布尔型和数值型。布尔型关联规则处理的值为离散的、种类化的，它显示了这些变量之间的关系；数值型关联规则可和多维关联或多层关联规则结合起来，对数值型字段进行处理，将其进行动态的分割，或直接对原始的数据进行处理，当然数值型关联规则中也可以包含种类变量。

例如，布尔型：性别 = “女” ⇒ 职业 = “秘书”

数值型：性别 = “女” ⇒收入 = “2300”（收入是数值型）

（2）按“数据的抽象层次”可分为单层关联规则和多层关联规则。单层关联规则中，所有的变量都没有考虑到现实的数据是具有多个不同的层次的；多层关联规则中，对数据的多层性已经进行了充分的考虑。

例如，单层：IBM 计算机⇒ Sony 打印机

多层：计算机⇒ Sony 打印机

(多层是一个较高层次和细节层次之间的关联规则)

（3）按“涉及的数据维数”可分为单维的和多维的。单维关联规则中，只涉及数据的一个维度，如用户购买的物品，单维关联规则处理单个属性中的一些关系；多维关联规则要处理的数据将会涉及多个维度，多维关联规则处理各个属性之间的某些关系。

例如，单维：啤酒⇒尿布（只涉及用户购买的物品）

多维：性别 = “女” ⇒职业 = “秘书”

(涉及两个字段信息是二维空间的一条关联规则)

2. 关联规则的优点

关联规则可以发现人们常识之外、意料之外的关联，找出隐含在数据中不为人知的信息，其简单易懂又容易实现。

3. 关联规则的计算方式

关联规则的代表是“If condition then result”，也就是 $X \Rightarrow Y$，其中 X、Y 称作项集 (Itemsets)。最早是由 Agrawal 于 1993 年提出，而 Agrawal 对关联规则的定义如下。

假设 $I=\{I_1,\cdots,I_n\}$ }: I 可视为 m 个商品项目的集合。

$D=\{t_1,\cdots,t_n\}$： D 为 n 位客户交易的总集合。

其中 $t_i=\{I_{i1},\cdots,I_{in}\}$： t_i 代表第 i 位客户的事务数据。

在关联规则中有三个重要的参数，分别如下所示。

（1）支持度 (Support)。支持度是指 X 项目组与 Y 项目组，同时出现在 D 交易总集合的次数，除以 D 交易总集合的个数；以概率的观点来看，支持度就是同时发生 X、Y 事件的概率。

（2）置信度 (Confidence)。置信度是指 X 项目组与 Y 项目组，同时出现在 D 交易总集合的次数，除以 X 项目组在 D 交易总集合出现的次数；以概率的观点来看，置信度就是在 X 事件发生的情况下，Y 事件发生的概率。

（3）增益 (Lift)。增益是两种可能性的比较，一种是在已知购买了 *X* 项目组的情况下购买 *Y* 项目组的可能性，另一种是任意情况下购买 *Y* 项目组的可能性。

4. 关联规则的算法。关联规则中最入门算法也是最具代表性的算法为“Apriori 算法”。其利用循序渐进的方式，找出数据库中项目的关系，以形成规则。以下简单地说明 Apriori 算法的执行步骤：

（1）首先，须确定最小支持度及最小置信度。

（2）Apriori 算法使用了候选项集的概念，首先产生出项集，称为候选项集，若候选项集的支持度大于或等于最小支持度，则该候选项集为高频项集 (Large-itemset)。

（3）在 Apriori 算法的过程中，首先由数据库读入所有的交易，得出候选单项集 (Candidate 1-itemset) 的支持度，再找出高频单项集 (Large l-itemset)，并利用这些高频单项集的结合，产生候选二项集 (Candidate 2-itemset)。

（4）再扫描数据库，得出候选二项集的支持度以后，再找出高频二项集，并利用这些高频二项集的结合，产生候选三项集。

（5）重复扫描数据库，与最小支持度比较，产生高频项集，再结合产生下一级候选项集，直到不再结合产生出新的候选项集为止。

4.3.4　群集分析 (Cluster Analysis)

群集分析又可称为聚集、丛集分析，目的是将相似的事物归类。将数据分为几组，以便将组与组之间的差异找出（群间差异大），同时也要将一个组之中成员的相似性找出（群内差异小）。

聚集和分类不同的在于，聚集不依赖于预先定义好的类。在开始聚集之前，研究者不知道要把数据分成几组，也不知道怎么分（依照哪几个变量），因此不需要训练集。所以在群集之后必须要由分析师来解读这些分类的意义。很多情况下，只用一次聚集所得到的分群可能并不适当，这时需要删除或增加变量以影响分群的方式，经过几次反复之后才能最终得到一个理想的结果。

1. 群集分析的计算方法

在群集分析中，其主要的分析方法就是去衡量事物之间的“相似性”，是依据样本在几何空间上的“距离”来判断的。样本的“相对距离”越近，代表着它们的“相似程度”就越高，于是就可以归并成为同一组。

在数学上对于“距离（相似度）”这个概念，可以有以下几种不同的定义。

①点与点之间的距离（ x_i,x_j 点之间的距离），欧式距离 (Euclidean Distance)。其适合使用在单位一致或是单位大同小异不必加权的多变量数据上。

$$d_{ij}=\left[(x_i-x_i)^T(x_i-x_j)\right]^{\frac{1}{2}}$$

②马氏距离 (Mahalanobis Distance)。其算法类似欧式距离，但其需经过协方差矩阵的修正，也就是一般统计观念中“标准化”的程序。

$$d_{ij}^2=\left(x_i-x_j\right)^T S^{-1}\left(x_i-x_j\right)$$

③曼哈顿距离 (Manhattan Distance)/ 市街距离 (City-Block)。以数据差异的绝对值作为衡量的依据。由于对数据差异没有经过开方与平方根的调整，也不须经过协方差矩阵的修正，所以以此作为群集分析的结果，当然与前两者距离所产生的差异相当的大。

$$d_{ij}=\sum\left|x_i-x_j\right|$$

（2）群与群之间的距离（设有 P、Q 两类，i、j 分别为此两类中的点）。

①单一连接法 (Single Linkage)。两类之间的距离，由两类的所有连接中最短的那个距离决定。

$$d(P,Q)=\min d_{ij}$$

②完全连接法 (Complete Linkage)。两类之间的距离，由两类的所有连接中最长的那个距离决定。

$$d(P,Q)=\max d_{ij}$$

③平均连接法 (Average Linkage)。两类之间的距离，由两类的所有连接的平均长度决定。$N(\cdot)$ 表示此类中样本点的个数。

$$d(P,Q)=\frac{\sum_i\sum_j d_{ij}}{N(P)N(Q)}$$

2. 聚类分析的算法

（1）分割算法 (Partitioning Algorithms)。数据由用户指定分割成 K 个集群。每一个分割 (Partition) 代表一个集群 (Cluster)，集群是以优化分割标准 (Partitioning Criterion) 为目标，分割标准的 H 标函数又称为相似函数 (Similarity Function)。因此，同一集群的数据对象具有相类似的属性。

分割算法中最常见的是 K-means 及 K-medoid 两种。此两种方法是属于启发式 (Heuristic)，是目前使用相当广泛的分割算法。

K-means 算法：集群内数据“平均值”为集群的中心。因为其简单，易于了解使用的特性，对于球体形状 (Sherical-Shaped)、中小型数据库的数据挖掘有不错的成效，可算是一种常被使用的集群算法。

步骤如下。

输入数据：群集的个数 K，n 个数据的信息。

输出数据: K 个群集的数据集。

步骤 1：任意由 n 个数据对象中选取 K 个对象当作起始群集的中心。

步骤 2：对于所有 n 个对象，一一寻找其最近似的群集中心（一般是距离近者相似度较高），然后将该对象归到最近似的群集。

步骤 3：根据步骤 2 的结果，重新计算各个群集的中心点。

(群集内各对象的平均值)

步骤 4：重复步骤 2 到 3，直到所设计的停止条件发生。

(一般是以没有任何对象变换所属群集为停止条件)

K-medoid 算法:“最接近群集中心”者。以群集内最接近中心位置的对象为群集的中心点，每一回合都只针对扣除作为群集中心对象外的剩余对象，重新寻找最近似的群集中心。因此与 K-means 算法只计算各个群集中心点的方式略有不同。将步骤 3 改为随意由目前不是当作群集中心的数据中，选取一欲取代某一群集中心的对象 . 如果因为群集中心改变，导致对象重新分配后的结果较好（目标函数值较为理想），则该随意选取的对象即取代原先的群集中心，成为新的群集中心。

（2）阶层算法 (Hierarchical Algorithms)。此法主要是将数据对象以树状的阶层关系来看待。分成以下两种进行。

①凝聚法 (Agglomerative)。首先将各个单一对象先独自当成一个丛集，然后再依相似度慢慢地将丛集合并，直到停止条件到达或者只剩一个丛集为止，此种由少量数据慢慢聚集而成的方式，又称为底端向上法 (Bottom Up Approach)。

②分散法 (Divisive)。首先将所有对象全部当成一个丛集，然后再依相似度慢慢地丛集分裂，直到停止条件到达或者每个丛集只剩单一对象为止，此种由全部数据逐步分成多个丛集的方式，又称为顶端向下法 (Top Down Approach)。

（3）密度邀算法 (Density-Based Algorithms)。以数据的密度作为同一群集评估的依据。起始时，每个数据代表一个群集，接着对于每个群集内的数据点，根据邻近区域半径及临界值，找出其半径所含邻近区域内的数据点。如果数据点大于临界值，将这些邻近区域内的点全部归为同一群集，以此慢慢合并扩大群集的范围。如果临界值达不到，则考虑放大邻近区域的半径。

此法不限于数值数据，可适合于任意形态数据分布的群集问题，也可以过滤掉噪声，较适合于大型数据库及较复杂的群集问题。但缺点是邻近区域范围及阈值大小的设定；此两参数的设定直接关系此算法的效果。

4.3.5 时序群集 (Sequence Clustering)

顾客通常在购买某类商品后，经过一段时间，会再购买另一类商品，而时序群集算法就是要找出先后发生事物的关系，重点在于分析数据间先后的序列关系。序列数据 (Sequence Data) 即为一由顺序事件序列组成的数据，相关的变量是以时间区分开来，但不一定要有时间属性，例如浏览 Web 的数据。

时序群集算法是时序分析和群集的组合，它识别时序中类似排序事件的群集，而群集可基于已知性质来预期时序中事件的可能排序。

时序群集的计算方式在时序群集中有三个重要的参数，分别如下所示。

1. Interest

（1）规则是否有用，是否有一般性，需要衡量的指标是 Interest。

（2）当某一规则或序列满足一定水平的置信度和普遍性，称 Interest。

（3）通常以 Support 和 Confidence 来衡量规则或序列的 Interest。

2. Support

（1）测量一规则在数据集中发生频率的指针，表示一规则的显著性。

（2）序列 $s=(s_1,\cdots,s_n)$，若 s 包含在一个数据序列中，则称为数据序列支持；序列 s 的 Support(s)= 包含 s 的数据序列总数 / 数据库中数据序列总数；若 Support(s) 大于等于 min(Support)，称 s 为频繁序列。

（3）时序群集目的在于找出数据库中所有频繁序列的集合。

3. Confidence

（1）表示规则的强度，值介于 0 和 1 之间，当接近 1 时，表示是一个重要的规则。

（2）实施时序群集分析时，要事先确定最小 Support 和最小 Confidence。

4.3.6 回归分析 (Regression Analysis)

回归分析就是使用一系列现有数值来预测一个连续变量的可能值，只支持连续属性的预测。为建立变量关系的数学方程式的统计程序，将研究的变量区分为因变量与自变量，并建立函数模型，其主要目的是用来解释数据过去的现象及用自变量来预测因变量未来可能产生的数值。换句话说，就是当某种现象的变化及其分布特性清楚后，需分析是什么原因使这种变化发生，或某种现象对其他种现象有什么影响。

1. 回归分析的分类。回归分析大致可分为以下三种。

（1）简单线性回归 (Simple Linear Regression)。仅有一自变量与一因变量，且其关系大致上可用一条直线表示。

（2）多元回归 (Multiple Regression)。两个以上自变量的回归。

（3）多变量回归 (Multi-Variable Regression)。用多个自变量预测多个因变量，建立的回归关系。

2. 回归分析的计算方式回归模型公式如下所示。

$$Y = \beta_0 + \beta_1 X + \varepsilon$$

有关误差项 ε 的假设如下所示。

（1）误差项为一随机变量，其平均数或期望值为 0，$E(\varepsilon)=0$。由于 β_0 与 β_1 均为常数，因此对一已知的 X 值而言，Y 的期望值 $E(Y) = \beta_0 + \beta_1 X$ 称为回归方程式 (Regression Equation)。

（2）对所有 X 值而言，误差项的方差均为 σ^2。对所有 X 值而言，Y 的方差均等于 σ^2。

（3）误差项为正态分布随机变量。

4.3.7 罗吉斯回归分析 (Logistics Regression Analysis)

在定量分析的实际研究中，线性回归模型是最流行的统计方式。但许多社会科学问题的观察，都只是离散而非连续的。对于离散问题，线性回归就不适用了。

罗吉斯回归可以处理线性回归无法处理的非正态分布数据，适用于因变量为离散型（即为二元类别或时序数据）的情形，并描述因变量与自变量之间的关系。

1. 罗吉斯回归分析的优点

（1）在统计学上，许多学者认为罗吉斯回归的优点，主要是能处理因变量有两个类别的名义变量，用于预测事件发生的胜算比 (Odds Ratio)。

胜算比定义：一件事情会发生的概率除以不会发生的概率，若以或然率 $P(Y) = 0.5$ 为判别值 (Cut Value)，将 0.5 以上判别为 1，0.5 以下判别为 0，则利用罗吉斯回归便可进行类别预测。

（2）基于数学观点，是一个极负弹性且容易使用的函数。

2. 罗吉斯回归分析的计算方式

罗吉斯回归模型具有 S 形曲线的分布，事件发生的条件概率与 x_i 之间的非线性关系为单调函数，x_i 为自变量，所以随着 x_i 增加时，事件发生的条件概率也会跟着单调递增；当 x_i 减少时，事件发生的条件概率也会跟着单调递减。所以由 S 形曲线可得知，当 x_i 趋近于负无穷大时，则事件发生的概率会趋近于 0；当 x_i 趋近于正无穷大时，则事件发生的概率会趋近于 1。罗吉斯函数的值域为 0 到 1 之间。

罗吉斯回归模型为令 p 为表示某种事件成功的概率，它受因素 x 的影响，即 p 与 x 的关系，如下列公式所示。

$$p = \frac{e^{f(x)}}{1 + e^{f(x)}}$$

$$\ln(\frac{p}{1-p}) = f(x) = \beta_0 + \beta_1 X_1 + \cdots + \beta_k X_k$$

4.3.8 人工神经网络 (Artificial Neural Network)

人类神经网络为一类似人类神经结构的并行计算模式，是“一种基于脑与神经系统研究，所启发的信息处理技术”，通常也被称为平行分布式处理模型 (Parallel Distributed Processing Model) 或链接模型 (Connectionist Model)。其具有人脑的学习、记忆和归纳等基本特性，可以处理连续型和离散型的数据，对数据进行预测。可利用系统输入与输出所组成的数据，建立系统模型（输入与输出间的关系）。

1. 人工神经网络分类

常见的人工神经网络模型大致可分为以下四大类。

（1）监督式学习网络 (Supervised Learning Network)。从问题中取得训练样本（包括输入和输出变量值），并从中学习输入与输出变量两者之间的关系规则，可以在新样本中输入变量值，进而推知其输出变量值。主要模型有感知机网络 (Perceptron Network，PN)、倒传递网络 (Back-Propagation Network，BPN)、概率神经网络 (Probabilistic Neural Network，PNN)、学习向量量化网络 (Learning Vector Quantization，LVQ) 及反传递网络 (Counter-Propagation Network，CPN)。

（2）非监督学习网络 (Unsupervised Learning Network)。从问题中取得训练样本（仅包括输入变量值），并从中学习输入变量的分类规则，可以在新样本中输入变量值，从而获得分类信息。主要模型有自组织映像图网络 (Self-Organizing Map，SOM) 及自适应共振网络 (Adaptive Response Theory，ART)。

（3）联想式学习网络 (Associate Learning Network)。从问题中取得训练样本（仅包括状态变量值），并从中学习内在记忆规则，可以应用于新的案例（不完整的状态变量值），从而推知其完整的状态变量值，包括霍普菲尔网络 (Hopfield Neural Network，HNN) 及双向联想记忆网络 (Bi-directional Associate Memory，BAM)。

（4）最适化应用网络 (optimization application network)。针对问题设计变量值，使其在满足设计限制下，达到设计目标优化的效果，包括霍普菲尔坦克网络 (Hopfield-Tank Neural Network，HTN) 及退火神经网络 (Annealed Neural Network，ANN)。

2. 人工神经网络的优点

人工神经网络是崭新且令人兴奋的研究领域，它有很大的发展潜力，但也同时遭受到一些尚未克服的困难。其优点可列举如下：①可处理噪声，一个人工神经网络被训练完成后，即使输入的数据中有部分遗失，它依然有能力辨认样本；②不易损坏，因为人工神经网络以分布式的方法来表示数据，所以当某些单元损坏时，它仍然可以正常地工作；③可以平行处理；④可以学习新的观念；⑤为智能机器提供了一个较合理的模式；⑥已经被成功地运用在某些以一般传统方法很难解决的问题上，如某些视觉问题；⑦有希望实现联合内存 (Associative Memory)；⑧它提供了一个工具，来模拟并探讨人脑的功能。

3. 人工神经网络的架构

人工神经网络主要架构由神经元 (Neuron)、层 (Layer) 和网络 (Network) 三个部分所组成。整个人工神经网络包含一系列基本的神经元，通过权重 (Weight) 相互连接。

神经元是人工神经网络最基本的单位。单元以层的方式组织，每一层的每个神经元和前一层、后一层的神经元连接，共分为输入层、输出层和隐藏层，三层连接形成一个神经网络。

输入层只从外部环境接收信息，是由输入单元所组成，而这些输入单元可接收样本中各种不同特征信息。该层的每个神经元相当于自变量，不完成任何计算，只为下一层传递信息；隐藏层介于输入层和输出层之间，这些层完全用于分析，其函数联系输入层变量和输出层变量，使其更配适数据。而最后，输出层生成最终结果，每个输出单元会对应到某一种特定的分类，为网络送给外部系统的结果值，整个网络由调整链接强度的程序来达成学习的目的。其构造如图 4-3 所示。

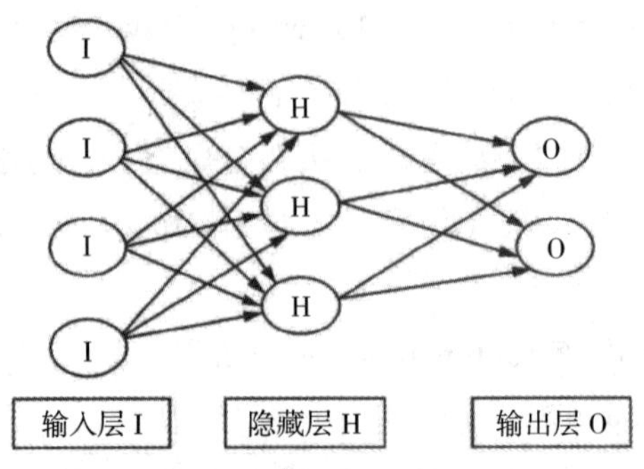

图 4-3　人工神经网络的架构

假如输出单元的输出值和所预期的值相同，那么连接到此输出单元的链接强度则不被改变。但如果应该输出 1 的单元却输出 0，那么连接到这个单元的链接强度则会被加强。相反，如果应该输出 0 却输出 1，那么连接到此输出单元的链接强度则会被降低。简单地说，达成收敛的效果是这个学习程序的主要目标。目前尚没有统一的标准方法可以计算人工神经网络的最佳层数。

4. 人工神经网络的计算方式

人工神经网络整体运作主要分为学习过程 (Learning Process) 与预测过程 (prediction process) 两种。其中学习过程是依学习算法，从样本中学习，以调整网络链接加权值的过程；而预测过程则借由学习过程中所得到的加权值，作为网络链接的加权值，并依预测算法就输入条件而推测相对应的输出结果。

人工神经网络是由许多的人工神经细胞 (Article Neuron) 所组成，人工神经细胞又称类神经元、人工神经元或处理单元[①]。其人工神经元模型示意图，如图 4-4 所示。

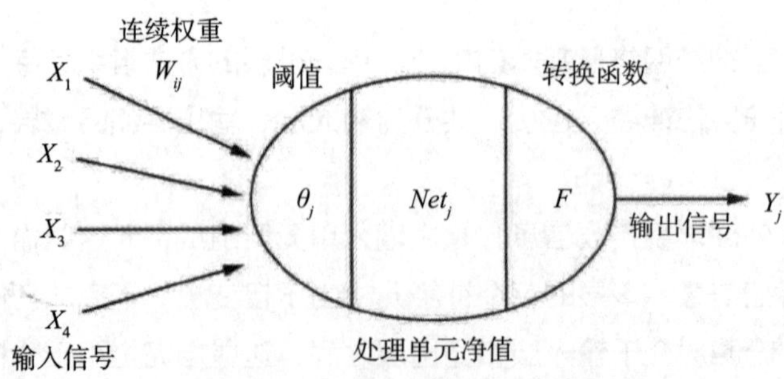

图 4-4　人工神经元模型示意图

① 陈明．大数据技术概论 [M]. 北京：中国铁道出版社，2019, 01.

输出值与输入值之间的关系可用下列公式表示：

$$Y_j = F(\sum_i W_{ij} X_i - \theta_j)$$

式中，i 为输入层的神经元数；j 为输出层的神经元数；Y_j 为人工神经网络模仿生物神经元模型的输出信号；F 为人工神经网络模仿生物神经元模型的转换函数，此转换函数的功能是将其他处理单元所接收的输入值的加权乘积和转换成处理单元输出值的数学公式；W_{ij} 为人工神经网络模仿生物神经元模型的神经强度，又称连接加权值，用于表示 i 个处理单元对第 j 个处理单元的影响强度，X_{ij} 为人工神经网络模仿生物神经元模型的输入信号必为人工神经网络模仿生物神经元模型的阈值。

4.3.9 时间序列

生物现象的观测值有时常依时间的变化而发生一系列有规则的变化，此种数据谓之时间序列的数据，而对此种数据的分析方法谓之时间序列分析法（又称内相关回归）。

时间序列是用变量过去的值来预测未来的值。与回归一样，也是用已知的值来预测未来的值，只不过这些值的区别是变量所处的时间不同。时间序列采用的方法一般是在连续的时间流中截取一个时间窗口（时间段），窗口内的数据作为一个数据单元，然后让这个时间窗口在时间流上滑动，以获得建立模型所需要的训练集。

1. 时间序列分析的特点

（1）对数列未来趋势做预测。

（2）将数列分解成主要趋势成分 (Trend Components)、季节变化成分 (Seasonal Components)。

（3）对理论性模型与数据进行拟合优度检验，以讨论模型是否能正确地表示所观测的现象，如一些常见的经济模型。

2. 时间序列的架构

我们经常将时间序列视为由几种成分组成。通常时间序列系由四个成分——趋势、循环、季节与不规则组成，而构成特定值。

（1）长期趋势 (Trend)。时间序列分析的观测数据，可取自每一小时、天、星期、月、年，或任何其他有规则的区间，我们限制序列的记录值是来自相等的区间，不相等区间的观测值的处理问题，则超出了本书的范围。虽然一般的时间序列数据呈现随机的上下变动，但就长期来看，它仍然逐渐地变动或移动成在一定范围内变动的值，这逐渐变动的时间序列，经常是由于长期因素所导致的，例如人口的变动，人口统计上的特征改变，工业技术的改进，以及顾客的喜好改变等，我们称之为时间序列的趋势。

（2）循环变动 (Cyclical Component)。我们不能预期所有时间序列的未来值都落在趋势线上。事实上时间序列的变动数值经常落于趋势线上方与下方。落于趋势线的上方与下方序列点的任何超过一年的有规则变动皆属于时间序列的循环成分。

许多时间序列的连续观测值规则地落于趋势线的上方与下方，而呈现循环的现象。一般在经济上多年的循环变动，可以用这种时间序列的成分来代表。

（3）季节变动 (Seasonal Fluctuation)。虽然时间序列趋势与循环成分须分析过去多年的数据方能辨认，然而有许多时间序列在一年内即呈现规则的变动情形。例如.游泳池的制造商可以预测其在秋冬季的月份中，销售较差，在春夏季的月份则销售较好；向除雪器材及厚衣的制造商每年的预期却恰好相反。这种随着季节的变动而变动的时间序列成分，我们称之为季节成分。

一般我们都认为时间序列的季节变动是在一年之内，然而我们常用它来表示少于一年的连续重复的变动。例如每天的交通流量也呈现了一天内的“季节”情况，在高峰时间最为拥挤，白天的其他时间中等，而从午夜至凌晨则流量为最低。

（4）不规则变动 (Irregular)。时间序列的不规则成分是以趋势、循环及季节等成分来说明此时间序列时，实际的时间序列值与我们所预期的序列值之间的残差因素。它是用来说明时间序列的随机变动。时间序列的不规则成分，常是由短期不可预知或非重复的因素所引起的。正因为它是用来说明时间序列的随机变动，故无法预测。我们更无法事先预知其对该时间序列的冲击。

3. 时间序列的计算方式

（1）相加模型 (Additive Model)： $Y=T+S+C=I$

①模型中所有的数值均以原始单位表示。

②若 $S>0$ 表示季节变动对 Y 有正的影响。

③若 $C<0$ 表示循环成分对 Y 有负向影响。

④若 $I<0$ 显示有些随机事件对 Y 有负的影响。

相加模 S 最大的缺点是假设各个成分彼此独立，然而现实生活中，任意一个成分变动有时会影响其他成分的变动，因此在经济活动中，此模型并不适合。

（2）相乘模型 (Multiple Model): $Y=T\cdot S\cdot C\cdot I$

①模型中了以原始单位表示，C、S、I 以百分比表示。

② C、S、I 均大于 1 时表示相对效果高于趋势值，若小于 1 时表示相对效果低于趋势值。

③相乘模型假设各个成分彼此相互影响，非独立。

④由于季节变动只发生于一年内，因此对于年度数据，相乘模型为 $Y = T \cdot C \cdot I$。

4.4　大数据挖掘与分析

数据分析包含广义的数据分析和狭义的数据分析。广义的数据分析包括狭义的数据分析和数据挖掘，而我们常说的数据分析就是指狭义的数据分析。

4.4.1　数据挖掘

数据挖掘是指从大量的数据中，通过统计学、人工智能、机器学习等方法挖掘出未知的、具有价值的信息和知识的过程。数据挖掘主要侧重解决 4 类问题，即分类、聚类、关联和预测（定量、定性）。数据挖掘的重点在于寻找未知的模式与规律。比如，我们常说的数据挖掘案例：啤酒与尿布、安全套与巧克力等，就是事先未知的，但又是非常有价值的信息。数据挖掘主要采用决策树、神经网络、关联规则、聚类分析等统计学、人工智能、机器学习等方法进行挖掘。数据挖掘的结果是输出模型或规则，并且可相应得到模型得分或标签，模型得分如流失概率值、总和得分、相似度、预测值等，标签如高中低价值用户、流失与非流失、信用优良中差等。

总之，数据分析（狭义）与数据挖掘的本质是一样的，都是从数据里面发现关于业务的知识（有价值的信息），从而帮助业务运营、改进产品以及帮助企业做更好的决策。数据分析（狭义）与数据挖掘构成广义的数据分析。

4.4.2　数据分析

简单来说，狭义的数据分析就是对数据进行分析。专业的说法是，狭义的数据分析是指根据分析目的，用适当的统计分析方法及工具对收集来的数据进行处理与分析，提取有价值的信息，发挥数据的作用。狭义的数据分析主要实现三大作用：现状分析、原因分析和预测分析（定量）。狭义的数据分析的目标明确，先做假设，然后通过数据分析来验证假设是否正确，从而得到相应的结论。狭义的数据分析主要采用对比分析、分组分析、交叉分析、回归分析等分析方法。狭义的数据分析一般都是得到一个指标统计量结果，比如总和、平均值等，这些指标数据需要与业务结合进行解读，才能发挥出数据的价值与作用。

复习思考题：

1. 数据挖掘产生的意义是什么？
2. 数据挖掘功能包含哪些？
3. 解析数据挖掘方法。
4. 简述大数据挖掘与分析。

第 5 章　机器学习

5.1　机器学习的概念

机器学习 (Machine Learning) 是让机器从大量样本数据中自动学习其规则，并根据学习到的规则预测未知数据的过程。以上是机器学习的一个定义。如果你在网上搜索“机器学习”，你会看到很多版本的定义。毕竟，越是火热的词汇，人们越难给它下一个精准而权威的定义。在机器学习的众多定义中，我们认为这个定义是相对让初学者容易接受的一种说法。这个定义中的关键字是“学习”二字。机器学习的目标是发现数据中暗藏的规律，并由此来对未知进行预测。这个过程要通过“学习”来实现，而学习用到的材料则是数据。

5.1.1　机器学习的认识

机器学习是一门学科，它基于概率、统计、优化等数学理论的研究，理论严谨，也是已被广泛认可的成熟的知识体系。机器学习在高等教育院校中作为一门独立的课程存在，近年来受到包括数据科学、统计学、计算机、应用数学、运筹学、工程学等众多专业的学生的青睐。在学术研究方面，每年机器学习相关论文发表不计其数，是数理学科重要的学术研究方向之一。

机器学习也是一门技术，它被数据科学家 (Data Scientist) 广泛应用，是在数据分析中最常用的技术之一。而数据科学家也是 21 世纪最火热的职业之一，其中机器学习是这个职位最重要的技能和工作内容之一。同时，也有像“机器学习工程师”这样的纯粹做机器学习的岗位。随着大数据时代信息量和数据量的爆炸式提升，人们对未知事物更加好奇，机器学习越来越能够“落地”而发挥使用价值。同时，随着 Python 等编程语言的普及以及 Tensor Flow 等机器学习框架的完善，这个曾经似乎是高端学术的东西也越来越偏向应用，能够被更多人接受。

机器学习包含一系列算法，虽说它是这一系列算法的总称，但仅仅把机器学习视为算法或者模型是不准确的。机器学习是解决问题的一种方法，算法只是其中的一部分。这里所谓的算法或者模型，只是从输入到输出之间的一步，而机器学习是实现从输入到输出的全部过程，其中还包括对输入数据的清洗和转换、对特征的提取和整合、对数据的探索分析等。这些必要的步骤不做，拿到数据就盲目地直接套用模型，是不能解决问题的。

5.1.2 机器学习的本质

如图 5-1 所示，类似人脑思考，机器经过大量样本的训练 (Training)，获得了一定的经验 (模型)，从而产生了能够预测 (Inference) 新的事物的能力，就是机器学习。这种预测能力，本质上是输入到输出的映射。

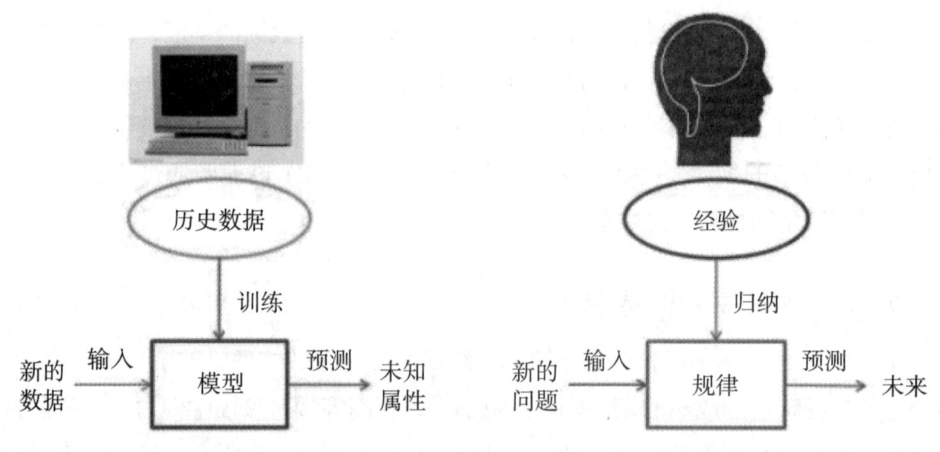

图 5–1 机器学习与人脑思考

给定一个输入，比如一段语音、一张图片或者一些数据型的信息，计算机能够建立一个函数 (可以理解为一种对应关系)，生成输出结果 (图 5-2)。机器学习的任务就是找到这个函数，找出从输入到输出的规则。

→ 语言识别

→ 图像识别狗

→ 自动驾驶右转弯指令识别

图 5-2　机器学习的例子

5.1.3　机器学习的重要的术语

1. 数据集、特征和标签

我们从一个实际问题出发。表 5-1 是纽约市某餐厅一个月内顾客消费和给予小费的数据，我们希望利用此数据研究顾客用餐给小费的规律。以这个数据集为例，我们先向读者介绍机器学习中的一些基本概念。

表 5-1 某餐厅小费支付表

ID	餐费	小费	性别	人数	星期	时间
1	17.8	2.34	男	4	周六	晚餐
2	21.7	4.3	男	2	周六	晚餐
3	10.1	1.83	女	1	周四	午餐
4	32.9	3.11	男	2	周日	晚餐
5	16.5	3.23	女	3	周四	午餐
6	13.4	1.58	男	2	周五	午餐

数据节选自 Python Sea born 数据包。原数据包含 244 个样本，7 个变量。

我们通常把表 5-1 这样的样本数据叫作数据集 (Dataset)，该数据集以结构化的列表形式呈现。数据集由若干样本 (Instances 或 Examples) 组成，每一个样本是一个观测数据的记录 (Records)，或者叫观测值 (Observances)，在表格中以行 (Row) 的形式体现。在机器学习中，一行、一条记录和一个样本的概念可以视为是等价的。在这个情景中，我们关注的是顾客给予小费的情况，小费这一列是我们关注的结果 (Outcome)，我们可以把这个变量称为因变量 (Dependent Variable，也叫函数值)，在机器学习领域中通常叫作目标 (Target) 或标签 (Label)，也有人把它称为响应值 (Response)。以上几个概念可以视为一个意思，一般用目标来指代这个变量，对应的数据称为标签数据。不同于“小费”，表中其他列表示的变量在这个问题中是用来解释和预测“小费”的，我们把这些变量叫作自变量 (Independent Variables)，在机器学习领域通常用特征 (Features) 这个术语来表示。特征和目标在表中通常以列 (Column) 的形式呈现。整个关系如图 5-3 所示。

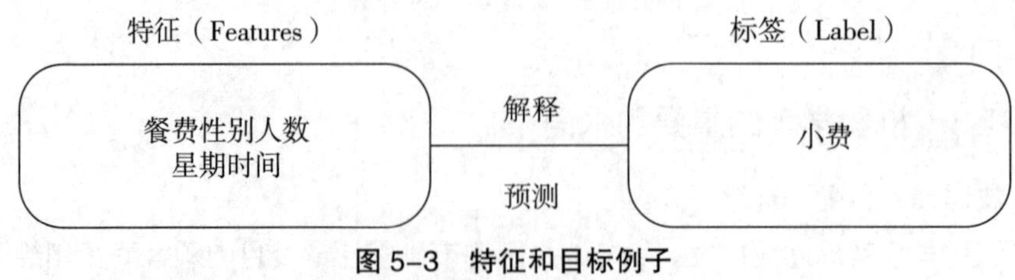

图 5-3 特征和目标例子

2. 监督式学习和非监督式学习

并不是所有机器学习任务的数据集都带有标签数据，我们把具有标签数据的学习任务叫作监督式学习 (Supervised Learning)。当目标变量是连续型（比如温度、价格）的时候，我们把这类问题叫作回归任务 (Regression Task)；当目标变量是离散型（例如某种植物是否具有毒性、贷款人是否会违约、员工所属部门类别）的时候，我们遇到的问题则是分类任务 (Classification Task)。回归问题和分类问题是监督式学习的两大类型。

有时我们遇到的样本数据并没有标签数据，我们把这个问题叫作非监督式学习 (Unsupervised Learning)。非监督式学习虽然没有标签数据，但我们仍然可以挖掘特征数据的信息进行分析，聚类 (Clustering) 就是其中最常见的一种，它根据样本数据分布的特点将数据分成几个类。我们可以把机器学习任务按图 5-4 进行分类。

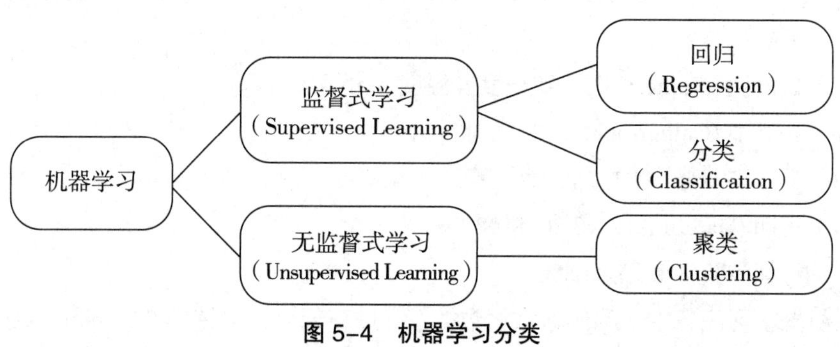

图 5-4　机器学习分类

3. 强化学习和迁移学习

强化学习 (Reinforcement Learning) 是不同于监督式学习和非监督式学习的另一种机器学习方法。在传统机器学习分类中不包括强化学习，而随着强化学习的飞速发展，越来越多的人倾向于把强化学习看作机器学习的第三类方法。

强化学习是基于“行动 - 反馈”的自我学习机制。所谓反馈，是一种基于行动对学习机的奖励。学习机以最大化奖励为目标，不断改进“行动”，从而适应环境。强化学习与监督式学习的主要区别是，前者是完全靠自己的经历去学习，没有人告知学习机正确的答案，“强化”的信号是对学习机行动的反馈；而后者则是有人在监督学习机。

强化学习就像人类刚出生时探索未知的大自然一样，是自我摸索寻找行为道路的过程。强化学习目前一个火热的应用是在游戏 AI 中。一个射击游戏的机器人要学会如何躲避敌人子弹，找到最合理的开枪和换子弹时机，这些用传统的机器学习来完成是相当困难的，因为游戏要求肩是动态的、瞬息万变的，有无数种可能。要用监督式学习“教会”电脑如何进行这些操作，需要训练的过程是漫长而烦琐的。强化学习很好地适应了这一问题。我们需要给电脑一个反馈机制，将“未能躲避子弹”作为惩罚，杀死敌人给予奖赏，剩下的就完全交给电脑去完成。这样电脑就能通过一遍又一遍的行为探索得到一套成熟有效的行动方案。

迁移学习指的是将已经训练好的参数提供给新的模型用作训练。现实中很多机器学习问题是存在相关性的。比如在图像识别中，识别狗和识别哈士奇，虽然具体任务不同，但它们具有相似性，用于识别狗的模型学习到的参数可以分享给识别哈士奇的任务，使得后者可以“从半路开始”，而不是从零开始学习参数，大大减少了学习时间。

迁移学习并不是一种新的机器学习分类，而是一种加快学习的模式。迁移学习在深度学习模型中的应用尤为明显。深度学习的模型庞大复杂，具有极多的参数需要训练。

4. 特征数据类型

（1）数值型 (Numerical)，如长度、温度、价格等。

（2）分类型 (Categorical)，如性别。

（3）文本 (Text)，如姓名、地址等。

（4）日期 (Datetime)，如 2018-08-26。

5. 训练集、验证集和测试集

在机器学习任务中，我们通常将数据集分成三部分：训练集 (Training Set)、验证集 (Validation Set) 和测试集 (Test Set)。下面介绍这三个概念。

（1）训练集：用于训练模型，确定模型中的参数。

（2）验证集：用于模型的选择和优化。

（3）测试集：用于对已经训练好的模型进行评估，评价其表现。

训练集和测试集的概念相对好理解。训练集顾名思义是用来训练的，机器使用训练集来学习样本。而测试集用来检验模型的效果。就像我们在学校学习功课，训练集如同教科书中的题库，测试集相当于考试试卷。我们通过“刷题库”获得知识，从而在考试中取得优异的成绩。

为什么要建立测试集呢？不直接用训练集进行测试的原因是，模型是用训练集进行学习的，倾向于尽可能拟合训练集数据的特性，因此在训练集上的测试效果通常会很好，但在没有见过的数据集上表现效果可能会明显下降，这个现象叫做过拟合 (Over Fitting)。有关过拟合的概念，这里不详述。模型在没有见过的数据集上取得高准确率比在原训练集上获得好的效果更有说服力。因此，总是要设立测试集。就像只有考试才能最公平地衡量学生对功课的掌握程度一样。

有了训练集和测试集，很多机器学习入门者可能不知道还有验证集这样一个概念。事实上，验证集是用来调参的。为了叙述的流畅性，这里读者可以先将调整理解为调整模型，相关概念会在后续章节介绍并通过具体例子说明。验证集的作用是比较我们所尝试的多个模型，从中选择表现最好的一个。这个任务仅通过测试集其实也能实现，很多人会直接把测试集当作验证集来选择和优化模型，从而将测试集和验证集的概念混为一谈。但严格来说，验证集的单独存在是必要的。测试集用来衡量一个完整建好的模型，意味着这个模型在之前就被认定为已经调整到最优，而这个优化的过程就是通过验证集实现的。如果我们延续上文中对训练集和测试集的比喻，验证集就相当于考前的模拟测试。

5.2　机器学习系统

5.2.1　机器学习的分类

按学习策略分类，机器学习可以分为以下几种。

1. 记忆学习

这种学习方法不需要进行任何推理或知识转换，将知识直接输入机器中，也就是将专家知识总结成规则，用计算机语言加以描述、实现。有多少写入多少，系统本身没有学习过程，对知识只使用而不做任何修改。

2. 传授学习、指点学习

从老师或其他有结构的事物获取知识。要求系统在原有知识结构的基础上将输入的新知识转换成它本身的内部表示形式。并把新的信息和它原有的知识有机地结合为一体。系统初始知识结构可以以机械式学习方式得到，也可以通过其他学习方式得到。

3. 演绎学习

系统找出现有知识中与所要产生的新概念或技能十分类似的部分，将它们转换或扩大成适合新情况的形式，从而取得新的事实或技能。该种学习方法是大量知识的总结、推广。

4. 归纳学习

给学习者提供某一概念的一组正例和反例，学习者归纳出一个总的概念描述，使它适合于所有的正例且排除所有的反例。基于实例的学习方法是目前研究较多的方法之一。

5. 类比学习

类比学习是演绎学习与归纳学习的组合。类比学习过程中匹配不同论域的描述、确定公共的结构，以此作为类比映射的基础。寻找公共子结构是归纳推理，而实现类比映射是演绎推理。

按照实现途径分类，机器学习可以分为以下几种。

1. 符号学习

符号学习就是基于符号处理的学习方法，包括机械学习、指导学习、解释学习、类比学习、示例学习、发现学习等。

符号处理技术：基于符号演算的知识推理和知识学习技术。只有将人类能够理解的知识，用计算机能够理解的符号表示出来，才能够将知识传授给机器，才能够有智能系统的存在。因此，可以说符号处理是传统人工智能研究的根基，是知识工程的最基础技术之一。这一领域一直是人工智能的主要研究领域。

2. 连接学习

连接学习也就是神经网络学习，是基于生物神经网络理论的机器学习方法。

神经网络技术：主要研究各种神经网络模型及其学习算法，这一领域是当前人工智能研究的一个十分活跃，且很有前途的分支领域。

将机器学习分为符号学习和连接学习的主要原因是，前者是建立在符号理论基础上的，它成立的前提是要有大量的知识，而这些知识是人类专家总结出来的，至少解释这些知识的各种“事实”以及对事实的解释“规则”是专家总结归纳的。由于必须有人的参与，所以对于知识的可理解性、可读性非常重视。而所谓联结主义的神经网络则是强调大量的事实，以及对这些事实的反复观察。某种情况下需要人对事实的分类与标注，但是不需要人的解释。学习所形成的知识结构是人所难以理解的。系统本身对于使用的人来说就像是一个变魔术的黑盒子，根据输入给出输出，答案正确但不知道是怎么算出来的。

5.2.2 机器学习系统概述

简单地讲，机器学习系统是能在一定程度上实现机器学习的软件，该系统具有适当的学习环境，具有一定的学习能力，能用所学的知识解决问题，并且能提高系统的性能。

机器学习的基本模型，一种机器学习的模型如图 5-5 所示。

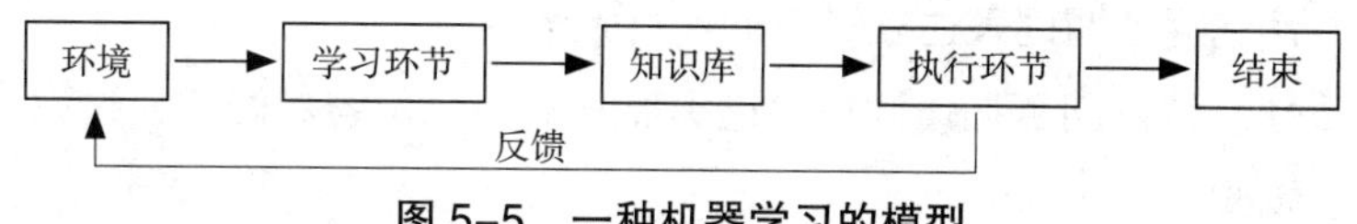

图 5-5 一种机器学习的模型

模型中包含学习系统的四个基本组成环节。环境和知识库是以某种知识表示形式表达的信息的集合，分别代表外界信息来源和系统具有的知识。学习环节和执行环节代表两个过程：学习环节处理环境提供的信息，以便改善知识库中的显式知识；执行环节利用知识库中的知识来完成某种任务，并把执行中获得的信息回送给学习环节。

下面讨论系统中的各个环节。

（1）环境。环境可以是系统的工作对象，也可以包括工作对象和外界条件。例如：在医疗系统中，环境就是病人当前的症状、检验的数据和病历；在模式识别中，环境就是待识别的图形或景物；在控制系统中，环境就是受控的设备或生产流程。就环境提供给系统的信息来说，信息的水平和质量对学习系统有很大影响。

信息的水平指信息的一般性程度，也就是适用范围的广泛性。这里的一般性程度是相对执行环节的要求而言的。高水平信息比较抽象，适用于更广泛的问题。低水平信息比较具体，只适用于个别的问题。环境提供的信息水平和执行环节所需的信息水平之间往往有差距，学习环节的任务就是解决水平差距问题。如果环境提供较抽象的高水平信息，学习环节就要补充遗漏的细节，以便执行环节能用于具体情况。如果环境提供较具体的低水平信息，即在特殊情况下执行任务的实例，学习环境就要由此归纳出规则，以便用于完成更广的任务。

信息的质量指正确性、适当的选择和合理的组织。信息质量对学习难度有明显的影响。例如，若施教者向系统提供准确的示教例子，而且提供例子的次序也有利于学习，则容易进行归纳。若示教例子中有干扰，或示例的次序不合理，则难以归纳。

（2）知识库。影响学习系统设计的第二个因素是知识库的形式和内容。知识库的形式就是知识表示的形式。常用的知识表示方法有特征向量、谓词演算、产生式规则、过程、LISP 函数、数字多项式、语义网络和框架。选择知识表示方法要考虑下列准则：可表达性、推理难度、可修改性和可扩充性。下面以特征向量和谓词演算方法为例说明这些准则。

①可表达性。特征向量适于描述缺乏内在结构的事物，它以一个固定的特征集合来描述事物。谓词演算则适于描述结构化的事物。

②推理难度。一种常用的推理是比较两个描述是否等效。显然判定两个特征向量等效较容易，判定两个谓词表达式等效的代价就较大。

③可修改性。特征向量和谓词演算这类显式的表示都容易修改，过程表示等隐式的方法就难以修改。

④可扩充性。指学习系统通过增加词典条目和表示结构来扩大表示能力，以便学习更复杂的知识。一个例子是 AM(Lenat，1983 年)，它可根据老概念定义新概念。知识库的内容中，初始知识是很重要的。它总要利用初始知识去理解环境提供的信息，以便形成和改进假设。学习系统实质上是对原有知识库的扩充和完善。

（3）执行环节。学习环节的目的就是改善执行环节的行为。执行环节的复杂性、反馈和透明度都对学习环节有影响。

复杂的任务需要更多的知识。二分分类是最简单的任务，只需一条规则。如某个玩扑克的程序有约 20 条规则，MYCIN 这类医疗诊断系统使用几百条规则。在实例学习中，可以按任务复杂性分成三类：一是基于单 - 概念或规则的分类或预测；二是包含多个概念的任务；三是多步执行的任务。

执行环节给学习环节的反馈也很重要。学习系统都要用某种方法去评价学习环节推荐的假设。一种方法是用独立的知识库做这种评价。如 AM 程序用一些启发式规则评价学到的新概念的重要性。另一种方法是以环境作为客观的执行标准，系统判定执行环节是否按预期标准工作，由此反馈信息评价当时的假设。

若执行环节有较好的透明度，学习环节就容易追踪执行环节的行为。例如，在学习下棋时，如果执行环节把考虑过的所有走法都提供给学习环节，而不是仅仅提供实际采用的走法，系统就较容易分析合理的走法。

5.3 机器学习算法

最常见的机器学习就是学习 $y=f(x)$ 的映射，针对新的 x 预测 y，这叫作预测建模或预测分析。我们的目标就是让预测更加精确。我们不知道目标函数 f 是什么样的。如果知道，就可以直接使用它，而不需要再通过机器学习算法从数据中进行学习。机器学习算法可以描述为学习一个目标函数 f，它能够最好地映射出输入变量 x 到输出变量 y。预测建模的首要目标是减小模型误差或将预测精度做到最佳。我们从统计等不同领域借鉴了多种算法来达到这个目标。

当面对各种机器学习算法时，一个新手最常问的问题是“我该使用哪个算法”。要回答这个问题需要考虑很多因素：(1) 数据的大小、质量和类型；(2) 完成计算所需要的时间；(3) 任务的紧迫程度；(4) 你需要对数据做什么处理。在尝试不同算法之前，即使是一个经验丰富的数据科学家，也不可能告诉你哪种算法性能最好。本节列举的是最常用的几种。

5.3.1 线性回归

线性回归可能是统计和机器学习领域最广为人知的算法之一。通过线性回归找到一组特定的权值，称为系数 B。通过最能符合输入变量 x 到输出变量 y 关系的等式所代表的线表达出来。线性回归的例子如图 5-6 所示。

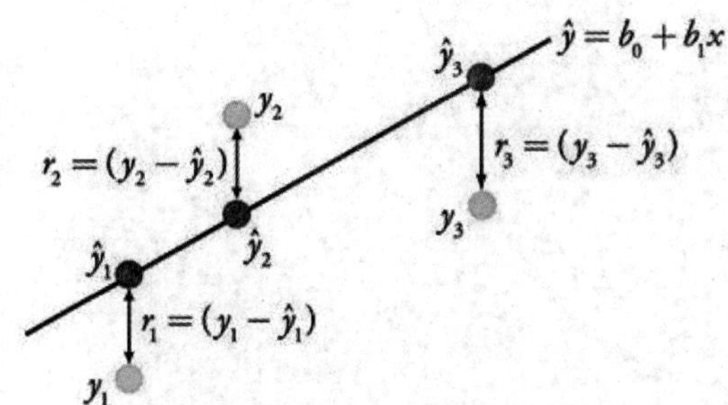

图 5–6 线性回归的例子

例如，$y = b_0 + b_1 \times x$。我们针对输入的 x 来预测 y。线性回归学习算法的目标是找到 b_0 和 b_1 的值。不同的技巧可以用于线性回归模型，比如线性代数的普通最小二乘法以及梯度下降优化算法。线性回归已经有超过 200 年的历史，已经被广泛地研究。根据经验，这种算法可以很好地消除相似的数据，以及去除数据中的噪声，是快速且简便的首选算法。

5.3.2 逻辑回归

逻辑回归是另一种从统计领域借鉴而来的机器学习算法。与线性回归相同，逻辑回归的目的是找出每个输入变量对应的参数值。不同的是，预测输出所用的变换是一个被称作 Logistic 函数的非线性函数。Logistic 函数像一个大 S，它将所有值转换为 0 到 1 之间的数，如图 5-7 所示。这很有用，我们可以根据一些规则将 Logistic 函数的输出转换为 0 或 1(比如，当小于 0.5 时则为 1)，然后以此进行分类。

正是因为模型学习的这种方式，逻辑回归做出的预测可以被当作输入为 0 和 1 两个分类数据的概率值。这在一些需要给出预测合理性的问题中非常有用。就像线性回归，在需要移除与输出变量无关的特征以及相似特征方面，逻辑回归可以表现得很好。在处理二分类问题上，这是一个快速高效的模型。

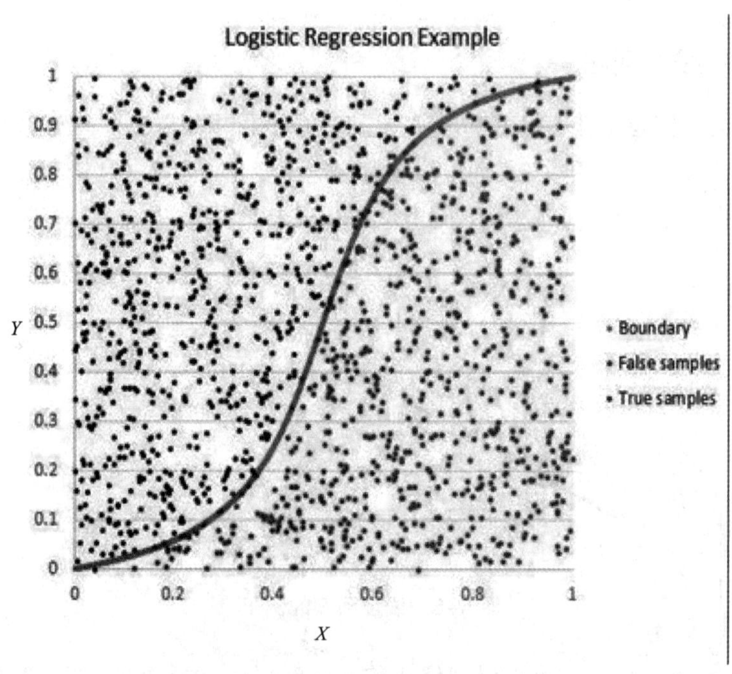

图 5-7　逻辑回归的例子

5.3.3　线性判别分析

逻辑回归是一个处理二分类问题的传统分类算法。如果需要进行更多的分类，线性判别分析算法 (Linear Discriminant Analysis，LDA) 是一个更好的线性分类方法。线性判别分析的例子如图 5-8 所示。对 LDA 的解释非常直接，它包括针对每一个类的输入数据的统计特性；对于单一输入变量来说，它包括类内样本均值和总体样本变量。

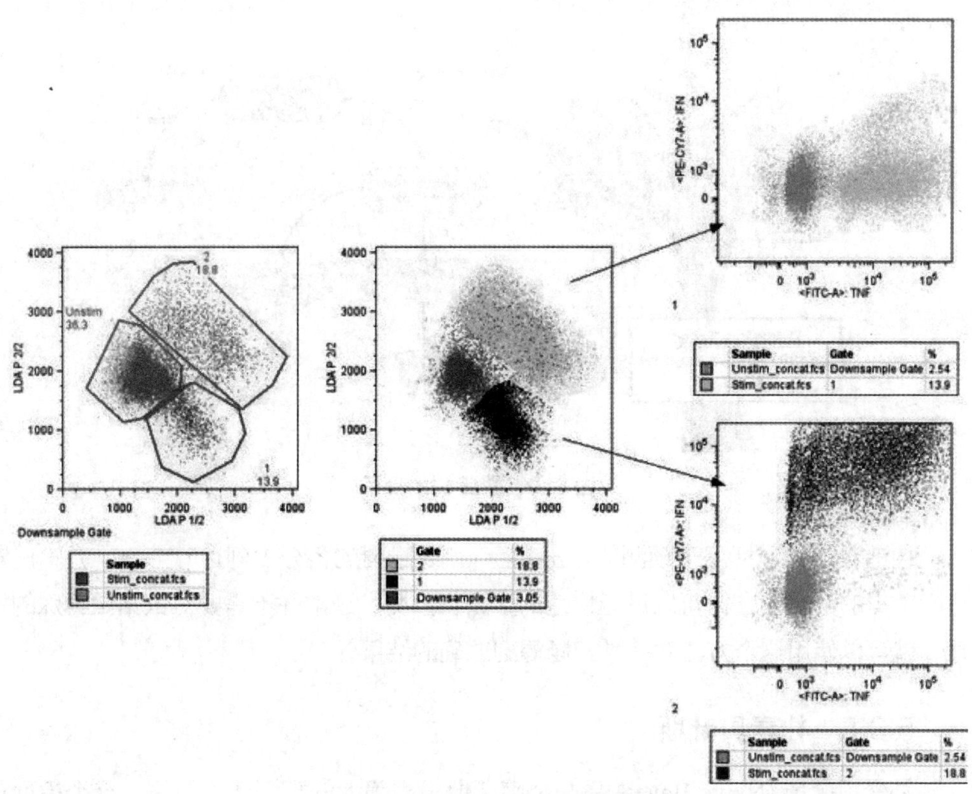

图 5–8　线性判别分析的例子

通过计算每个类的判别值，并根据最大值来进行预测。这种方法假设数据服从高斯分布（钟形曲线），所以可以较好地提前去除离群值。这是针对分类模型预测问题的一种简单有效的方法。

5.3.4　分类与回归树分析

决策树是机器学习预测建模的一类重要算法，可以用二叉树来解释决策树模型。这是根据算法和数据结构建立的二叉树，并不难理解。每个节点代表一个输入变量以及变量的分叉点（假设是数值变量）。图 5-9 是决策树的例子。

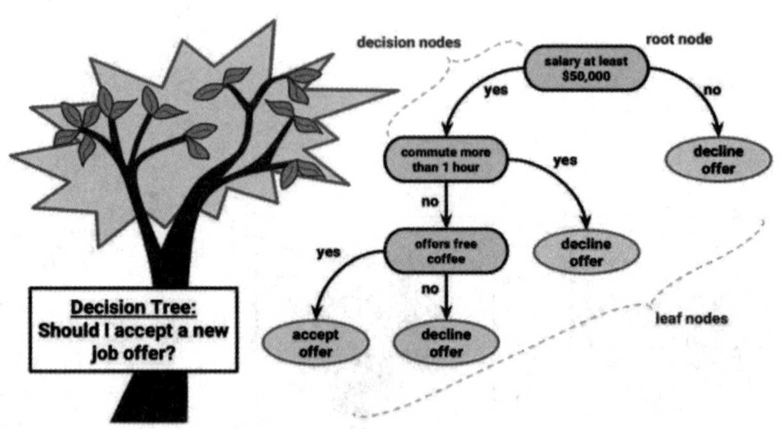

图 5–9　决策树的例子

树的叶节点包括用于预测的输出变量 y。通过树的各分支到达叶节点，并输出对应叶节点的分类值。树可以进行快速的学习和预测。通常并不需要对数据做特殊的处理，就可以使用这个方法对多种问题得到准确的结果。

5.3.5　朴素贝叶斯

朴素贝叶斯 (Naive Bayes) 是一个简单但异常强大的预测建模算法。这个模型包括两种概率，它们可以通过训练数据直接计算得到：(1) 每个类的概率；(2) 给定 x 值的情况下，每个类的条件概率。根据贝叶斯定理（图 5-10)，一旦完成计算，就可以使用概率模型针对新的数据进行预测。当你的数据为实数时，通常假设服从高斯分布（钟形曲线），这样可以很容易地预测这些概率。

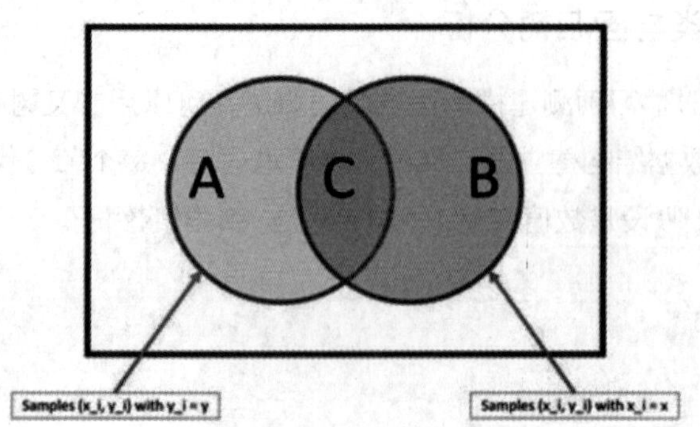

图 5–10　贝叶斯定理

之所以被称作朴素贝叶斯，是因为我们假设每个输入变量都是独立的。这是一个强假设，在真实数据中几乎是不可能的。但对于很多复杂问题，这种方法非常有效。

5.3.6　*K* 最近邻算法

K 最近邻算法 (KNN) 是一个非常简单有效的算法。KNN 的模型表示整个训练数据集。对于新数据点的预测是：寻找整个训练集中 *K* 个最相似的样本（邻居），并对这些样本的输出变量进行总结。对于回归问题，可能意味着平均输出变量。对于分类问题，则可能意味着类值的众数（最常出现的那个值）。诀窍是如何在数据样本中找出相似性。最简单的方法是，如果你的特征都是以相同的尺度（比如都是英寸）度量的，就可以直接计算它们互相之间的欧式距离。如图 5-11 所示为 *K* 最近邻算法的例子。

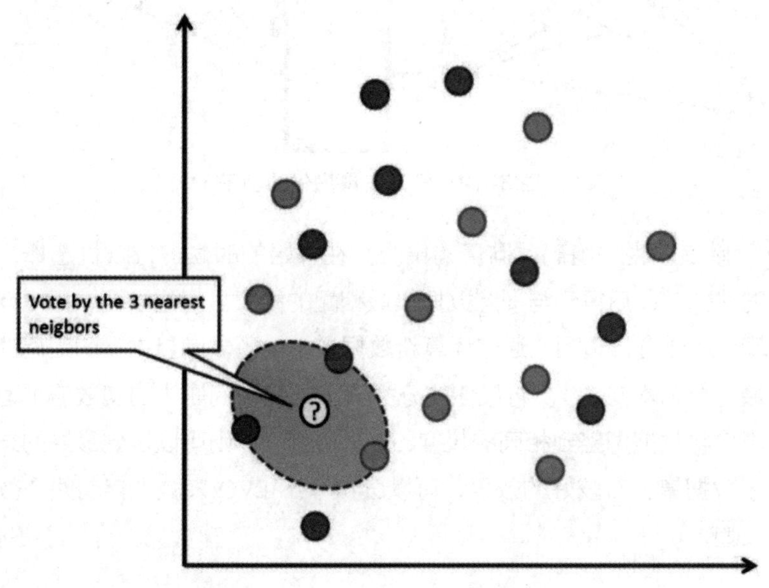

图 5–11　*K* 最近邻算法的例子

KNN 需要大量空间来存储所有的数据。但只是在需要进行预测的时候才开始计算（学习）。你可以随时更新并组织训练样本以保证预测的准确性。在维数很高（很多输入变量）的情况下，这种通过距离或相近程度进行判断的方法可能失败。这会对算法的性能产生负面的影响，被称作维度灾难。建议只有当输入变量与输出预测变量最具有关联性的时候使用这种算法。

5.3.7　学习矢量量化

K 最近邻算法的缺点是需要存储所有训练数据集。而学习矢量量化 (LVQ) 是一个人工神经网络算法，允许选择需要保留的训练样本个数，并且学习这些样本看起来应该具有何种模式。如图 5-12 所示为学习矢量量化的例子。

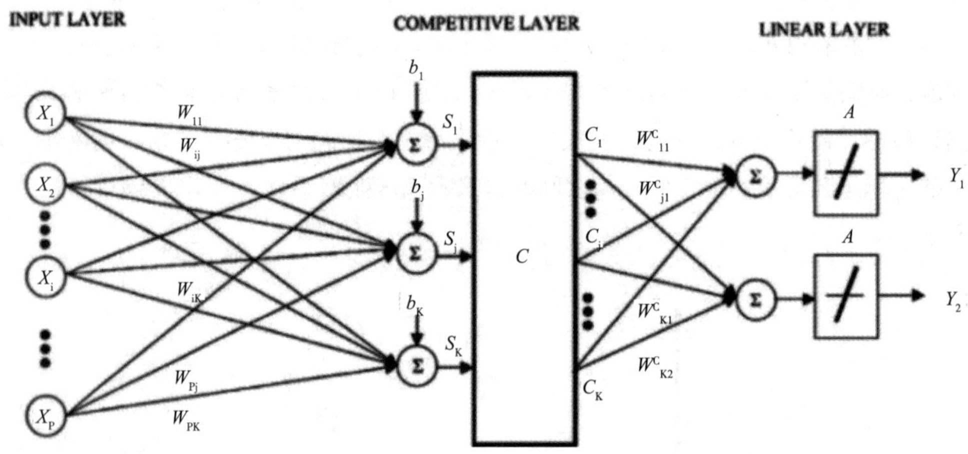

图 5-12　学习矢量量化的例子

LVQ 可以表示为一组码本向量的集合。在开始的时候进行随机选择，通过多轮学习算法的迭代，最后得到与训练数据集最相配的结果。通过学习，码本向量可以像 *K* 最近邻算法那样进行预测。通过计算新数据样本与码本向量之间的距离找到最相似的邻居（最符合码本向量）。将最佳的分类值（或回归问题中的实数值）返回作为预测值。如果你将数据调整到相同的尺度，比如 0 和 1，则可以得到最好的结果。如果你发现对于数据集，有较好的效果，可以尝试一下 LVQ 来减少存储整个数据集对存储空间的依赖。

5.3.8　支持向量机

支持向量机 (SVM) 可能是最常用并且最常被谈到的机器学习算法。超平面是一条划分输入变量空间的线。在 SVM 中，选择一个超平面，它能最好地将输入变量空间划分为不同的类，要么是 0，要么是 1。在二维情况下，可以将它看作一根线，并假设所有输入点都被这根线完全分开。SVM 通过学习算法找到最能完成类划分的超平面的一组参数。如图 5-13 所示为支持向量机的例子。

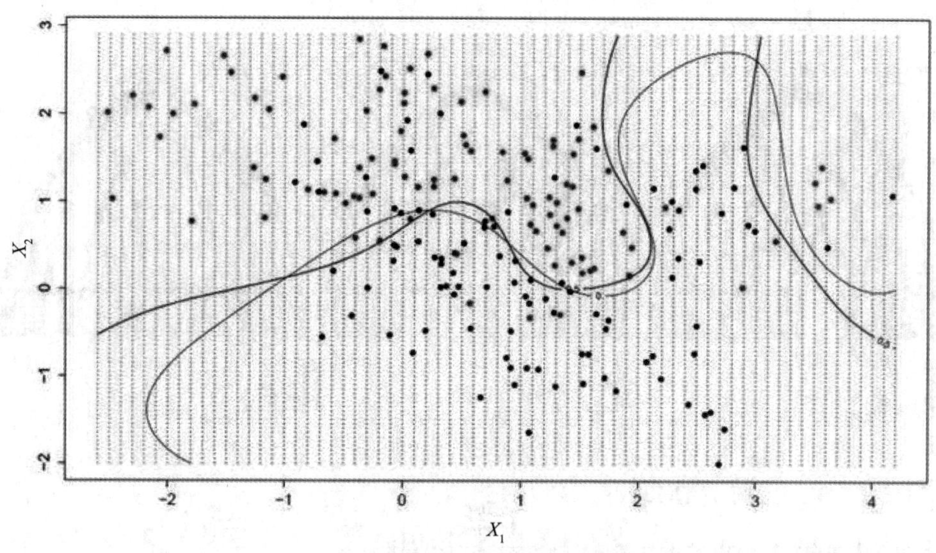

图 5-13　支持向量机的例子

超平面和最接近的数据点的距离看作一个差值，最好的超平面可以把所有数据划分为两个类，并且这个差值最大。只有这些点与超平面的定义和分类器的构造有关。这些点被称作支持向量，是它们定义了超平面。在实际使用中，优化算法被用于找到一组参数值以使差值达到最大。SVM 可能是一种最为强大的分类器。

5.3.9　Bagging 和随机森林

随机森林是一个常用并且最为强大的机器学习算法。它是一种集成机器学习算法，称作自举汇聚或 Bagging。Bootstrap 是一种强大的统计方法，用于数据样本的估算，比如均值。从数据中采集很多样本，计算均值，然后将所有均值再求平均，最终得到一个真实均值的较好的估计值。在 Bagging 中用了相似的方法。但是通常用决策树来代替对整个统计模型的估计。从训练集中采集多个样本，针对每个样本构造模型。当你需要对新的数据进行预测时，每个模型做一次预测，然后对预测值进行平均，得到真实输出的较好的预测值。如图 5-14 所示为随机森林的例子。

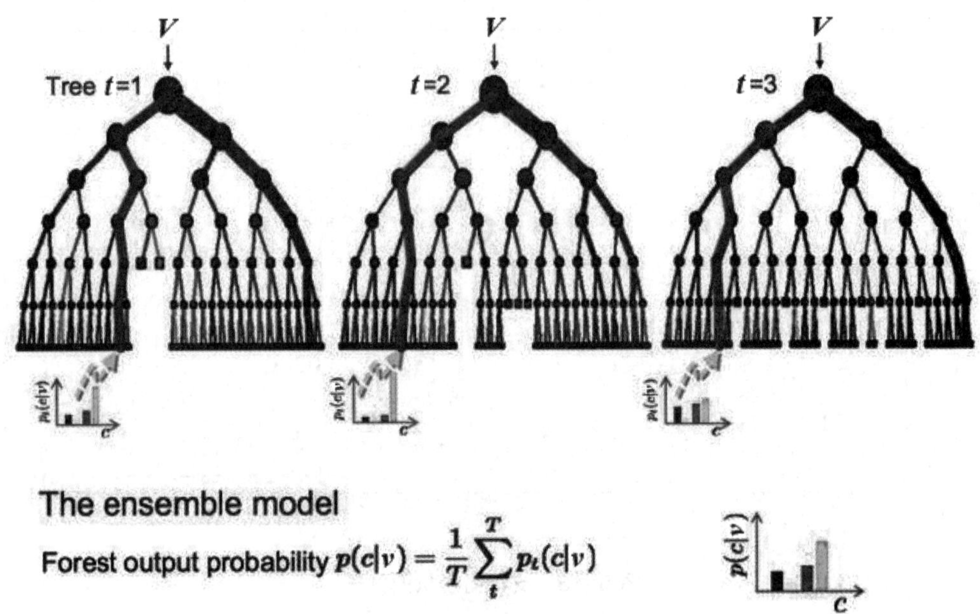

图 5–14　随机森林的例子

这里的不同在于在什么地方创建树，与决策树选择最优分叉点不同，随机森林通过加入随机性从而产生次优的分叉点。每个数据样本所创建的模型与其他的都不相同，但在唯一性和不同性方面仍然准确。结合这些预测结果可以更好地得到真实的输出估计值。如果在高方差的算法（比如决策树）中得到较好的结果，通常也可以通过 Bagging 这种算法得到更好的结果。

5.3.10　Boosting 和 AdaBoost

Boosting 是一种集成方法，通过多种弱分类器创建一种强分类器。它首先通过训练数据建立一个模型，然后建立第二个模型来修正前一个模型的误差。在完成对训练集完美预测之命，模型和模型的最大数量都会不断添加。

AdaBoost 是第一种成功地针对二分类的 Boosting 算法，是理解 Boosting 最好的起点。现代的 Boosting 方法是建立在 AdaBoost 之上的，多数都是随机梯度 Boosting 机器。如图 5-15 所示是 AdaBoost 的例子。

Algorithm AdaBoost-Example

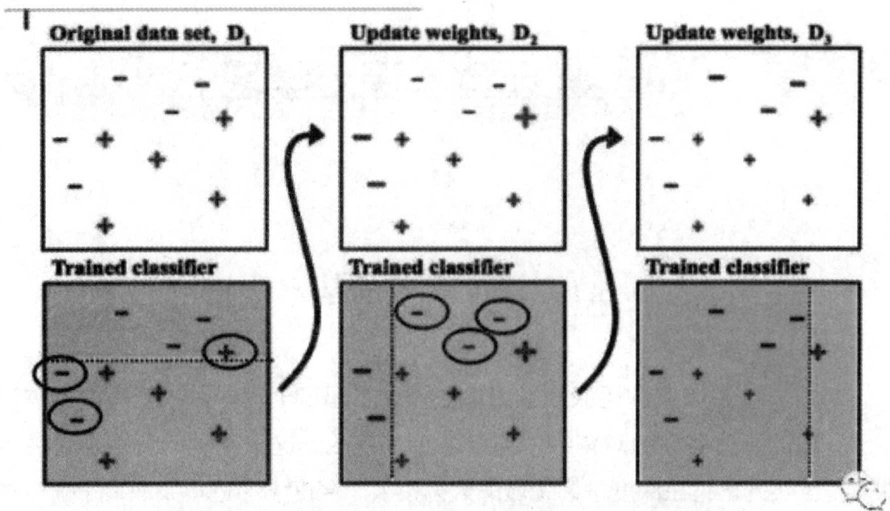

图 5-15　AdaBoost 的例子

AdaBoost 与决策树一起使用。当第一棵树创建之后，每个训练样本的树的性能将用于决定针对这个训练样本下一棵树将给予多少关注。难于预测的训练数据给予较大的权值，反之容易预测的样本给予较小的权值。模型按顺序建立，每个训练样本权值的更新都会影响下一棵树的学习效果。完成决策树的建立之后，进行对新数据的预测，训练数据的精确性决定了每棵树的性能。因为重点关注修正算法的错误，所以移除数据中的离群值非常重要。

复习思考题：

1. 列举机器学习的实例。
2. 机器学习分为哪几类？
3. 简单概述机器学习系统的主要目的。
4. 常见机器学习算法有哪些并举例说明。
5. 机器学习算法运用过程中需要考虑哪些因素？

第6章　深度学习

6.1　深度学习的基本认知

2017年5月，谷歌用深度学习算法再次引起了全世界对人工智能的关注。在与谷歌开发的围棋程序的对弈中，柯洁以0∶3完败。这个胜利的背后是包括谷歌在内的科技巨头近年来在深度学习领域的大力投入。深度学习近年来取得了前所未有的突破，由此掀起了人工智能新一轮的发展热潮。深度学习本质上就是用深度神经网络处理海量数据。深度神经网络有卷积神经网络 (Convolutional Neural Networks，CNN) 和循环神经网络 (Recurrent Neural Networks，RNN) 两种典型的结构。

神经网络始于20世纪40年代，其构想来源于对人类大脑的理解，它试图模仿人类大脑神经元之间的传递来处理信息。早期的浅层神经网络很难刻画出数据之间的复杂关系，20世纪80年代兴起的深度神经网络又由于各种原因一直无法对数据进行有效训练。直到2006年，Geottrey Hinton 等人给出了训练深度神经网络的新思路，之后的短短几年时间，深度学习颠覆了语音识别、图像识别、文本理解等众多领域的算法设计思路。再加上用于训练神经网络的芯片性能得到了极大提升以及互联网时代爆炸的数据量，才有了深度神经网络在训练效果上的极大提升，深度学习技术才有如今被大规模商业化的可能。

6.1.1　走进深度学习

如图6-1所示，传统的机器学习方式是先把数据预处理成各种特征，然后对特征进行分类，分类的效果高度取决于特征选取的好坏，因此把大部分时间花在寻找合适的特征上[①]。而深度学习是把大量数据输入一个非常复杂的模型，让模型自己探索有

① 娄岩．大数据应用基础[M]．北京：中国铁道出版社，2018，10.

意义的中间表达。深度学习的优势在于让神经网络自己学习如何抓取特征，因此可以把它看作一个特征学习器。值得注意的是，深度学习需要海量的数据喂养，如果训练数据少，深度学习的性能并不见得就比传统的机器学习方法好。

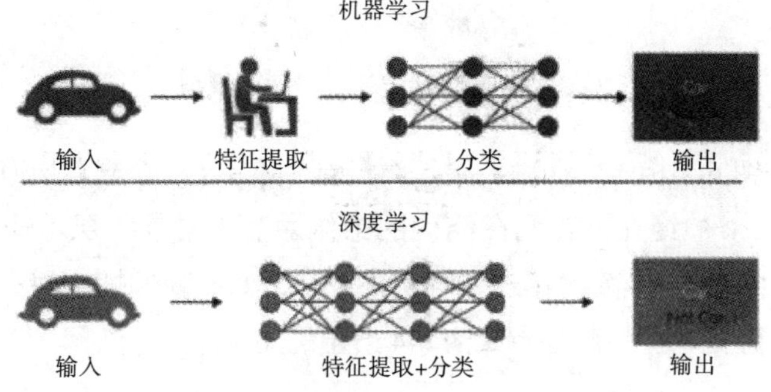

图 6-1 机器学习和深度学习的区别

1. 从逻辑回归到浅层神经网络

我们知道，深度学习主要指多层神经网络，让我们先来了解一下什么是神经网络。神经网络并没有听起来那么高深，其本质上也属于机器学习的一种模型，就像前几章介绍的常见模型一样。

逻辑回归模型将输入变量按一定权重线性组合求和，然后对得到的值施加一个名为 Sigmoid 的函数变换，即 $g(z)=1/(1+e^{\wedge}-z)$。这个过程可以用图 6-2 表示，其中 x_1、x_2、x_3 为输入变量，也是我们数据集中的特征，将它们线性组合得到一个数值，再对这个数值进行 Sigmoid 函数变换，从而可以预测实际的 $\hat{y}$。

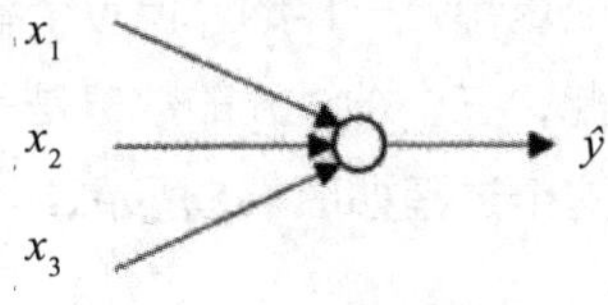

图 6-2 逻辑回归模型

逻辑回归模型本质上是一个浅层神经网络 (Shallow Neural Networks)。这里它只有输入层和输出层。输入层经过线性组合，然后被施加一个函数，这里把这个函数叫作激活函数 (Activation Function)，随后得到输出层的结果。我们把它暂时称为“简单结构”。如果我们在输入层和输出层之间加入中间层，那么一个严格意义的神经网络就形成了，如图 6-3 所示。

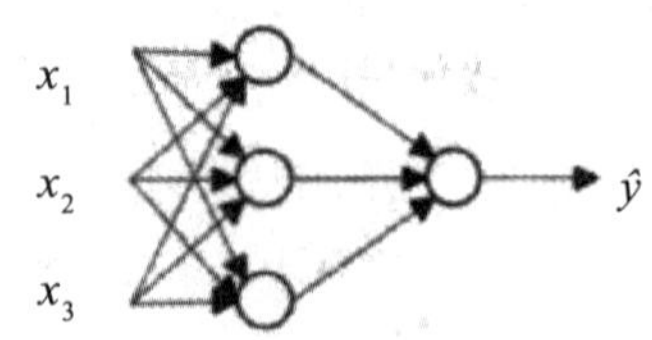

图 6-3　带隐藏层的逻辑回归模型

这个模型与图 6-2 相比，在输入层和输出层之间多了一个隐藏层 (Hidden Layer)，这个隐藏层有三个神经元，它们在结构图中作为节点与前一层（输入层）的节点 (x_1，x_2，x_3) 通过有向线段两两相连。听起来复杂，如果我们把中间三个神经元分开来看，每一个神经元与上一层都有如图 6-4 所示的关系。

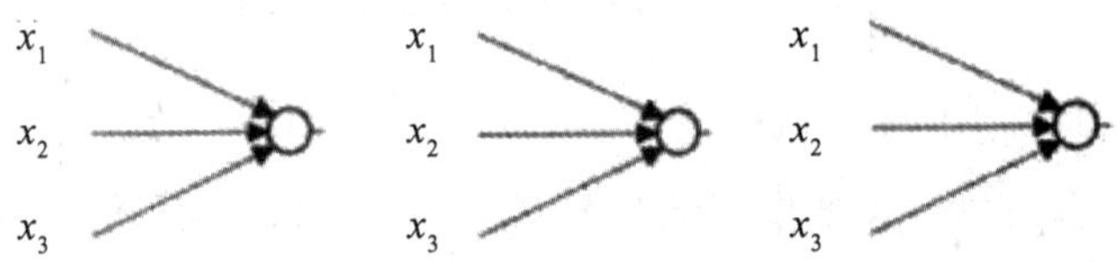

图 6-4　每一个神经元与上一层的关系

这三张图的形式与逻辑回归模型图的形式完全相同。x_1、x_2、x_3 通过一定的权重比例线性组合，得到一个新的数，然后这个新的数被施加一个激活函数，得到一个输出值（虽然图中没有表现出施加函数的过程，但实际上是有的）。中间层实际上就是三个“简单结构”并行运行出来的结果，并将得到的三个结果存储在中间层神经元中，然后作为新的输入变量传给下一层。这里三个“简单结构”并行运行，并不是把一个过程重复三次。虽然数据变量都是一样的，但每个结构中线性组合的权重（也就是参数）是不一定相同的。因此，三个神经元的数值是不一样的。将得到的三个数值作为输入变量传递给下一层，这个过程如图 6-5 所示。

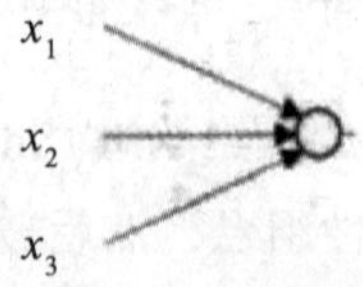

图 6-5　将三个数值作为输入变量传递下一层

于是在第二层将中间层计算的结果当作输入变量，重新进行“线性组合 + 激活函数”的操作，最终得到输出值。这样一个 2 层的神经网络的计算过程就完成了。

2. 深度神经网络

神经网络可以有多个隐藏层，当我们使用更多的层数时，实际上就是在构造所谓的深度神经网络。在实际应用中，我们会使用几十个甚至几百个隐藏层。并且事实证明，让网络变得更深层确实会提高模型的准确率。几百层的结构的确会比简单的几层网络表现得更优秀。

我们再来看深度神经网络的结构。每个隐藏层可以有任意数量的神经元，可以大于、小于或等于输入层变量个数，但一般至少要有 2 个，每层的数量也可以各不相等。图 6-6 是一个多个隐藏层的神经网络案例。在每一层一般使用同一个激活函数，不同层之间的激活函数可以不相同。

在介绍神经网络的训练前，我们要先弄明白一件事。前面所提到的神经网络的层数、每层的神经元节点数以及每个地方激活函数的选择都是预先指定的，而不是被训练的，也就是说，它们是神经网络模型的超参数。

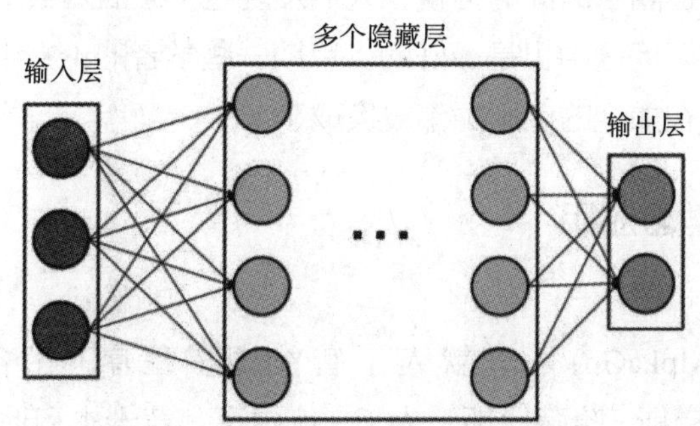

图 6–6　带有多个隐藏层的神经网络

神经网络由神经元、网状结构和激活函数构成。图 6-6 中的每一个节点都是一个神经元，神经网络通过网状结构将每一层的信息传递给下一层。而信息传递的方式正是前文描述的通过线性组合生成新的神经元的形式。神经网络看似复杂，但简单来说，其实只干了三件事：

（1）对输入变量施加线性组合。

（2）套用激活函数。

（3）重复前两步。

3. 正向传播

前文中反复提到两个关键词：“线性组合”和“激活函数”，就是神经网络的两大“法宝”。很多人喜欢把神经网络看成一个黑匣子，认为从输入到输出之间经过了复杂的计算程序。不过看清这个计算过程之后，其实整个流程很简单，就是不断重复“线性组合”和“激活”的过程：

输入→线性组合→激活→线性组合→激活→……→线性组合→激活→输出

像这样从输入端 x_1，x_2…到输出端生成 y 的计算过程叫作正向传播 (Forward Propagation)。上述步骤正是正向传播的步骤。在给定各层权重参数的情况下，我们可以通过正向传播由已知 x，计算出 y。至此，我们知道了神经网络是如何从输入计算到输出的。

4. 激活函数

神经网络的核心在于激活函数。激活函数的存在使得神经网络由线性变为非线性。如果不使用激活函数或者使用线性激活函数都不能达到这个目的。这是因为线性组合的线性组合仍然是原变量的线性组合。激活函数通常有 ReLU、Sigmoid、Tanh 等。读者在没有具体的想法时，不妨尝试使用以上几种主流的选择，特别是 ReLU。这个函数虽然简单，但随着时间的推移，人们发现这个激活函数不仅会给运算上带来方便，效果在很多实际问题中也是最好的。早期一些学者的论文中使用 Sigmoid 以及其他激活函数的地方在如今的应用中都被换成了 ReLU。

6.1.2 深度学习应用

1. AlphaGo

阿尔法围棋 (AlphaGo) 是一款人工智能围棋程序，由谷歌 (Google) 旗下 DeepMind 公司的戴密斯 · 哈萨比斯、大卫 · 席尔瓦、黄士杰和他们的团队开发。凭借深度学习技术，阿尔法围棋的棋力已经达到甚至超过围棋职业九段水平。2016 年 3 月，这个程序与围棋世界冠军、职业九段选手李世石进行人机大战，并以 4 ∶ 1 的总比分获胜。

AlphaGo 网络结构如图 6-7 所示，这个程序主要包括 4 个部分。

（1）走棋网络 (Policy Network)，在对当前局面采样后，计划下一步的走棋。

（2）快速走子 (Fast Rollout)，目标和走棋网络一样，但在适当牺牲走棋质量的条件下，速度快约 1000 倍。

（3）估值网络 (Value Network)，给定当前局面，估计是白胜还是黑胜。

（4）蒙特卡罗树搜索 (MCTS,Monte Carlo Tree Search)，把以上这三个部分连起来，形成一个完整的系统。

其中，走棋网络和估值网络正是基于近几年在图像处理领域取得突破的深度卷积神经网络。

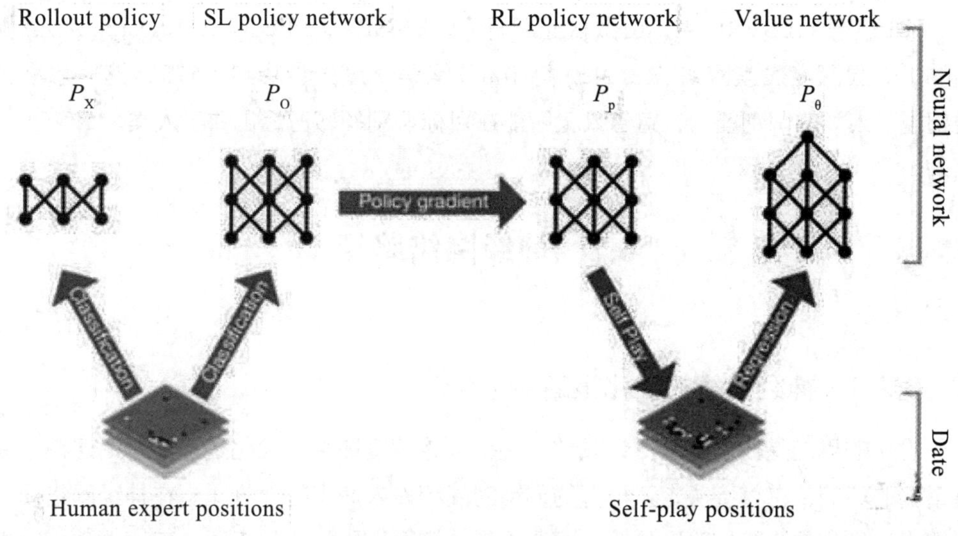

图 6-7 AlphaGo 网络结构

2. 目标识别

ImageNet 是由斯坦福大学组建的，目前世界上最大的图像识别数据库，其每年举办的 ILSVRC(Image Net Large Scale Visual Recognition Competition) 竞赛吸引了全世界学术界和工业界巨头的参与，代表了目前图像检测和目标识别领域的最高水准，表 6-1 给出了历年 ILSVRC 获奖者情况。

表 6-1 历年 ILSVRC 获奖者

模型名	年份	层数	Top-5 错误	卷积层数	卷积核大小	全连接层数	全连接层大小
AlexNet	2012	8	16.4%	5	11,5,3	3	4096,4096,1000
GoogLeNet	2014	22	6.67%	21	7,1,3,5	1	1000
ResNet	2015	152	3.57%	151	7,1,3,5	1	1000

2012 年竞赛中获胜的 Alex Net 是一个具有历史意义的神经网络架构，在 AlexNet 之前，深度学习已经沉寂了很久。AlexNet 在 2012 年的 ImageNet 图像分类竞赛中，Top-5 错误率比 2011 年的冠军下降了 10 个百分点，而且远超过当年的第二名，一举将深度学习带回了学术界的视线中。

2014 年，由谷歌公司提出的 22 层卷积神经网络 GoogLeNet，获得了 ILSVRC 冠军，并将 Top-5 错误降至逼近人类识别能力的 6.67%。

2015 年的 ILSVRC 中，由微软亚洲研究院 (MSRA，Microsoft Research Asia) 提出的 152 层深度残差网络 (Res Net) 将 Top-5 错误率进一步降到 3.57%，这一水准已经超越了人类的识别能力，宣告人工智能在目标识别领域已经击败了人类。

6.2 神经网络路径

6.2.1 神经网络的优化策略

优化的目的是让算法能更快收敛，使得训练速度加快。优化是神经网络建模中极其重要的环节，它直接决定了模型的训练时间和投入产出的性价比。在神经网络模型搭建中，优化包括任何可以使算法更快收敛、模型训练加快的手段。下面让我们来看一些常见的优化策略。

（1）Mini-Batch

为了加快训练速度，我们先不说算法，首先从读取数据“开刀”。传统的训练过程中的一个最大痛点是在漫长的迭代过程中，每一次都要读入整个样本集数据。样本量非常大的时候会成为限制运算速度的主要因素。为了让一次迭代数据缩短，我们是否可以考虑在一次迭代中仅使用部分样本数据？答案是可以的。Mini-Batch 的原理是分批次读入样本数据，从而缩短一次迭代的运算时间。

为了充分利用样本集，我们将样本随机分成若干组 (Batches)，使得每一组有 N 个样本。假设共有 m 个样本，那么一共分成 m/N 个组（若 N 取值不能整除 m，则进行取整，整除多出来的样本单独作为一组）。通常 N 取值为 2 的整数次方，比如 128、256 等。

N 通常被称为 Mini-Batch Size，属于超参数之一。假设我们有 m=2000 条样本，Mini-Batch Size N=256，那么第一次读取的是第 1~256 个样本（样本顺序已随机打乱），进行一次迭代（正向传播和反向传播）后，在第二次迭代时读取第 257~512 个样本，以此类推……第 7 次迭代读取第 1537~1792 个样本，第 8 次迭代读取第 1793~2000 个样本（本次样本量小于 256)。在 8 次迭代后，整个样本进行了一次遍历。我们把到此为止的过程叫作一个周期 (Epoch)。在此之后重新开始下一个周期，整个样本集重新洗牌，随机分成 8 个组，然后重复类似上一个周期的操作，如此往复。

由此可见，Mini-Batch 和常规算法的最大区别就是，每次迭代时，读取的样本是不一样的。每一次训练过程是在样本集的一个随机子集上进行的，而不是整个样本集。这样一来大大缩短了一次迭代的运算时间，从而使得训练时间大大缩短。

有的读者会想，这样做是否会影响收敛的轨迹呢？每次样本不一样，在整个训练过程刚开始的时候，参数的行进轨迹的确会显得不太规律，但经过一段时间后会步入正轨，最终逐渐向最优值靠拢。通常 Mini-Batch 只会缩短训练时间，不会给训练带来任何负面影响。所以在实际应用中，当样本量很大的时候，几乎总是会用到 Mini-Batch。

（2）输入数据标准化

了解 Mini-Batch 之后，我们把目光投向标准化。标准化指的是将所有数据减去其均值，再除以标准差的过程。标准化后的样本点在每个维度上分散程度更加均衡，也就是说每个特征的波动区间更加接近。设想一组包含 100 个记录的样本，每个样本有 2 个特征 x_1 和 x_2。x_1 分布在 0~100，而 x_2 分布在 0~1。这种情况下，我们非常有必要对数据进行标准化处理的，如图 6-8 所示。

```
X = [x1 x2]
X = X - Xmean  其中 Xmean = 1/m * sigma(X(i))
X = X / std     其中 std^2 = 1/m * sigma(X(i) ^ 2)
```

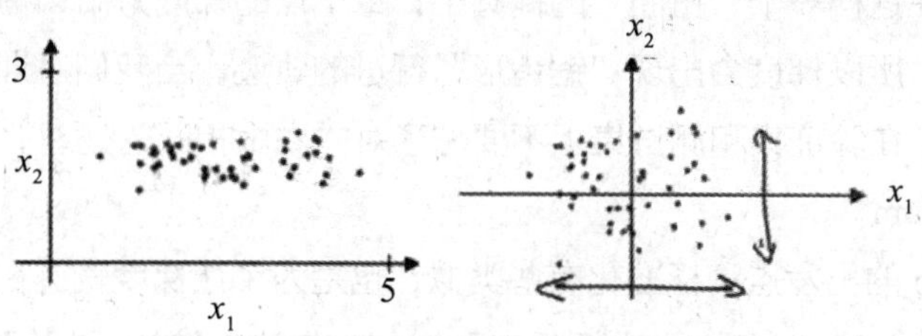

图 6–8 标准化处理

经过标准化处理后，样本在每一个分量的波动幅度相当。为什么要这样做呢？因为这样一来价值函数曲线将变得更加均匀、圆滑，而不是呈扁平状。而后者会导致参数的行进轨迹呈现“锯齿形”，最终花更长的时间才能抵达最优点，如图 6-9 所示。

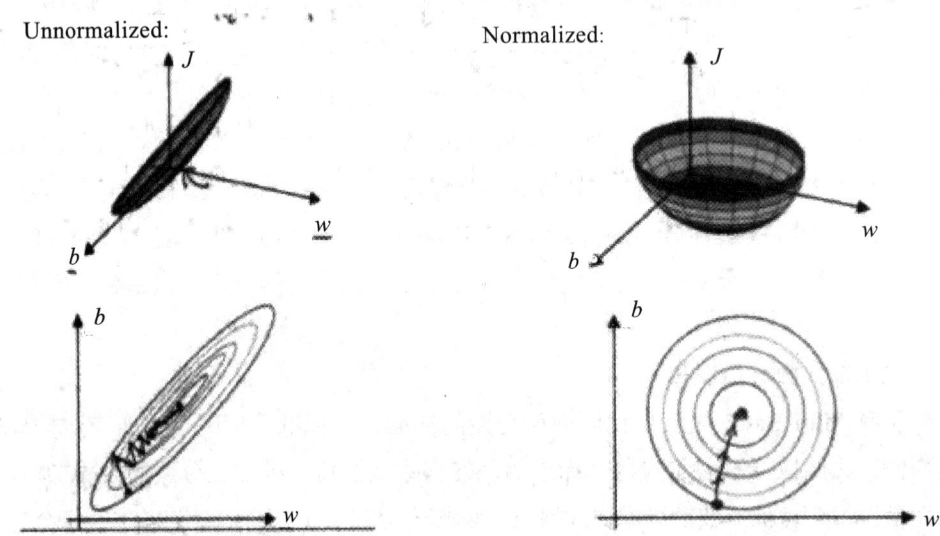

图 6–9　价值函数曲线

像图 6-9 左图中出现的情况就是样本特征之间量级相差太大的结果。特征之间量级的差距直接导致参数 (w，b) 在各个维度之间量级的不均衡，最终的结果就是让左图的价值函数曲线呈现扁平形状，而价值函数曲线的切面（左下图），也就是等高线呈现椭圆形。在这样一个“扭曲”的椭圆中，每个点的梯度方向和指向中心的方向会有很大的偏差，所以梯度会出现“锯齿形”行进的轨迹。当我们对训练集的样本做了标准化处理后，在验证集和测试集上不要忘了对样本做相同的处理。

3. Momentum

Momentum 的出发点和标准化有些类似，也是为了让梯度轨迹在迭代中能够不走弯路，不过 Momentum 是从算法下手去改进的。梯度轨迹出现“锯齿形”是学习过程中非常常见的情况。事实上，即使进行了标准化处理，价值函数曲线经常不是完美的“圆形”，图 6-9 右图只是非常理想化的情况。一般情况下，梯度曲线都是很难轻易地“径直”走向终点的。

Momentum 的思想是将过去几次梯度进行平均作为当前的梯度。Momentum 在物理学中是“动量”的意思，实际上这种方法借用了物理学的思想。动量对应于空间中的概念是速度。我们换个角度看这个算法。Momentum 的思想是，与其每一次去试图修正“位移”，不如去修正“速度”。

6.2.2　正则化方法

正则化的目的是防止模型过拟合。在神经网络中，通常有 *L*1/*L*2 正则化、Dropout 两种方式。

1. *L*1/*L*2 正则化

这种方法很简单，和之前在逻辑回归中介绍的技巧类似，是在模型的价值函数的基础上加上一个惩罚项。

```
J(w,b) = 1/m * sigma(L(yhat, y)) + lamda/2m * ||w||2,2    #L2 正则化
J(w,b) = 1/m * sigma(L(yhat, y)) + lamda/2m * ||w||2,1    #L1 正则化
```

由于价值函数的变化，反向传播的计算也会相应地改变，但不用担心，我们完全不用推翻原来的反向传播计算过程，只需要在原来的基础上改变。由于新的 $J(w, b)$ 为两项求和的形式，在求梯度之后仍为两项求和，因此计算的第一步只需在原来的基础上添加一项，即 lamda/2*m**||*w*||2,2 对 *w* 的导数。

```
dw[l] = …(原本的式子) + lamda/m * w[l]
w[l] = w[l] - alpha * dw[l]
```

后续计算与正常情况类似。

2. Dropout

另一种有效的正则化技巧是 Dropout。Dropout 的原理是在每次迭代过程中，随机让一部分神经元“失效”。这个过程可以这样理解，假设图 6-10 是一个过拟合的网络，现在我们在每个神经元上安装一个“开关”。在每次迭代中，随机关闭其中一部分。每个神经元被关闭的概率都是相同的，等于预设值，比如 0.5(实际上每一层的预设概率值可以有差异，但通常被设成同一个值。在实际操作中，绝大多数情况都只设一个通用的概率值，所以后文假设每一层概率都相同)。

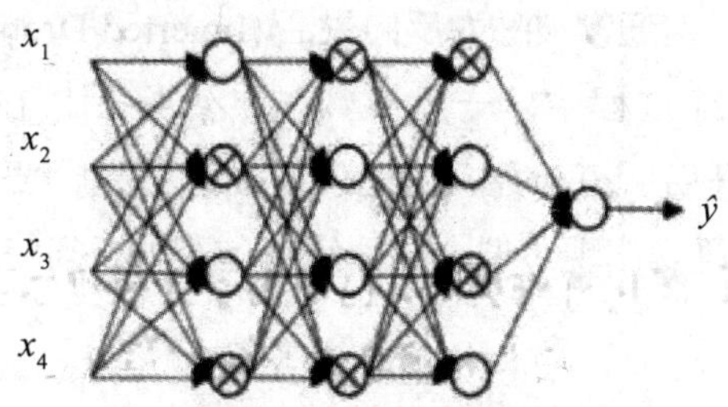

图 6-10　过拟合的例子

结果在第一批样本进来后，图 6-10 中标记的神经元被关闭，在这次传播过程中，

神经网络实际上变成了图 6-11 的样子，一个被压缩的神经网络。

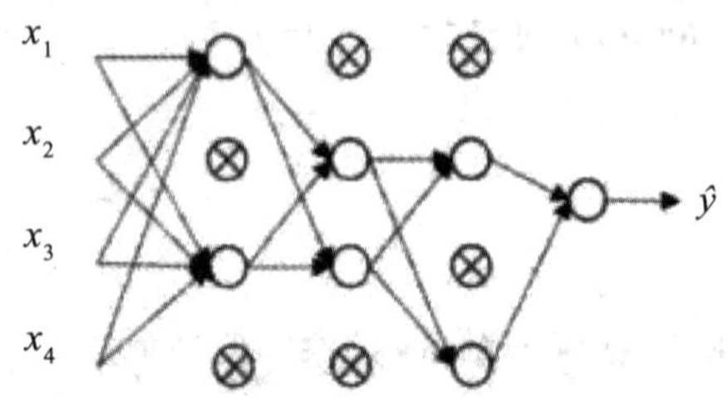

图 6-11　被压缩的神经网络

这个缩小的网络适用且仅适用于这一批样本，包括正向传播与反向传播。在这次反向传播后，只有这个小网络对应的权重参数被修正。在下一批样本进来后，将所有开关打开，然后重新执行随机关闭的过程，以此类推。因此，在每次迭代中，我们在使用一个随机的、缩小的网络在训练，每次训练模型都不一样。

在实际编程操作中，每一层的“开关”是通过引入一个布尔向量 $d[l]$ 实现的（维度与该层输出值 $a[l]$ 相同，每个维度为 0 或 1，表示关闭或打开），让 $d[l]$ 与 $a[l]$ 相乘，被关闭的神经元的输出值变为 0，而未关闭的神经元保留原来 $a[l]$ 的数值，然后将得到的值作为新的、被修正的 $a[l]$，并当作输入变量传递给下一层。

值得注意的是，在正向传播中，每一层神经元在计算后通常要进行数值修正。第 1 层的激活函数计算得到的数值 $a[l]$ 要除以预设值概率 p，这里的 p 是指开关为开启的概率（如此定义便于运算）。比如 p=0.7，就意味着每个神经元被关闭的概率是 30%，开启的概率是 70%。这样做是为了保持 $a[l]$ 的后续运算单元的期望值不变。因为在 Dropout 之后，神经元减少，传递给下一层的被修正的 $a[l]$ 的所有维度中，只有期望为 $p*n[l]$ 的维度为非空值。为了让 $z[l+l]$ 从数值上期望不变，会在 $a[l]$ 进行 Dropout 修正之后，再进行一个数值修正 $a[l]=a[l]/p$，这样 $z[l+l]$ 的数值就不会因为 Dropout 而“萎缩”了。这通常被称为反向失活 (Inverted Dropout)。

Dropout 只用在训练过程中，一旦参数被训练好后，在测试集计算中不使用 Dropout，也就是说要开启所有神经元。另外要注意的是，要记住 Dropout 是一种正则化方法，只有当模型确实出现过拟合时才使用，否则无须使用。

6.3　卷积神经网络

卷积神经网络 (CNN，Convolutional Neural Network) 是近年来机器学习领域取得巨大进展的主要推力之一，它在图像识别、自然语言处理等领域内都发挥了出色的效果，展现出了超越传统机器学习模型的巨大优势。

6.3.1　卷积神经网络的生物学基础

David Hubel 和 Torsten Wiesel 从 20 世纪 50 年代开始合作研究哺乳动物视觉的工作原理，并最终获得了诺贝尔奖。20 世纪 60 年代，Hubel 和 Wiesel 在研究猫大脑皮层中用于局部敏感和方向选择的神经元时发现，视觉系统的浅层视觉细胞对特定的光线模式非常敏感，尤其是指向各个方向的栅格。他们的研究对深度学习模型产生了深刻的影响，所以卷积神经网络的诞生具有一定生物学的基础。

在图像处理领域，通常使用 Gabor 滤波器进行图像边缘检测。图 6-12 是卷积神经网络卷积核所提取的图像特征的一部分，图 6-13 是 Gabor 滤波器的核函数图像，从图中可以看出两者的相似性。由此得知，卷积神经网络实际上自动提取了图像的边缘特征，这一点与动物的视觉系统工作原理相符。

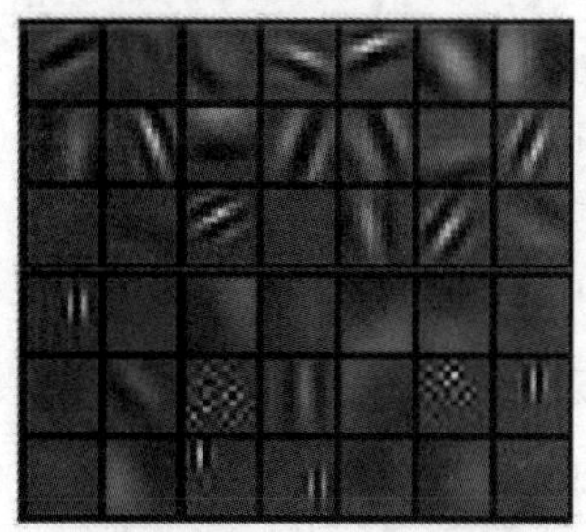

图 6-12　卷积神经网络卷积核特征图像

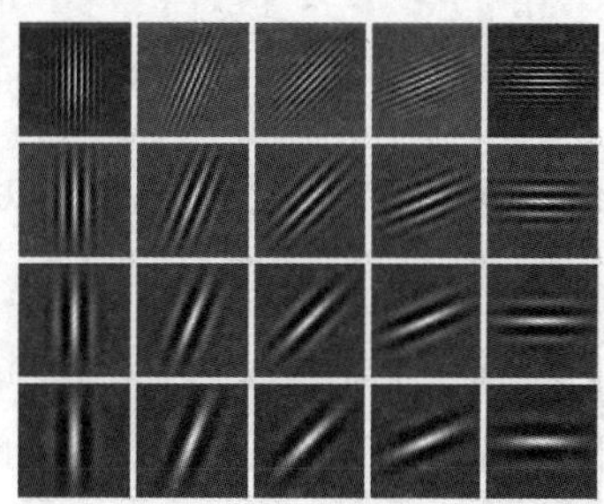

图 6-13　Gabor 滤波器图像

如今，CNN 已经成为众多科学领域的研究热点之一，特别是在模式分类领域，由于该网络避免了对图像的复杂前期预处理，可以直接输入原始图像，因而得到了更为广泛的应用。K.Fukushima 在 1980 年提出的新识别机是卷积神经网络的第一个实现网络。随后，更多的科研工作者对该网络进行了改进。

Yann LeCun 在 1989 年提出了 LeNet，用于识别手写数字。这是卷积神经网络走向成熟的才不志。

6.3.2 卷积神经网络结构

为了使深度神经网络能够有效工作，需要降低网络中参数的数量。为了做到这一点，卷积神经网络主要采用了三种方法：一是局部感知，二是参数共享，三是池化，下面分别对这三种方法进行讲解。

1. 局部感知

以图像处理为例，一般认为人对外界的认知是从局部到全局的，而图像的空间联系也是局部的像素联系较紧密，而距离较远的像素相关性则较弱。因而，每个神经单元其实没有必要对全局图像进行感知，只需要对局部进行感知，然后在更高层将局部的信息综合起来就得到了全局的信息，视觉皮层的神经元就是局部接收信息的（即这些神经元只响应某些特定区域的刺激）。图 6-14 展示了输入层到隐藏层的连接，图 6-14(a) 为全连接情况，图 6-14(b) 为局部连接情况。

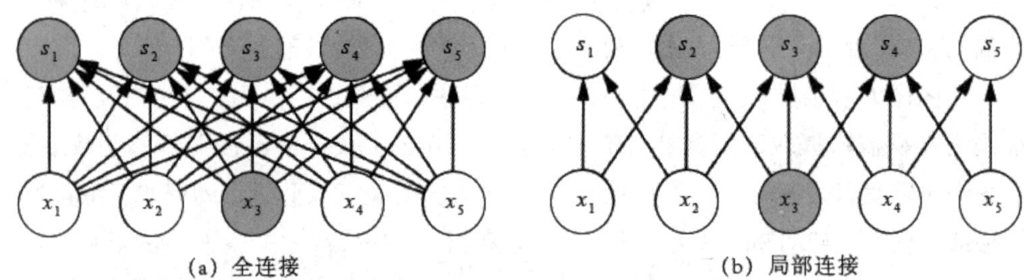

图 6-14 输入层到隐藏层的连接

在图 6-14(a) 的全连接情况下，对于某一个隐藏层单元（以 s_3 为例），有

$$s_3 = f\left(w_1x_1 + w_2x_2 + w_3x_3 + w_4x_4 + w_5x_5 + b\right) \tag{6-1}$$

其中，f 为一个非线性函数，如 Sigmoid 函数或 Tanh 函数等；$w_1 \sim w_5$ 和 b 为 s_3 为对应的系数和偏置，$x_1 \sim x_5$ 为上一层的输入值。在此，在模型中需要 6 个参数（$w_1, w_2, w_3, w_4, w_5, b$）对一个隐藏层单元进行计算。

而在图 6-14(b) 的局部连接情况下，对于某一个隐藏层单元（仍以 s_3 为例）有

$$s_3 = f\left(w_2x_2 + w_3x_3 + w_4x_4 + b\right) \tag{6-2}$$

可以看到，只需要 4 个参数（w_2, w_3, w_4, b）就能完成一个隐藏层单元的计算，参数得到了减少。更重要的是，在全连接情况下，每个隐藏层单元对应的参数数量随着输入单元的增加而增加；而在局部连接情况下，参数数量则是固定的。

对于图像处理任务，假设图像仍为 1000×1000 像素，在局部连接中，假如每个

隐藏层神经单元只和 10×10 个像素值相连，具有 100 个参数，那么，在生成与输入像素同样多的隐藏单元的情况下，权值数据为 $1000 \times 1000 \times 100$ 个参数，减少为原来的万分之一。通过局部感知，一方面使需要训练的参数大大减少，从而在一定程度上减少了计算量；另一方面，局部感知也使神经网络模型可以感知图像的局部特性。

2. 参数共享

此时参数仍然过多，还需进一步减少，因此引入参数共享。在上面的局部连接中，每个神经单元都对应 100 个参数，共有 1000×1000 个神经单元，如果这 1000×1000 个神经单元的 100 个参数是在各个位置上共享的，则参数数目就只需要 100 个。此时，两层神经单元之间的连接变化为一种卷积操作，如图 6-15 所示。这也是卷积神经网络名称的由来。

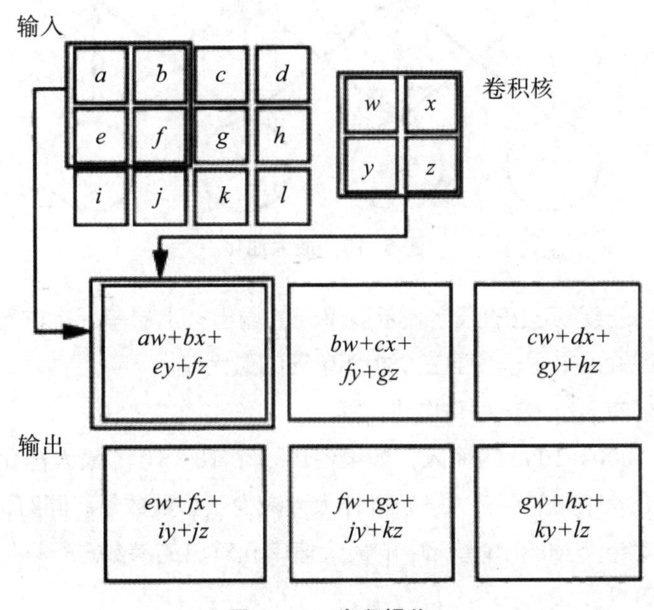

图 6-15 卷积操作

参数共享确实大大减少了神经网络中的参数，在上面的例子中减少为百万分之一，但是这样做是否具有意义？也就是说，经过参数共享的神经网络是否仍然有效？

对此，可以把这 100 个参数进行的卷积操作看成是提取特征的方式，该方式与位置无关。这其中隐含的原理是：图像的特征具有位置无关性。也就是说，当某一特征出现在图像中时，无论出现在哪一个具体位置都将被提取出来。这意味着在这一部分学习的特征也能用在另一部分上，所以对于这个图像上的所有位置，都能使用同样的学习特征。这样提取出的一组 100 个参数被称为一个卷积核 (Kernel)。通过增加卷积核的数量，可以提取出图像的多种特征。

通过参数的共享，卷积神经网络所需的参数大大减少，并同时可以提取图像中与位置无关的各种特征。

3. 池化

池化 (Pooling) 指的是通过某种池化方程对卷积层的输出进行处理，池化方程整合输出某一相邻区域的整体统计特征。例如最大池化 (Max Pooling) 会输出某一邻域内的最大值，如图 6-16 所示。

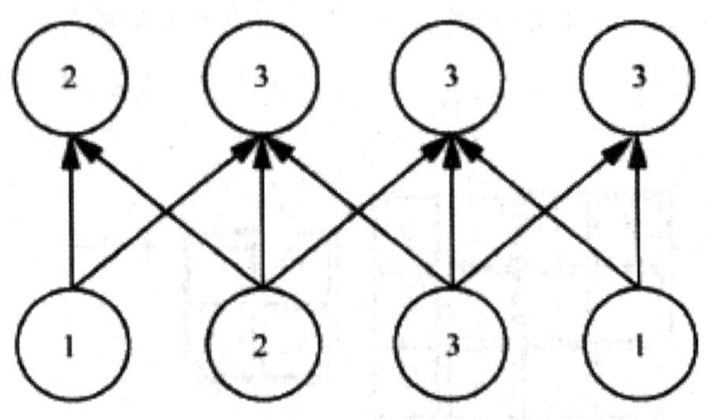

图 6–16　最大池化

图 6-16 中下层单元上的数字表示该单元的输出；上层单元上的数字表示该单元接收的输入，该输入来源于下层三个相邻单元的最大值。

同样地，还有最小池化和平均池化等。

对于一个 1000 × 1000 的输入，如果使用一个 10 × 10 的最大池化层，那么输出的单元数量将变为原来的百分之一，同样大大减少了参数数量。同时，在对网络进行训练时，只需对每个 10 × 10 单元中的最大值单元对应的参数进行训练，大大减少了训练所需的计算量。

池化层的意义在于，相对于图像特征出现的位置，我们更加关心图像特征是否出现。通过引入池化层，我们得到的模型具有抵抗图像轻微位移的能力。如果对图像进行微小的移动或旋转，此模型仍然能够正确地进行识别。

4. 各个结构的组合

以上是卷积神经网络的主要组成部分，根据不同任务的需求，通过灵活地组合各个特性，可以获得适应不同目标的优秀模型。

图 6-17 是用于手写数字识别的经典卷积神经网络 LeNet-5 的网络结构，LeNet-5

是由基本的全连接层，以及上述的卷积层与图像下采样（池化）层等灵活组合而成的。

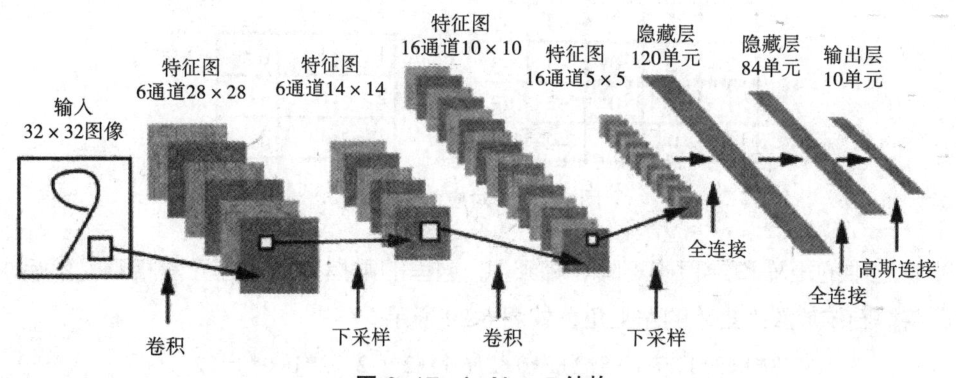

图 6-17　LeNet-5 结构

如图 6-17 所示，在前面的几层中，分别采用了不同大小的卷积核，对图像进行特征提取，在第 5 层形成了 120 维度的特征向量，再通过两个全连接层，形成了最终的输出。

6.3.3　卷积运算

卷积运算是卷积神经网络中的核心演算步骤。卷积运算是将一个矩阵和另一个“矩阵乘子”通过特定规则计算出一个新的矩阵的过程。这个“矩阵乘子”叫作卷积核 (Filter)。比如一个 5*5 的矩阵和一个 3*3 的卷积核进行卷积，可以得到一个 3*3 的矩阵，如图 6-18 所示[①]。

$$\begin{bmatrix} 3 & 3 & 0 & -1 & -2 \\ 5 & 2 & 2 & -1 & -2 \\ 2 & 2 & 0 & -1 & -3 \\ 1 & 3 & 0 & -2 & -3 \\ 2 & 0 & 1 & -2 & -4 \end{bmatrix} * \begin{bmatrix} 1 & 1 & 0 \\ 2 & 0 & -1 \\ -2 & 1 & 3 \end{bmatrix} = \begin{bmatrix} 6 & 1 & -3 \\ 8 & -7 & -5 \\ 1 & 5 & -12 \end{bmatrix}$$

图 6-18　卷积运算的例子一

卷积运算按照下述方式进行：首先，根据卷积核的规格，对应原矩阵左上角的矩阵。在这个例子中，是如图 6-19 所示的 3*3 的矩阵。

① 李伦．人工智能与大数据伦理 [M]. 北京：科学出版社，2018, 12.

3	3	0	−1	−2
5	2	2	−1	−2
2	2	0	−1	−3
1	3	0	−2	−3
2	0	1	−2	−4

1	1	0
2	0	−1
−2	1	3

图 6–19　对应的矩阵

将选中的矩阵和卷积核矩阵“相乘”。这里的乘指的是对应元素相乘，然后求和，将得到的数放入矩阵的左上角，如图 6-20 所示。

$$3*1+3*1+0*0+5*2+2*0+2*(-1)+2*(-2)+2*1+0*3=12$$

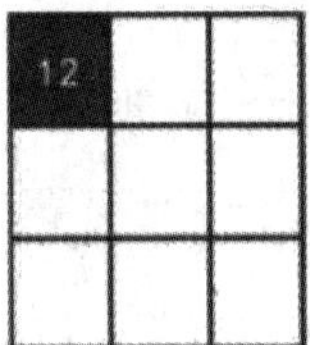

图 6–20　矩阵和卷积核矩阵“相乘”的结果

这样我们就得到了卷积矩阵中的一个元素。然后将原矩阵的选定区域平移，放到如图 6-21 所示的位置。

3	3	0	-1	-2
5	2	2	-1	-2
2	2	0	-1	-3
1	3	0	-2	-3
2	0	1	-2	-4

1	1	0
2	0	-1
-2	1	3

图 6–21　将选定区域平移

将当前选定的矩阵与卷积核矩阵对应元素相乘，得到 1，将其填入第 2 个格中，图 6-22 所示。

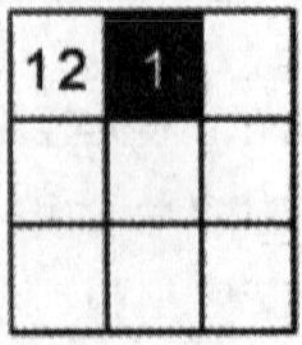

图 6–22　当前选定的矩阵与卷积核矩阵对应元素相乘

以此类推，第二行第一个方格通过原矩阵第 2 到 4 行、第 1 到 3 列围成的区域与卷积核相乘得到。第三行第三个方格由原矩阵右下角的方阵与卷积核相乘所得。最终即可得到结果。

6.3.4　卷积层

通过上面的介绍，我们知道了一个方阵可以和一个卷积核（同样为一个方阵）进行卷积运算，得到一个新的方阵。假设输入矩阵为 $h*w$(h 为长度，w 为宽度，通常 h 与 W 相等)，卷积核为 $f*f$，那么得到的输出矩阵的长度和宽度为 $h-f+1$ 和 $w-f+1$。通常 f 的值不大，一定小于 h 和 w,3*3、5*5、7*7 的卷积核比较常见。

这只是卷积运算最“标准”的情况。要了解卷积神经网络中卷积运算的实际操作，我们还需要了解 Padding 和 Strike 的概念。事实上，我们可以通过 Padding 和 Strike 得到尺寸和上述计算不一样的矩阵。Padding 和 Strike 也是卷积运算中极为重要的概念，可以通过调节它们改变我们想要的输出矩阵的格式。

（1）Padding

Padding 指的是对输入矩阵的尺寸进行“扩展”，在矩阵外围增加一个“套环”（通常由 0 来填充）。比如，一个 3*3 的矩阵通过 Padding 得到了一个 5*5 的矩阵。Padding 的参数 p 是在进行一次卷积运算中可以控制的参数。通过设置参数 P，我们可以控制输出层想要得到的矩阵的尺寸。

2. 从二维到三维

我们知道，卷积神经网络在计算机视觉领域被广泛应用。在图像处理中，我们的输入数据不止停留在二维。二维像素点矩阵只能描述黑白图片，绝大多数图片为彩色，是由 3 个频道（通常为 R、G、B 三原色）的像素点方阵组成的，所以具有 3 个维度。

假设我们有一个 32*32*3 格式的图片，将这个图片与一个 5*5 的卷积核进行卷积，将可以得到一个 28*28 的矩阵。这里输入数据中的第三个维度，也就是频道数，在卷积过程中求和，所以输出数据的第三个维度为 1，而不是 3。

卷积层是卷积神经网络的重要组成部分。卷积层顾名思义是对（上一层的）输入数据进行卷积运算，将得到的结果传递给下一层。那么卷积层有什么作用呢？卷积运算的目的是提取输入的不同特征，第一层卷积层可能只能提取一些低级的特征，如边缘、线条和角等层级，更多层的网络能从低级特征中迭代提取更复杂的特征。卷积神经网络由多个上述这样结构的卷积层组成。除了卷积层之外，还包括池化 (Pooling) 层和全连接 (Full Connection) 层。

池化层实际上是一种形式的向下采样。有多种不同形式的非线性池化函数，而其中最大池化 (Max Pooling) 和平均采样是最为常见的。Pooling 层相当于把一张分辨率较高的图片转化为分辨率较低的图片。Pooling 层可进一步缩小最后全连接层中节点的个数，从而达到减少整个神经网络中参数的目的。全连接层使用与普通神经网络一样的连接方式，一般都在最后几层。

6.4 循环神经网络

6.4.1 循环神经网络简介

卷积神经网络对于处理图像等问题取得了突破性进展，然而对于处理自然语言、语音等时间序列数据时，需要一个更合适的工具。例如，当预测句子的下一个单词时，一般需要用到前面的单词，因为一个句子中前后单词并不是独立的，而传统的神经网络很难把握这样的时间序列信息。循环神经网络 (RNN,Recurrent Neural Network) 之所以被称为循环的，是因为一个序列当前的输出与前面的输出也有关。具体的表现形式为网络会对前面的信息进行记忆并应用于当前输出的计算中，即隐藏层之间的节点不再是无连接的而是有连接的，并且隐藏层的输入不仅包括输入层的输出还包括上一时刻隐藏层的输出。理论上，能够对任何长度的序列数据进行处理。但在实践中，为了降低复杂性，往往假设当前的状态只与前面的几个状态相关。

由于循环神经网络的这个特点，它被广泛运用于文本、语音等时间序列的处理。

6.4.2 循环神经网络结构

图 6-23 是一个典型的 RNN 结构。

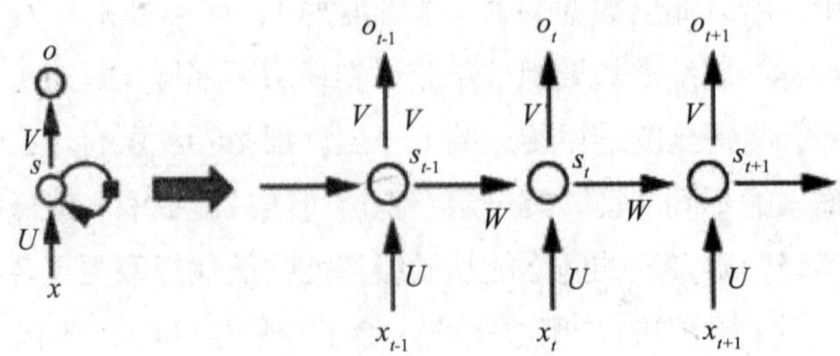

图 6-23　RNN 结构展开

图 6-23 左侧是一个 RNN 单元，右侧则是此单元按时间序列展开后的情况。

以文本处理为例，对于文本处理的相关任务，通常的做法是通过特定方法（如 TF-IDF、LSA、word2Vec 等）把每个单词转化为一个词向量，然后对各个向量组成的句子进行处理。在右侧的展开图中，o 为输出向量，x 为输入词向量，s 为隐藏层的状态向量，它们的下标为时间。V 为隐藏层到输出之间的连接矩阵，W 为不同时刻之间隐藏状态之间的连接矩阵，U 为输入特征与隐藏状态之间的连接矩阵。

可以观察到，图 6-23 中 RNN 单元的隐藏状态只与上一时刻的状态相关，与更早时间序列的状态之间没有直接连接。事实上，也可以将 RNN 单元与更早的时间单元之间建立连接，但更常见的情况下，如本例中的模型，是为了减少反向传播时的计算量而进行了简化，即每个时刻的隐藏状态只与上一时刻隐藏状态相关。与传统的神经网络不同，某一时刻的隐藏状态，既取决于此时刻的输入，又取决于上一时刻的隐藏状态，即

$$\boldsymbol{s}_t = \boldsymbol{W}\boldsymbol{h}_{t-1} + \boldsymbol{U}\boldsymbol{x}_t + b \tag{6-3}$$

$$\boldsymbol{o}_t = \boldsymbol{V}\boldsymbol{h}_t + \boldsymbol{c} \tag{6-4}$$

其中，b、c 为常数，h 为隐藏状态经过非线性函数的输出：

$$\boldsymbol{h}_t = f\left(s_t\right) \tag{6-5}$$

f 为非线性函数，如 Sigmoid、Tanh 或 ReLu 等。

值得注意的是，各个时刻隐藏状态之间的连接矩阵均为同一个矩阵 W 以及同一个偏置系数 b，同样地，各个时刻的输入特征与隐藏层之间的连接矩阵也是同一个矩阵 U。之所以在循环神经网络中进行这样的设置，主要是由于以下两个原因。

（1）对于不同的句子长度，如果各个时刻的参数都是独特的，那么针对不同长度的句子，需要不同的模型。同时，也需要对所有长度的句子进行建模，否则在对模型进行测试的时候，可能会遇到之前未建模的句子长度。

（2）有时候，一个句子中的某个成分可以出现在不同的位置，如“I went to Beijing in 2008”与“In 2008，I went to Beijing”两句话表达了相同的意思，但是单词的位置发生了变化。当各个时间位置的参数相同时，虽然单词的位置改变了，但相应位置的参数仍然不变，模型便可以把握这种语义的不变性。

循环神经网络的独特结构巧妙地解决了以上的问题。事实上，循环神经网络的结构具有相当强的灵活性，通过对以上的基础结构进行修改，可以演化出各种各样的相关模型，例如，只对最后一个时刻进行输出，而不是每一时刻都输出一个向量；或者增加隐藏状态的反向连接，从而形成双向循环神经网络；或者对输入输出的各个向量

添加控制门，从而形成更复杂的单元（如 GRU 以及后面将介绍的 LSTM）等。循环神经网络的灵活性，使它能够应对各种任务需求。

复习思考题：

1. 深度学习的基本认知是什么？
2. 深度学习的应用是什么？
3. 神经网络的优化策略与正则化方法是什么？
4. 概述卷积神经网络结构及运算方法。
5. 循环神经网络的基本认知是什么？

第 7 章　关于人工智能的高级应用

7.1　图像识别

图像识别技术是信息时代的一门重要的技术，其产生目的是为了让计算机代替人类去处理大量的物理信息。随着计算机技术的发展，人类对图像识别技术的认识越来越深刻。图像识别技术的过程分为信息的获取、预处理、特征抽取和选择、分类器设计和分类决策。简单分析了图像识别技术的引入、其技术原理以及模式识别等，之后介绍了神经网络的图像识别技术和非线性降维的图像识别技术及图像识别技术的应用。从中可以总结出图像处理技术的应用广泛，人类的生活将无法离开图像识别技术，研究图像识别技术具有重大意义。

7.1.1　图像识别技术

图像识别是人工智能的一个重要领域。图像识别的发展经历了三个阶段：文字识别、数字图像处理与识别、物体识别。图像识别，顾名思义，就是对图像做出各种处理、分析，最终识别我们所要研究的目标。今天所指的图像识别并不仅仅是用人类的肉眼，而是借助计算机技术进行识别。虽然人类的识别能力很强大，但是对于高速发展的社会，人类自身识别能力已经满足不了我们的需求，于是就产生了基于计算机的图像识别技术。这就像人类研究生物细胞，完全靠肉眼观察细胞是不现实的，这样自然就产生了显微镜等用于精确观测的仪器。通常一个领域有固有技术无法解决的需求时，就会产生相应的新技术。图像识别技术也是如此，此技术的产生就是为了让计算机代替人类去处理大量的物理信息，解决人类无法识别或者识别率特别低的信息

1. 图像识别技术原理

其实，图像识别技术背后的原理并不是很难，只是其要处理的信息比较烦琐。计

算机的任何处理技术都不是凭空产生的，它都是学者们从生活实践中得到启发而利用程序将其模拟实现的。人工智能的图像识别技术和人类的图像识别在原理上并没有本质的区别，只是机器缺少人类在感觉与视觉差上的影响罢了。人类的图像识别也不单单是凭借整个图像存储在脑海中的记忆来识别的，我们识别图像都是依靠图像所具有的本身特征而先将这些图像分了类，然后通过各个类别所具有的特征将图像识别出来的，只是很多时候我们没有意识到这一点。当看到一张图片时，我们的大脑会迅速感应到是否见过此图片或与其相似的图片。其实在“看到”与“感应到”的中间经历了一个迅速识别过程，这个识别的过程和搜索有些类似。在这个过程中，我们的大脑会根据存储记忆中已经分好的类别进行识别，查看是否有与该图像具有相同或类似特征的存储记忆，从而识别出是否见过该图像。机器的图像识别技术也是如此，通过分类并提取重要特征而排除多余的信息来识别图像。机器所提取出的这些特征有时会非常明显，有时又是很普通，这在很大的程度上影响了机器识别的速率。总之，在计算机的视觉识别中，图像的内容通常是用图像特征进行描述。

2. 模式识别

模式识别是人工智能和信息科学的重要组成部分。模式识别是指对表示事物或现象的不同形式的信息做分析和处理从而得到一个对事物或现象做出描述、辨认和分类等的过程。

人工智能的图像识别技术就是模拟人类的图像识别过程。在图像识别的过程中进行模式识别是必不可少的。模式识别原本是人类的一项基本智能。但随着计算机的发展和人工智能的兴起，人类本身的模式识别已经满足不了生活的需要，于是人类就希望用计算机来代替或扩展人类的部分脑力劳动。这样计算机的模式识别就产生了。简单地说，模式识别就是对数据进行分类，它是一门与数学紧密结合的科学，其中所用的思想大部分是概率与统计。模式识别主要分为三种：统计模式识别、句法模式识别、模糊模式识别。

7.1.2 图像识别技术的过程

既然计算机的图像识别技术与人类的图像识别原理相同，那它们的过程也是大同小异的。图像识别技术的过程分以下几步：信息的获取、预处理、特征抽取和选择、分类器设计和分类决策。

信息的获取是指通过传感器，将光或声音等信息转化为电信息。也就是获取研究对象的基本信息并通过某种方法将其转变为机器能够认识的信息。

预处理主要是指图像处理中的去噪、平滑、变换等的操作，从而加强图像的重要特征。

特征抽取和选择是指在模式识别中，需要进行特征的抽取和选择。简单的理解就是我们所研究的图像是各式各样的，如果要利用某种方法将它们区分开，就要通过这些图像所具有的本身特征来识别，而获取这些特征的过程就是特征抽取。在特征抽取中所得到的特征也许对此次识别并不都是有用的，这个时候就要提取有用的特征，这就是特征的选择。特征抽取和选择在图像识别过程中是非常关键的技术之一，所以对这一步的理解是图像识别的重点。

分类器设计是指通过训练而得到一种识别规则，通过此识别规则可以得到一种特征分类，使图像识别技术能够得到高识别率。分类决策是指在特征空间中对被识别对象进行分类，从而更好地识别所研究的对象具体属于哪一类。

7.1.3　图像识别技术的分析

随着计算机技术的迅速发展和科技的不断进步，图像识别技术已经在众多领域中得到了应用。2015 年 2 月 15 日新浪科技发布一条新闻："微软最近公布了一篇关于图像识别的研究论文，在一项图像识别的基准测试中，电脑系统识别能力已经超越了人类。人类在归类数据库 ImageNet 中的图像识别错误率为 5.1%，而微软研究小组的这个深度学习系统可以达到 4.94% 的错误率。"从这则新闻中我们可以看出图像识别技术在图像识别方面已经有要超越人类的图像识别能力的趋势。这也说明未来图像识别技术有更大的研究意义与潜力。而且，人工智能在很多方面确实具有人类所无法超越的优势，也正是因为这样，图像识别技术才能为人类社会带来更多的应用。

1. 神经网络的图像识别技术

神经网络图像识别技术是一种比较新型的图像识别技术，是在传统的图像识别方法和基础上融合神经网络算法的一种图像识别方法。这里的神经网络是指人工神经网络，也就是说这种神经网络并不是动物本身所具有的真正的神经网络，而是人类模仿动物神经网络后人工生成的。在神经网络图像识别技术中，遗传算法与 BP 网络相融合的神经网络图像识别模型是非常经典的，在很多领域都有它的应用。在图像识别系统中利用神经网络系统，一般会先提取图像的特征，再利用图像所具有的特征映射到神经网络进行图像识别分类。以汽车拍照自动识别技术为例，当汽车通过的时候，汽车自身具有的检测设备会有所感应。此时检测设备就会启用图像采集装置来获取汽车正反面的图像。获取了图像后必须将图像上传到计算机进行保存以便识别。最后车牌定位模块就会提取车牌信息，对车牌上的字符进行识别并显示最终的结果。在对车牌上的字符进行识别的过程中就用到了基于模板匹配算法和基于人工神经网络算法。

2. 非线性降维的图像识别技术

计算机的图像识别技术是一个异常高维的识别技术。不管图像本身的分辨率如何，其产生的数据经常是多维性的，这给计算机的识别带来了非常大的困难。想让计算机具有高效地识别能力，最直接有效的方法就是降维。降维分为线性降维和非线性降维。例如主成分分析 (PCA) 和线性奇异分析 (LDA) 等就是常见的线性降维方法，它们的特点是简单、易于理解。但是通过线性降维处理的是整体的数据集合，所求的是整个数据集合的最优低维投影。经过验证，这种线性的降维策略计算复杂度高而且占用相对较多的时间和空间，因此就产生了基于非线性降维的图像识别技术，它是一种极其有效的非线性特征提取方法。此技术可以发现图像的非线性结构而且可以在不破坏其本征结构的基础上对其进行降维，使计算机的图像识别在尽量低的维度上进行，这样就提高了识别速率。例如人脸图像识别系统所需的维数通常很高，其复杂度之高对计算机来说无疑是巨大的“灾难”。由于在高维度空间中人脸图像的不均匀分布，使得人类可以通过非线性降维技术来得到分布紧凑的人脸图像，从而提高人脸识别技术的高效性。

7.1.4 图像识别技术的应用及前景

人工智能的图像识别技术在公共安全、生物、工业、农业、交通、医疗等很多领域都有应用，例如交通方面的车牌识别系统；公共安全方面的人脸识别技术、指纹识别技术；农业方面的种子识别技术、食品品质检测技术；医学方面的心电图识别技术等。随着计算机技术的不断发展，图像识别技术也在不断地优化，其算法也在不断地改进。图像是人类获取和交换信息的主要来源，因此与图像相关的图像识别技术必定也是未来的研究重点。以后计算机的图像识别技术很有可能在更多的领域崭露头角，它的应用前景也是不可限量的，人类的生活也将更加离不开图像识别技术。

图像识别技术虽然是刚兴起的技术，但其应用已是相当广泛。并且，图像识别技术也在不断地成长，随着科技的不断进步，人类对图像识别技术的认识也会更加深刻。未来图像识别技术将会更加强大，更加智能地出现在我们的生活中，为人类社会的更多领域带来重大的应用。在 21 世纪这个信息化的时代，我们无法想象离开了图像识别技术以后我们的生活会变成什么样。图像识别技术是人类现在以及未来生活必不可少的一项技术。

（1）图像识别技术的应用

本节首先介绍图文信息是如何被存储和表示的。在图 7-1 和图 7-2 中展示了离线图片的表示方式，直接将纸质文档进行扫描或拍照后存储，从示例图中可以看到每个像素点灰度值的变化综合在一起展示了字符的整体轮廓和信息；而对手写字符书写过程的记录则会形成在线轨迹的记录，这里通过对使用者在触摸屏设备上进行带有时间先后次序的手写操作的笔迹轨迹信息采样记录，主要包括坐标变化序列的点轨迹，将其进行插值连线后就可以形成笔迹轨迹信息，通常在线轨迹可以通过一定规则转换为离线图片，因而在线字符和离线字符的两个不同识别分析任务最终是可以使用相同的算法来处理的，在线字符识别的应用场景下，笔迹轨迹点出现的先后时序信息可以用来辅助对文档进行分行、区域分割等算法进行辅助判断。

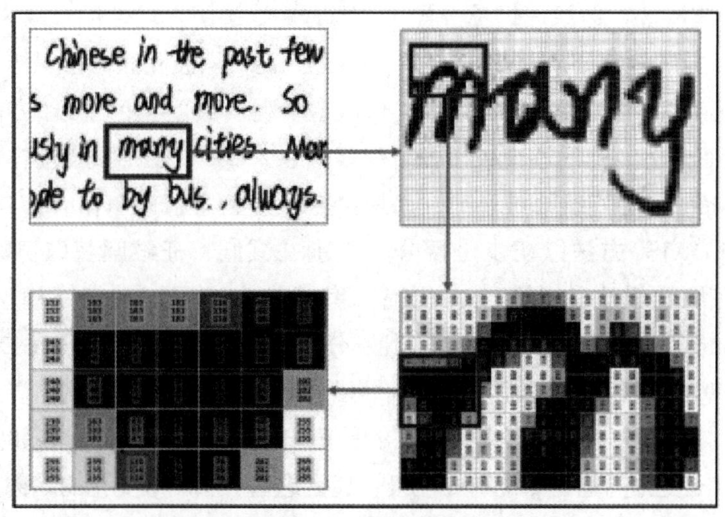

图 7-1　文档图像中离线字符的表示方式

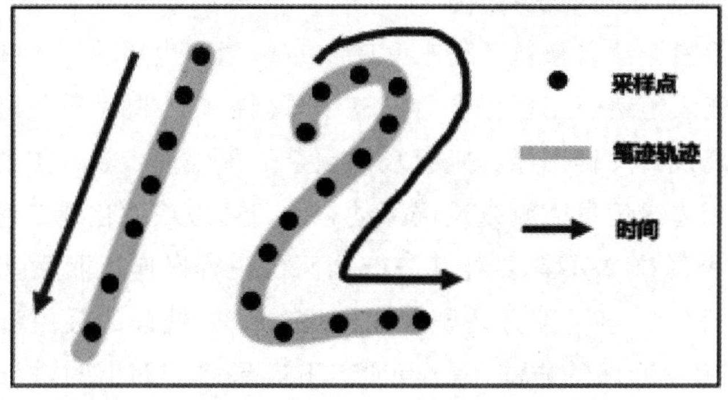

图 7-2　手机等移动设备上在线手写的表示方式

（1）手写文档字符识别分析任务的重要关键技术

①传统的专家经验设计特征实现汉字的识别方案

从 20 世纪 90 年代起，对用户在线手写识别输入就建立了一些基于专家经验所总结的特征提取方法；在孤立的汉字字符识别任务中，8 方向特征是被最广泛应用的。这个算法的首先对手写输入笔迹序列进行前端归一化处理，通常在孤立汉字字符情况下会将不同大小的汉字样本归一化到 64 × 64 像素点尺寸的范围，以消除不同采集设备所带来的笔迹点采用精度偏差，通常包括线性化归一处理、矩规整等方案以初步消除相同字符的同类样本间的形态差别；而后进行字符的 8 方向特征提取，对在线笔书写记录的笔迹点的处理上是遵循书写顺序，将每一笔迹向 8 个预设的方向进行矢量投影，形成 8 个方向的有效笔迹图 (如果是离线图片的话，8 个方向会退化为 4 方向特征，但原理仍然一样)，同时在笔迹图上均匀地选取 8 × 8 个中心点，每个中心点对应一个相应的 Gabor 滤波器，滤波器波长通常也保持在两个临近采样点间距范围，进行卷积滤波运算、形成这个观察中心点上的 8 个方向的笔迹分布的方向特征序列，而后逐个拼接各个观察中心计算后的值形成当前样本的 8 方向特征的数学描述；在特征降维环节，通常会使用线性判别降维 (Linear Discriminant Analysis，LDA) 等方法以初步进行分类判别并减低特征维度获取更具有区分性的特征；在统计模型的使用上，传统方案通常会使用混合高斯模型 (Gaussian mixture model,GMM) 以及改进的二次判别分类器 (Modified Quadratic Discriminant Function,MQDF)。另外，为了更为精确地描述在线书写汉字的结构信息，还设计了笔段特征，如图 7-3 所示，该特征动态的计算出书写某个汉字时，相邻的笔段转向发生 60° 以上变化的笔迹点位置并记录，通常这些“急剧”变化的笔迹点被连接在一起后，就能够描述出这个汉字的整体轮廓“骨架”这个特征使用在在线手写识别任务中会对整体效果有一定的提升。

对于在线手写连续以整行多行书写的文字，通常也是使用一些先验的规则和信息，例如，连续笔迹点出现较多漂移的信息被视作不同字符间隔或换行书写的标志等。对于离线的文档图像，则有较为复杂的预处理步骤，主要进行图像对比度增强、梯度和边缘信息监测以及局部动态的自适应灰度化或二值化处理，特别的对于拍照的图像样本还需要对其进行几何校正等操作；而后就是进行文档图像的版面分析理解，这一部分是整个文档图像分析处理的最关键步骤，除了传统的基于区域和连通域的方法可以自顶向下或是自下而上的进行图像内各个区域的连通域分析，最大化的稳定极值区域寻找方法 (Maximally Stable External

Regions,MSER) 被广泛采用，该方法可以有效地进行文字和非文字区域的检测分类。

图 7–3　专家经验设计的 8 方向特征（左）和笔段特征（右）示例

②基于神经网络的深度学习的算法在字符识别任务中的应用

目前常见的离线文档图像识别处理流程图如图 7-4 所示，下面围绕这个系统进行技术说明介绍。在基于神经网络模型的深度学习算法出现以前，特征工程一般是靠类似于上节中提到的专家经验知识完成。由于“人工专家”在只能看到有限量的样本，这就会造成其设计出来的特征往往不够全面，同时也囿于计算能力的限制等，很多人工设计的特征本身也是做了很强的假设和限定近似。而深度学习类的方法通常是在大样本上由数据驱动的方式去获得具有区分性强的特征，这类特征也会嵌入到神经网络的模型参数中去，并具有高鲁棒性等特点，神经内网络模型的参数量也远大于原有的混合高斯模型等；因而深度学习的方法，从算法源头就弥补了传统特征工程的各项不足，这也是深度学习分类系统性能优于传统分类系统的原因。

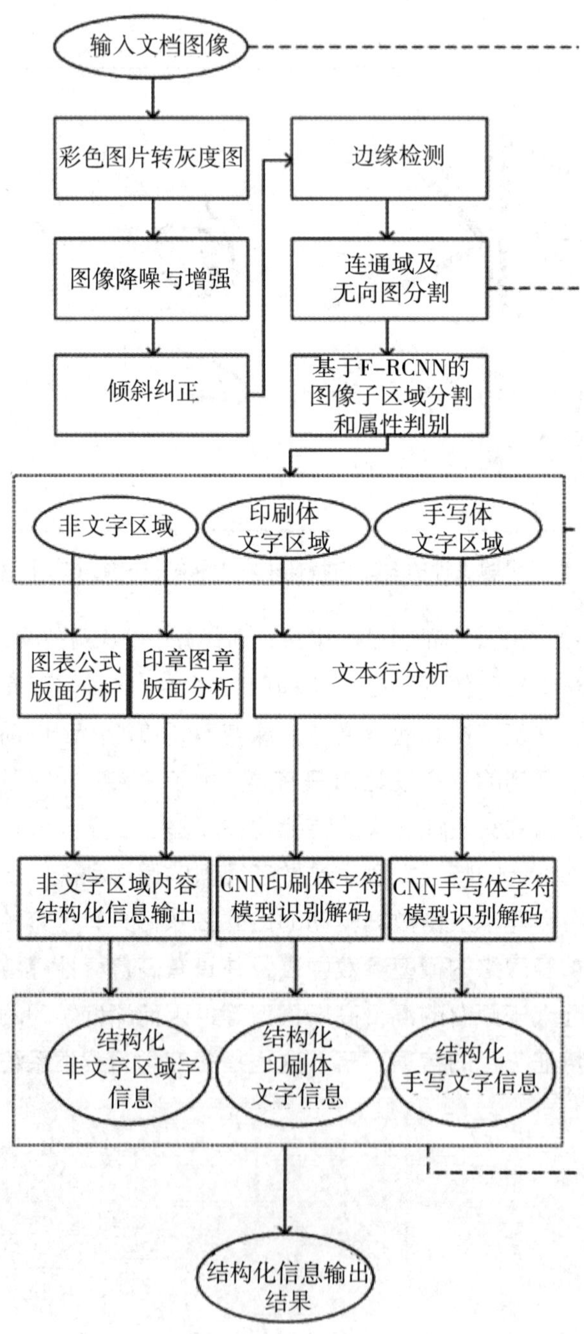

图 7–4　离线文档图像识别处理流程图

在图像处理邻域，卷积神经网络 (Convolutional Neural Network，CNN) 常被用于做识别任务，因为相较于线性顺序表示的前馈神经网络 (Deep Neural Network，DNN)，卷积神经网络更能保持图像的二维拓扑结构，因为其是受视觉神经系统研究的启发，并经过不断的演化和改进，形成了由卷积层和池化层配合使用的多个卷积计算组，进行逐层特征提取。卷积层完成的操作，可以认为是受局部感受野概念的启发，其通过全局权重共享可以有效地减少网络的参数规模，同时配合池化层可以获得更加鲁棒性的特征。因而其也成为孤立字符识别所主要使用算法，采用具有更高识别精度的 CNN 模型可以替换掉传统方法中一系列人工设计的弱特征，弥补原有方法的各种缺陷，从而使得孤立字符识别的准确率获得相对 30% ～ 50% 的效果提升。一个经典的识别手写字符的卷积神经网络的结构 (LeNet 网络) 如图 7-5 所示。

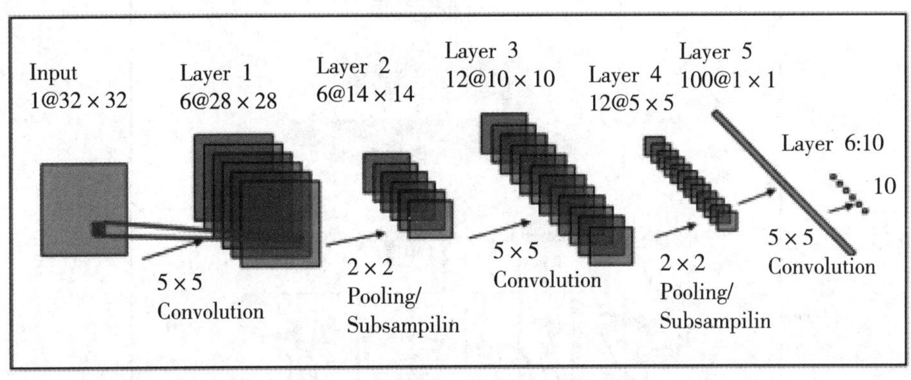

图 7–5　用于识别孤立字符的卷积神经网络结构示意图

在使用 CNN 有效提升和改进了对于孤立字符局部分类识别的正确率后，难度更大的文本行识别则优先被提出使用隐马尔科夫模型的方式解决多帧序列信息的解码问题，通过切分算法将文本行切分成一个个单字，然后进行单字识别，最后和语言模型进行融合得到文本行的识别结果。这个思路就是经典的基于切分的文本行识别算法，但这个算法有一个问题是对于手写文本，切分算法无法精确的字符间分割边界，导致过切分或者欠切分，使得最后的识别性能不佳，另外从工程化的实现角度出发，这里采用 CNN 前向网络输出的最后的全连接层作为 BottleNeck 特征的方式，再将其作为 GMM 的建模输入，替换 8 方向特征，这样也能取得较好的效果。这里需要注意到的是，鉴于切分算法会引入无可挽回的错误，我们还可以进行基于 CNN-HMM 模型，如图 7-6 所示的无切分文本行识别算法。首先，我们将文本行的高度归一化到同一尺度，然后以相同像素间隔滑窗取帧，对于每一帧小图像，提取 CNN 的前向的输出特征，这些特征可以看成是 HMM 模型的观测向量，这样通过 Baum-Welch 算法再 HMM 模型进行参数优化。模型完成学习后，联合基于 WFST 的解码器就可以对文本行图片进行识别。

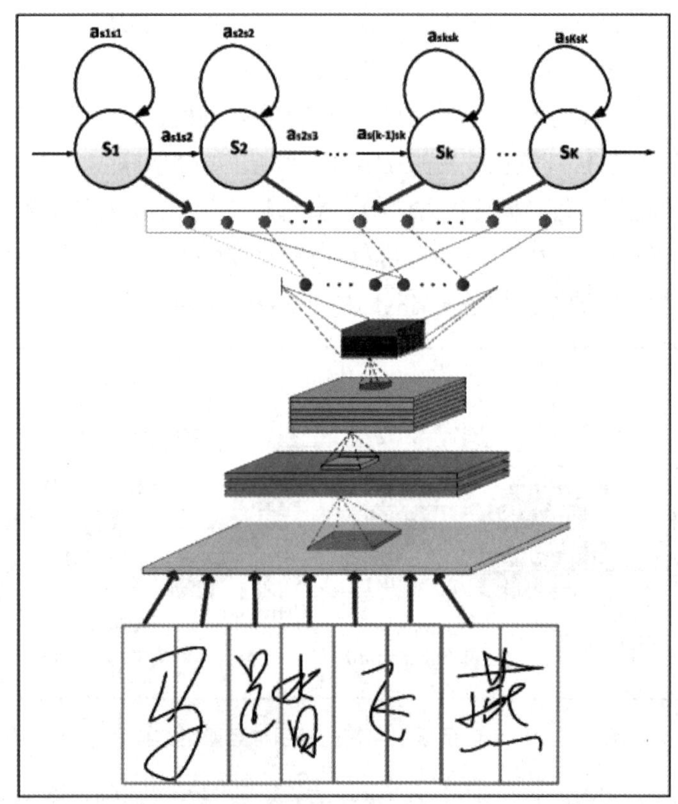

图 7–6　用于整行文本识别的 CNN–HMM 模型

使用 CNN-HMM 对连续文本进行建模虽然已经取得不错的效果，但是这个方法也存在一些缺陷和问题，主要表现在：训练流程较为复杂，其主要步骤包括滑窗分帧，使用 Baum-Welch 算法先训练 CNN-HMM 模型进行训练数据的强制边界切分 (Force Alignment，FA) 标注操作[①]，得到每帧的标签而后在其基础上再训练和优化参数得到 DNN/CNN 模型。

③结果和分析

a. 测试数据集

采用了孤立汉字在线手写识别测试和连续手写离线测试两个集合对本文前述的

① 周新华. 人工智能中图像识别技术的应用分析 [J]. 电脑知识与技术,2019,15(12): 172-173.

多组算法进行测试对比：测试集合 1：孤立汉字的在线手写识别集合，该集合 100 个不同书写者完成，字符覆盖 GB2312—级汉字 3755 个字符，每人书写 1 个汉字样本；测试集合 2：离线连续手写汉字识别集合，该集合也由 100 位不同书写者完成，存储方式为图片存储，共包括每位书写者的 5000 行手写文本，字符覆盖 GB2312—级汉字 3755 个字符，累计约 50 万个字符。

b. 孤立手写汉字识别结果对比

在测试集合 1 上我们主要对比基于 8 方向特征的混合高斯模型以及在其基础上增加了笔段特征后的效果提升，另外我们也设计了一个 CNN 模型（模型结构为：48x48x1-100C3-MP2-100CCCP-200C2-MP2-200CCCP-300C2-MP2-300CCCP-400C2-MP2-400CCCP-500N-3755N)，其识别结果对比如表 7-1 所示。

表 7-1　孤立手写汉字识别结果对比表

在线手写识别对比	8 方向特征 (GMM)	8 方向特征 + 笔段特征 (GMM)	CNN
字符识别率	94.25%	94.59%	97.29%
离线手写识别对比	4 方向特征 (GMM)	–	CNN
字符识别率	93.4%	–	97.10%

从上表可以看到，CNN 等模型的识别效果显著优于传统的方向特征以及 GMM 模型建模的方案。

c. 离线手写汉字文本行识别结果对比

在测试集合 2 上，我们主要对比传统的基于规则的切分方案与 GMM 模型配合使用的算法，以及使用 CNN-HMM 的滑动窗口输入的方案，另外还对比了 CTC 以及注意力机制的编解码神经网络的识别效果，具体的如表 7-2 所示。

表 7-2　离线手写汉字文本行识别结果对比表

离线文本行手写识别	规则切分 –GMM	CNN–HMM	CTC	Encode–Decode
字符识别率	81.57%	94.90%	96.59%	97.30%

从表 7-2 可以看到，随着模型算法复杂度的增加，连续手写的离线数据测试结果也逐步获得显著提升，甚至于已经能够达到和人工相当的水平。

（2）图像识别技术的前景

人工智能的图像识别技术在公共安全、生物、工业、农业、交通、医疗等很多领域都有应用。例如交通方面的车牌识别系统；公共安全方面的人脸识别技术、指纹识别技术；农业方面的种子识别技术、食品品质检测技术；医学方面的心电图识别技术等。随着计算机技术的不断发展，图像识别技术也在不断地优化，其算法也在不断地改进。图像是人类获取和交换信息的主要来源，因此与图像相关的图像识别技术必定也是未来的研究重点。以后计算机的图像识别技术很有可能在更多的领域崭露头角，它的应用前景也是不可限量的，人类的生活也将更加离不开图像识别技术。

图像识别技术虽然是刚兴起的技术，但其应用已是相当广泛。并且，图像识别技术也在不断地成长，随着科技的不断进步，人类对图像识别技术的认识也会更加深刻。未来图像识别技术将会更加强大，更加智能地出现在我们的生活中，为人类社会的更多领域带来重大的应用。在 21 世纪这个信息化的时代，我们无法想象离开了图像识别技术以后我们的生活会变成什么样。图像识别技术是人类现在以及未来生活必不可少的一项技术。

7.2　自然语言处理

7.2.1　概述

由于来自互联网产业和传统产业信息化的各种应用需求的推动，更多的研究人员和更多的经费支持进入了自然语言处理领域，有力地促进了自然语言处理技术和应用的发展。语言数据的不断增长、可用的语言资源的持续增加、语言资源加工能力的稳步提高，为研究人员提供了发展更多语言处理技术、开发更多应用、进行更丰富评测的平台。近年来深度学习技术的飞速发展，刺激了对新的自然语言处理技术的探索。同时，来自其他相近学科背景、来自工业界的人员的不断加入，也为自然语言处理技术的发展带来了一些新思路。计算和存储设备的飞速发展，提供了越来越强大的计算和存储能力，使得研究人员有可能构建更为复杂精巧的计算模型，处理更为大规模的真实语言数据。

自然语言处理研究内容不仅包括词法分析、句法分析，还涵盖了语音识别、机器翻译、自动问答、文本摘要等应用和社交网络中的数据挖掘、知识理解等。自然语言处理的终极问题是分析出“处理”一门自然语言的过程。近年来，随着自然语言处理技术的迅速发展，出现了一批基于自然语言处理技术的应用系统。例如，IBM 的 Watson 在电视智力问答节目中战胜人类冠军，苹果公司的 Siri 个人助理被大众广为测试，谷歌、微软、百度等公司纷纷发布个人智能助理，科大讯飞牵头研发高考机器人等，自然语言处理渗透到了互联网生活的各方面。

1. 汉语信息处理技术方面的进展

汉语语言文字信息处理包括汉字信息处理和汉语信息处理，是自然语言处理的一个重要组成部分。汉字信息处理主要指以汉字为处理对象的相关技术，包括汉字字符集的确定、编码、字形描述与生成、存储、输入、输出、编辑、排版以及字频统计和汉字属性库构造等等。在汉字信息处理中，有两个问题最引人注目，是汉字的输入问题，二是汉字的排版、印刷问题。速记专家唐亚伟先生发明的亚伟中文速录机，实现了由手写速记跨越到机械速记的历史性突破，2005 年 92 岁高龄的唐亚伟获得我国中文信息处理领域的最高科学技术奖一 - 钱伟长中文信息处理科学技术奖一等奖。以北京大学王选院士为代表的从事汉字照排和印刷技术研究的老一代专家，在解决巨量汉字字形信息存储和输出等问题中做出了卓越贡献。1981 年，第一台汉字激光照排系统“原理性样机”通过鉴定，1985 年，激光照排系统在新华社正式运行。

汉语切分是汉语信息处理的基础，大多数其他汉语信息处理技术和应用都会在汉语切分的基础上进行，因此汉语切分是汉语语言信息处理技术中开展得最早的研究主题之一。不同于英语，汉语是以字串的形式出现，词与词之间没有空格，自动识别字串中的词即为汉语切分。不仅仅是在国内、在国际上也有很多学者加入这个主题的研究中。国际上最有影响的计算语言学联合会 ACL(Association of Computational Linguistics) 下设的特殊兴趣小组 SIGHAN(Special Interest Group of HAN) 从 2003 年开始组织汉语切分技术的国际评测，一直持续到现在。

以冯志伟教授等为代表的计算语言学学者早期在机器翻译研究方面做了大量的工作，并总结出不少宝贵的经验和方法，为后来的计算语言学研究奠定了基础。清华大学的黄昌宁教授领导的计算语言学研究实验室，主要从事基于语料库的汉语理解。近年来，在自动分词、自动建造知识库、自动生成句法规则、自动统计字、词、短语的使用及关联频率方面做了大量的工作并发表了不少极具参考价值的论文。东北大学的姚天顺教授和哈尔滨工业大学的王开铸教授等在计算语言学的语篇理解方面（特别在结合语义方面）的研究进行了有价值的尝试并取得了一定的成绩。中国科学院的黄曾阳先生在进行自然语言理解研究中，经历了长达 8 年的探索和总结，在语义表达方面归纳出一套具有自己特色的理论，提出了 HNC(Hierarchical Network of Concept) 概念层次网络理论。它是面向整个自然语言理解的理论框架。这个理论框架是以语义表达为基础，并以一种概念化、层次化和网络化的形式来实现对知识的表达，这一理论的提出为语义处理开辟了一条新路。

2. 少数民族语言文字信息处理技术方面的进展

我国少数民族语言文字（简称“民族语言文字”）信息化工作始于 20 世纪 80 年代，30 年多来我国民族语言文字信息处理技术取得了巨大成就，先后有多种少数民族语言文字实现了信息化处理。民族语言文字软件技术的开发和推广应用，对少数民族和民族地区经济发展、社会进步和文化传承起到了积极作用。当前民族语言文字信息化已制定多种传统通用民族文字编码字符集、字形、键盘国家标准和国际标准；开发了多种支持民族文字处理的系统软件和应用软件；多种民族文字电子出版系统、办公自动化系统投入使用；各类民族文化资源数据库、民族文字网站陆续建成；民族语言文字的识别、民族语言机器翻译等也有一定进展。通过收集整理各民族文字建立的“中华大字符集”，为收集、整理、保存和抢救我国民族文化遗产工程打下了基础[①]，主要取得了以下四个方面的成果。

（1）民族文字信息化平台建设。

①制定了信息处理交换。

②制定了信息交换。用少数民族键盘布局标准和常用字体的字形标准，制作了丰富多彩的民族文字库。以现有的中文平台为基础，开发符合国际化和本地化标准的支持民族语言文字的通用系统平台。

（2）民族语言文字资源库建设。

（3）民族语言文字网站建设。建立了蒙古文网站，使得蒙古语言文字在网络上得到广泛应用；西藏民族语言委员会在教育部语言文字信息管理司的支持下，建设了藏汉双语网站。

（4）民族语言文字软件研发和应用。

①蒙古文在 20 世纪 80 年代就实现了计算机的输入、输出，研发了一系列字词处理软件、电子排版印刷软件，开发了多种文字系统、词类自动标注系统、传统蒙古文图书管理系统、电视节目排版系统等 20 多种管理系统。

②开发了基于 Linux 的藏文操作系统、藏文输入系统、藏文办公套件、Windows

① 蔡自兴，徐光祐．人工智能及其应用 [M]. 第四版．北京：清华大学出版社，2010.

平台藏文浏览器及网页制作工具、藏文电子出版系统、藏文政府办公系统、藏文软件标准性检测系统、全面支持藏文的 Windows Vista 操作系统、藏文无线通信系统等。

③ 20 世纪 90 年代以来，研发了维吾尔、哈萨克、柯尔克孜、锡伯文等操作系统和应用软件，实现了上述各文种的电子出版，开发了多种支持民族文字处理的系统软件和应用软件。

④开发了朝鲜文操作系统，开发了朝、汉文字幕系统和电子出版系统及机器翻译系统，朝、汉、英语音兼容处理系统，朝文文字识别系统等。

⑤开发了基于 ISO 10646 的傣文电子出版系统、傣文输入法软件、傣文书刊、报刊、公文排版软件等；已有十多种彝文信息处理系统问世；1992 年“北大方正壮文排版系统”开发成功。

近年来，民族语言文字信息化被广泛应用在日常通讯中。2004 年我国第一款民文手机——维吾尔文手机问世，2007 年中国移动内蒙古公司推出了蒙古文手机。

3. 自然语言处理的研究领域和方向

自然语言处理包括自然语言理解和自然语言生成两个方面。自然语言理解系统把自然语言转化为计算机程序更易于处理和理解的形式。自然语言生成系统则把与自然语言有关的计算机数据转化为自然语言。自然语言处理与自然语言理解的研究内容大致相当，自然语言生成往往与机器翻译等同，设计文本翻译和语音翻译。按照应用领域不同，介绍自然语言处理的几个主要研究方向。

（1）文字识别。文字识别 (Optical Character Recognition，OCR) 借助计算机系统自动识别印刷体或者手写体文字，把它们转换为可供计算机处理的电子文本。对于文字的识别，主要研究字符的图像识别，而对于高性能的文字识别系统，往往需要同时研究语言理解技术。

（2）语音识别。语音识别 (Speech Recognition) 也称为自动语音识别 (Automatic Speech Recognition，ASR)，目标是将人类语音中的词汇内容转换为计算机刻度的书面语表示。语音识别技术的应用包括语音拨号、语音导航、室内设备控制、语音文档检索、简单的听写数据录入等[①]。

（3）机器翻译。机器翻译 (Machine Translation) 研究借助计算机程序把文字或演讲从一种自然语言自动翻译成另一种自然语言，即把一个自然语言的字词变换为另一个自然语言的字词，使用语料库技术可实现更加复杂的自动翻译。

① 佘玉梅，段鹏．人工智能原理及应用 [M]. 上海：上海交通大学出版社，2018, 12.

（4）自动文摘。自动文摘 (Automatic Summarization 或 Automatic Abstracting) 是应用计算机对指定的文章做摘要的过程，即把原文档的主要内容和含义自动归纳，提炼并形成摘要或缩写。常用的自动文摘是机械文摘，根据文章的外在特征提取能够表达该问中心思想的部分原文句子，并把它们组成连贯的摘要。

（5）句法分析。句法分析 (Syntax Parsing) 又称自然语言文法分析 (Parsing In Natural Language)。它运用自然语言的句法和其他相关知识来确定组成输入句各成分的功能，以建立一种数据结构并用于获取输入句意义的技术。

（6）文本分类。文本分类 (Text Categorization/Document Classification) 有称为文档分类，是在给定的分类系统和分类标准下，根据文本内容利用计算机自动判别文本类别，实现文本自动归类的过程，包括学习和分类两个过程。

（7）信息检索。信息检索 (Information Retrieval) 又称情报检索，是利用计算机系统从海量文档中查找用户需要的相关文档的查询方法和查询过程。

（8）信息获取。信息获取 (Information Extraction) 主要是指利用计算机从大量的结构化或半结构化的文本中自动抽取特定的一类信息，并使其形成结构化数据，填入数据库供用户查询使用的过程，目标是允许计算费结构化的资料。

（9）信息过滤。信息过滤 (Information Filtering) 是指应用计算机系统自动识别和过滤那些满足特定条件的文档信息。一般指根据某些特定要求，对网络有害信息的自动识别，过滤和删除互联网某些敏感信息的过程，主要用于信息安全和防护等。

（10）自然语言生成。自然语言生成 (Natural Language Generation) 是指将句法或语义信息的内部表示，转换为自然语言符号组成的符号串的过程，是一种从深层结构到表层结构的转换技术，是自然语言理解的逆过程。

（11）中文自动分词。中文自动分词 (China Word Segmentation) 是指使用计算机自动对中文文本进行词语的切分。中文自动分词是中文自然语言处理中一个最基本的环节。

（12）语音合成。语音合成 (Speech Synthesis) 又称为文语转换 (text-to-speech conversion)，是将书面文本自动转换成对应的语音表征。

（13）问答系统

问答系统 (Question Answering System) 是借助计算机系统对人提出问题的理解，通过自动推理等方法，在相关知识资源中自动求解答案，并对问题做出相应的回答。回答技术与语音技术、多模态输入输出技术、人机交互技术相结合，构成人机对话系统。

此外，自然语言处理的研究方向还有语言教学、词性标注、自动校对及讲话者识别、辨识、验证等。

7.2.2　自然语言理解

语言被表示成一连串的文字符号或者一串声流，其内部是一个层次化的结构。一个文字表达的句子是由词素→词或词形→词组或句子，用声音表达的句子则是由音素→音节→音词→音句，其中的每个层次都收到文法规则的约束，因此语言的处理过程也应当是一个层次化的过程。

语言学是以人类语言为研究对象的学科。它的探索范围包括语言的结构、语言的运用、语言的社会功能和历史发展，以及其他与语言有关的问题。自然语言理解不仅需要有语言学方面的知识，而且需要有与所理解话题相关的背景知识，必须很好地结合这两方面的知识，才能建立有效的自然语言理解。自然语言理解的研究可以分为三个时期：20 世纪 40 ~ 50 年代的萌芽时期，20 世纪 60 ~ 70 年代的发展时期和 20 世纪 80 年代以后走向实用化、大规模进行真实文本处理的时期。

1. 自然语言分析的层次

语言学家定义了自然语言分析的不同层次。

（1）韵律学 (Prosody) 处理语言的节奏和语调。这一层次的分析很难形式化，经常被省略；然而，其重要性在诗歌中是很明显的，就如同节奏在儿童记单词和婴儿牙牙学语中所具有的作用一样。

（2）音韵学 (Phonology) 处理的是形成语言的声音。语言学的这一分支对于计算机语音识别和生成很重要。

（3）词态学 (Morphology) 涉及组成单词的成分（词素）。包括控制单词构成的规律，如前缀 (un-，non-，anti- 等）的作用和改变词根含义的后缀（-ing，-ly 等）。词态分析对于确定单词在句子中的作用很重要，包括时态、数量和部分语音。

（4）语法 (Syntax) 研究将单词组合成合法的短语和句子的规律，并运用这些规律解析和生成句子。这是语言学分析中形式化最好因而自动化最成功的部分。

（5）语义学 (Semantics) 考虑单词、短语和句子的意思以及自然语言表示中传达意思的方法。

（6）语用学 (Pragmatics) 研究使用语言的方法和对听众造成的效果。例如，语用学能够指出为什么通常用“知道”来回答“你知道几点了吗？”是不合适的。

（7）世界知识 (World Knowledge) 包括自然世界、人类社会交互世界的知识以及交流中目标和意图的作用。这些通用的背景知识对于理解文字或对话的完整含义是必不可少的。

语言是一个复杂的现象，包括各种处理，如声音或印刷字母的识别、语法解析、高层语义推论，甚至通过节奏和音调传达的情感内容。

虽然这些分析层次看上去是自然而然的而且符合心理学的规律，但是它们在某种程度上是强加在语言上的人工划分。它们之间广泛交互，即使很低层的语调和节奏变化也会对说话的意思产生影响，例如讽刺的使用。这种交互在语法和语义的关系中体现得非常明显，虽然沿着这些界线进行某些划分似乎很有必要，但是确切的分界线很难定义。例如，像“They are eating apples”这样的句子有多种解析，只有注意上下文的意思才能决定。语法也会影响语义。虽然我们经常讨论语法和语义之间的精确区别，但对心理学的证据和它在管理问题复杂性中的作用只会有保留地予以探讨。

自然语言理解程序通常将原句子的含义翻译成一种内部表示。包括如下 3 个阶段。

第 1 个阶段是解析，分析句子的句法结构。解析的任务在于既验证句子在句法上的合理构成，又决定语言的结构。通过识别主要的语言关系，如主—谓、动—宾和名词—修饰，解析器可以为语义解释提供一个框架。我们通常用解析树来表示它。解析器运用的是语言中语法、词态和部分语义的知识。

第 2 个阶段是语义解释，旨在对文本的含义生成一种表示，如概念图。其他一些通用的表示方法包括概念依赖、框架和基于逻辑的表示法等。语义解释使用如名词的格或动词的及物性等关于单词含义和语言结构的知识。

第 3 个阶段要完成的任务是将知识库中的结构添加到句子的内部表示中，以生成句子含义的扩充表示。这样产生的结构表达了自然语言文字的意思，可以被系统用来进行后续处理。

2. 自然语言理解的层次

自然语言理解中至少有三个主要问题。第一，需要具备大程序量的人类知识。语言动作描述的是复杂世界中的关系，关于这些关系的知识必须是理解系统的一部分。第二，语言是基于模式的：音素构成单词，单词组成短语和句子。音素、单词和句子的顺序不是随机的，没有对这些元素的规范使用，就不可能达成交流。最后，语言动作是主体 (agent) 的产物，主体或者是人或者是计算机。主体处在个体层面和社会层面的复杂环境中，语言动作都是有其目的的。

从微观上讲，自然语言理解是指从自然语言到机器内部的映射；从宏观上看，自然语言是指机器能够执行人类所期望的某些语言功能。这些功能主要包括如下几方面。

（1）回答问题：计算机能正确地回答用自然语言输入的有关问题。

（2）文摘生成：机器能产生输入文本的摘要。

（3）释义：机器能用不同的词语和句型来复述输入的自然语言信息。

（4）翻译：机器能把一种语言翻译成另外一种语言。

许多语言学家将自然语言理解分为五个层次：语音分析、词法分析、句法分析、语义分析和语用分析。

（1）语音分析。语音分析就是根据音位规则，从语音流中区分出一个个独立的音素，再根据音位形态规则找出一个个音节及其对应的词素或词。

（2）词法分析。词法指词位的构成和变化的规则，主要研究词自封的结构与性质。词法分析的主要目的是找出词汇的各个词素，从中获得语言学信息。

（3）句法分析。句法是指组词成句的规则，描述句子的结构，词之间的依赖关系。句法是语言在长期发展过程中形成的，全体成员必须共同遵守的规则。句法分析是对句子和短语的结构进行分析，找出词、短语等的相互关系及各自在句子中的作用等，并以一种层次结构加以表达。层次结构可以是反映从属关系、直接成分关系，也可以是语法功能关系。自动句法分析的方法主要有短语结构文法、格文法、扩充转移网络、功能文法等。

（4）语义分析。语义分析就是通过分析找出词义、结构意义及其结合意义，从而确定语言所表达的真正含义或概念。

（5）语用分析。语用就是研究语言所存在的外界环境对语言使用所产生的影响。它描述语言的环境知识，语言与语言使用者在某个给定语言环境中的关系。关注语用信息的自然语言处理系统更侧重于讲话者 / 听话者模型的设定，而不是处理嵌入到给定话语中的结构信息。学者们提出了多钟语言环境的计算模型，描述讲话者和他的通信目的，听话者和他对说话者信息的重组方式。构建这些模型的难点在于如何把自然语言处理的不同方面以及各种不确定的生理、心理、社会及文化等背景因素集中到一个完整连贯的模型中。

7.2.3　语音处理

语音处理系统需要几个层次。词语以声波传送，声波也就是模拟信号，信号处理器传送模拟信号，并从中抽取诸如能量、频率等特征。这些特征映射为单个语音单元（音素）。单词的发音是由音素组成的，因此最终阶段是将“可能的”音素序列转换成单词序列。构成单词发音的独立单元是音素，音素时能由于上下文不同而发音不同。

语音的产生要求将单词映射为音素序列，然后将之传送给语音合成器，单同的声音通过说话者从语音合成器发出。

（1）信号处理

声波在空气压力下会发生变化。振幅和频率是声波的两个主要特征，振幅可以衡量某一时间点的空气压力，频率是振幅变化的速率。当对着麦克风讲话时，空气压力的变化会导致振动膜发生振荡，振荡的强度与空气压力（振幅）成正比，振动膜振荡的速率与压力变化的速率成正比，因此振动膜离开它的固定位置的偏移量就是振幅的度量。根据空气是压缩的或是膨胀（稀薄）的，振动膜的偏移可以被描述为正或负。偏离的幅度取决于当振动膜在正值与负值之间循环时，在哪一个时间点测量偏差值。这些度量值的获取称为采样。当声波被采样时，绘制成一个 x-y 平面图，x 轴表示时间，y 轴表示振幅，每秒钟声波重复的次数为频率。每一次重复是一个周期，所以，频率为 10 意味着 1 秒内声波重复 10 次——每秒 10 个周期或更一般地表示为 10Hz。

声音的音量与功率的大小有关，与振幅的平方有关。用肉眼观察声波的波形得不到多少信息，只能看出元音与大多数辅音的差别，仅仅简单地看一下波形就确定一个音素是元音还是辅音是不可能的。从麦克风所捕获的数据包含了所需单词的信息，否则不可能将语音记录下来，并将其回放为可理解的语音。语音识别的要求是抽取那些能够帮助辨别单词的信息，这些信息应该很简洁而且易于进行计算。典型地，应该将信号分割成若干块，从块中抽取大量不连续的值，这些不连续的值通常称为特征。信号的每个块称为帧，为了保证落在帧边缘的重要信息不会丢失，应该使帧有重叠。

人们说话的频率在 10kHz 以下（每秒 10000 个周期）。每秒得到的样本数量应是需要记录的最高语音频率的两倍。

在语音识别中，常用另一种称作线性预测编码 (Linear Predictive Coding，LPC) 的技术来抽取特征。傅里叶变换可用来在后一阶段中提取附加信息。LPC 把信号的每个采样表示为前面采样的线性组合。预测需要对系数进行估计，系数估计时以通过使预测信号和附加真实信号之间的均方误差最小来实现。

频谱代表波不同频率的组成成分，它可以利用傅里叶变换、LPC 或其他方法得到。频谱能识别出与不同音素相匹配的主控频率，这种匹配可以产生不同音素的可能性估计。

综上所述，语音处理包括从一段连续声波中采样，将每个采样值量化，产生一个波的压缩数字化表示。采样值位于重叠的帧中，对于每一帧，抽取出一个描述频谱内容的特征向量。然后，音素的可能性可通过每帧的向量来计算。

（2）识别

声源被简化为特征集合后，下一个任务是识别这些特征所代表的单词，重点关注单个单词的识别。识别系统的输入是特征序列，而单词对应于字母序。如果要分析一个大的单词库，就要识别某种字母序列比其他字母序列更有时能发生的模式。例如：字母 y 跟在加后谢出现的概率要大于跟在 t 后面出现的概率。马尔可夫模型是表示序列时能出现的 - 种方法。图 7-7 是马尔可夫模型的一个例子。模型中有 4 个状态，分别标记为 1 ～ 4。边代表从一个状态到另一个状态的转移，每条边上有一个权值，表示状态转移的概率。下面的值是观察权值，每个状态可以发出它下面列出的符号之一，权值是概率，显示发出梅个符号的相对频率。一个符号可以被多个状态发出。在图 7-7 中，状态 4 不会再转向其他状态，被认为是终止状态。对于任何状态，只能顺着箭头的方向进行状态转移，而从一个状态发出的所有箭头上的概率之和为 1。状态可以代表组成单词的字母，这里只讨论通常的状态。

图 7-7 中的模型可以看作一个序列生成器。例如，若从状态 1 开始，在状态 4 结束，下面是可能生成的一些序列：

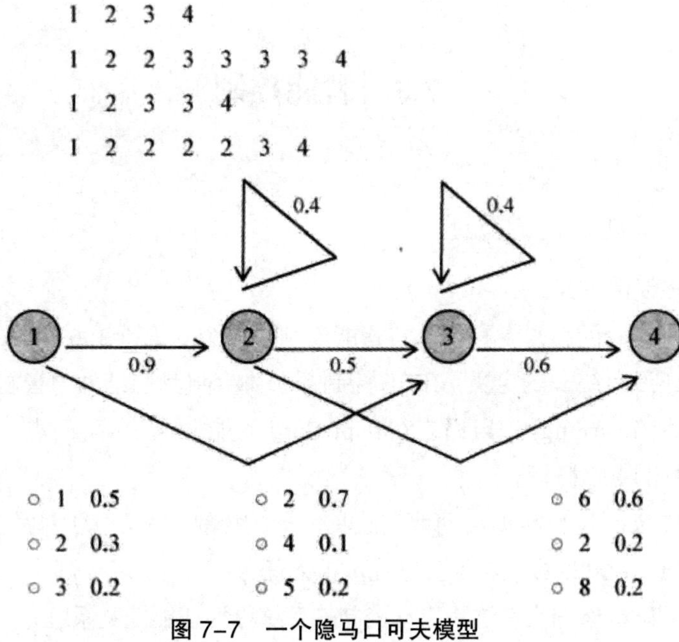

图 7–7　一个隐马口可夫模型

任何序列生成的概率都可以计算出来，生成某个序列的概率就是生成该序列路径上的所有概率之积。

例如，对于序列“1 2 3 3 4”，路径集合为：

1—2，2—3,3—3，3—4

概率为：

0.9*0.5*0.4*0.6=0.108

某些序列比其他序列生成的可能性更高。马尔可夫模型的关键假设是下一个状态只取决于当前状态。

在识别问题中，输入的是观察序列，而观察序列是由信号处理抽取得到的特征。不同的单词有不同的转移状态和概率，识别器的任务是确定哪一个单词模型是最可能的。因此，需要一种实现抽取路径的方法。

隐马尔可夫模型 (Hidden Markov Model，HMM) 是一种统计分析模型，创立于20 世纪 70 年代。HMM 的状态不能直接观察到，但能通过观测向量序列观察到。自 20 世纪 80 年代以来，HMM 已成功地用于语音识别、行为识别、文字识别和移动通信核心技术“多用户的检测”。隐马尔可夫模型建立了单词特征及一个特征出现在另一个特征之后的概率模型，可用于状态不直接可见的识别问题。

7.3　智能控制

7.3.1　智能控制的概述

1. 智能控制的定义

智能控制是一门新兴学科，从“智能控制”这个术语于 1967 年由利昂兹等人提出后，现在还没有统一的定义，IEEE 控制系统协会将其总结为“智能控制必须具有模拟人类学习 (Learning) 和自适应 (Adaptation) 的能力”。以下两点是对智能控制和智能控制系统的粗略概括。

（1）智能控制是智能机自动地完成其目标的控制过程。其中智能机可在熟悉或不熟悉的环境中自动地或人机交互地完成拟人任务。

（2）由智能机参与生产过程自动控制的系统称为智能控制系统。

定性来讲，智能控制应具有学习、记忆和大范围的自适应和自组织能力；能够及时地适应不断变化的环境；能有效地处理各种信息，以减小不确定性；以安全和可靠的方式进行规划、生产和执行控制动作，达到预定目标和良好性能指标。

2. 智能控制的结构

（1）智能控制的二元交集结构

1971 年傅京逊教授对几个与自学习控制有关领域进行研究后，提出了“智能控制”是自动控制和人工智能的交集的结构，称为智能控制的二元交集结构。它可以表示如下：

$$IC = AI \cap AC$$

式中，*IC* ——Intelligent Control(智能控制)；*AI* ——Aritificial Intelligence(人工智能)；*AC* ——Automatic Control(自动控制)。

可以看出，智能控制系统的设计就是要尽可能地把设计者和操作者所具有的与指定任务有关的智能转移到机器控制器上。由于二元交集结构简单，它是目前应用得最多最普遍的智能控制结构。

（2）智能控制的三元交集结构

1977 年，萨里迪斯对傅京逊的二元交集结构进行了扩展，将运筹学概念引入智能控制，使之成为三元交集中的一个子集，即

$$IC = AI \cap AC \cap OR$$

式中，*OR* ——Operation Research(运筹学)，是一种定量化优化方法。它包括数学规划、图论、网络流、决策分析、排队论、存储论、对策论等内容。

三元交集结构强调了更高层次控制中调度、规划与管理的作用，为其递阶智能控制的提出奠定了基础。

（3）智能控制的四元交集结构

1987 年，我国中南大学蔡自兴教授把信息论融合到三元交集结构中，提出了智能控制的四元交集结构，即

$$IC = AI \cap AC \cap OR \cap IT$$

式中，*IT* ——Information Theory(信息论)。

这种结构突出了智能控制系统是以知识和经验为基础的拟人控制系统。知识是对收集来的信息进行分析处理和优化形成结构信息的一种形式，智能控制系统的知识和经验来自信息，又可以被加工为新的信息，因此智能控制系统离不开信息论的参与作用。

7.3.2　智能控制的几种形式

常规的智能控制方法有模糊逻辑控制 (Fuzzy Logic Control)、分级递阶智能控制

(Hierarchical Intelligent Control)、神经网络控制 (Neural Network Control)、专家控制 (Expert Control)、仿人智能控制 (Human-Simulated Control) 和学习控制 (Learning Control) 等。

1. 模糊逻辑控制

模糊逻辑在控制领域的应用称为模糊控制。它的基本思想是把人类专家对特定的被控对象或过程的控制策略总结成一系列以“IF(条件) THEN(作用)”形式表示的控制规则，通过模糊推理得到控制作用集，作用于被控对象或过程。模糊控制有三个基本组成部分：模糊化、模糊决策、精确化计算。它的工作过程简单地描述为：首先将信息模糊化，然后经模糊推理规则得到模糊控制输出，再将模糊指令进行精确化计算最终输出控制值。模糊控制系统的一般结构如图 7-8 所示。

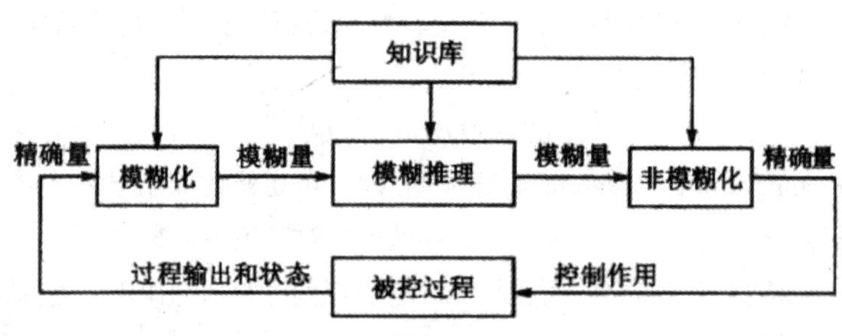

图 7–8　模糊控制系统的一般结构

模糊控制的有效性可以从以下两个方面来考虑：

（1）模糊控制提供了一种实现基于知识描述的控制规律的新机理。

（2）模糊控制提供了一种改进非线性控制器的替代方法，这些非线性控制器一般用于控制含不确定性和难以用传统非线性控制理论处理的过程。

到目前为止，模糊控制已经得到了十分广泛的应用。

2. 分级递阶智能控制

分级递阶智能控制是从工程控制论角度，总结人工智能、自适应、自学习和自组织的关系后逐渐形成的。分级递阶智能控制可以分为基于知识解析混合多层智能控制理论和基于精度随智能提高而降低的分级递阶智能控制理论两类。前者由意大利学者 A.Villa 提出，可用于解决复杂离散时间系统的控制设计；后者由萨里迪斯于 1977 年提出，它由组织级、协调级和执行级组成，如图 7-9 所示。

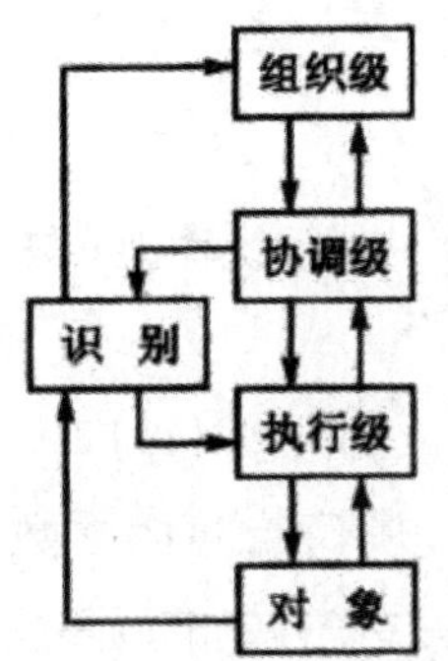

图 7-9　分级递阶智能控制结构

（1）执行级。执行级一般需要被控对象的准确模型，以实现具有一定精度要求的控制任务，因此多采用常规控制器实现。

（2）协调级。它是高层和低层控制级之间的转换接口，主要解决执行级控制模态或控制模态参数㈡校正。它不需要精确的模型，但需要具备学习功能，并能接受上一级的模糊指令和符号语言。该级通常采用人工智能和运筹学的方法实现。

（3）组织级。组织级在整个系统中起主导作用，涉及知识的表示与处理，主要应用人丁智能方法。在分级递阶结构中，下一级可以看成上一级的广义被控对象，而上一级可以看成下一级的智能控制器，如协凋级既可以看成组织级的广义被控对象，又可以看成执行级的智能控制器。

萨里迪斯定义了“熵”作为整个控制系统的性能度量，并对每一级定义了熵的计算方法，证明在执行级的最优控制等价于使用某种熵最小的方法。这种分层递阶结构的特点是：对控制而言，自上而下控制的精度越来越高；对识别而言，自下而上信息的反馈越来越粗糙，相应的智能程度也越来越高，即所谓的“控制精度递增伴随智能递减”。

3. 人工神经网络控制

人工神经网络采用仿生学的观点与方法研究人脑和智能系统中的高级信息处理。由很多人工神经元按照并行结构经过可调的连接权构成的人工神经网络具有某些智能和仿人控制功能。典塑的神经网络结构包含多层前馈神经网络、径向基函数网络、Hopfield 网络等。

人工神经网络具有可以逼近任意非线性函数的能力，因此既可以用来建立非线性系统的动态模型也可以用于构建控制器。神经网络控制系统结构如图 7-10 所示，其工作原理是：

若图中输入输出满足下列关系

$$y = g(u)$$

则设计的目标是寻找控制量 u，使系统输出 y 与期望值 y_d 相等，因此系统控制量必须满足

$$u_d = g^{-1}(y_d)$$

若 $g(u)$ 是简单的函数，求解 u_d 并不难，但在多数情况下，$g(u)$ 形式未知，或难以找到 $g(u)$ 的反函数 $g^{-1}(u)$，这也是传统控制的局限性。若用神经网络模拟 $g^{-1}(u)$，则无论 $g(u)$ 是否已知，通过神经网络自学习能力，总可以找到 u_d（神经网络输出）作为被控对象的控制量。若用被控对象的实际输出与期望值输出的误差来控制神经网络学习，则可以通过调整神经网络加权系数，直至 $e = y_d - y = 0$。

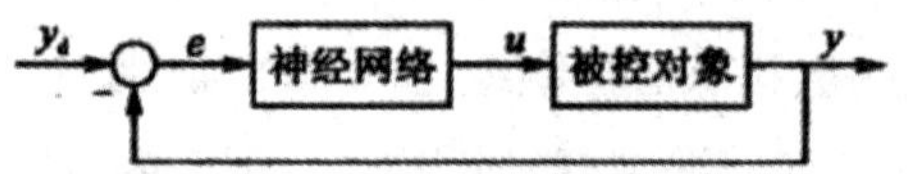

图 7-10　神经网络控制系统结构

神经网络的特点是：有很强的鲁棒性和容错性、采用并行分布处理方法，可学习和适应不确定系统、能同时处理定量和定性知识。从控制角度看，神经网络控制特别适用于复杂系统、大系统以及多变量系统。

4. 专家控制

专家系统是一种模拟人类专家解决问题的计算机软件系统。专家系统内部含有大量的某个领域的专家水平的知识与经验，能够运用人类专家的知识和解决问题的方法进行推理和判断，模拟人类专家的决策过程，来解决该领域的复杂问题。

基于知识工程的专家控制，是应用专家系统的概念和技术，模拟人类专家的控制知识和经验，实现对被控对象的控制，是人工智能与自动控制相结合的典型产物。专家控制系统具有全面的专家系统结构、完善的知识处理功能和实时控制的可靠性能，这种系统采用黑板等结构，知识库庞大，推理机制复杂。它包括知识获取子系统和学习子系统，人—机接口要求较高。专家式控制器多为工业专家控制器，是专家控制系统的简化形式，针对具体的控制对象或过程，着重于启发式控制知识的开发，具有实时算法和逻辑功能。它具有设计较小的知识库、简单的推理机制，可以省去复杂的人—机接口。由于其结构较为简单，又能满足工业过程控制的要求，因而应用日益广泛。图 7-11 是专家控制系统原理图。

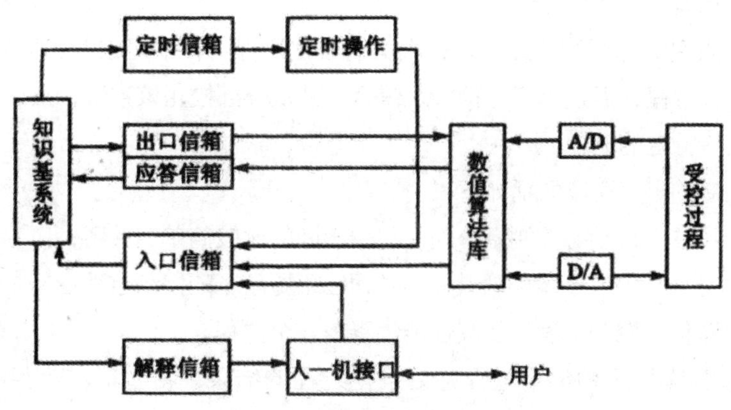

图 7-11　专家控制系统原理图

专家控制实现了领域专家的经验知识与控制算法的结合，知识模型与数学模型的结合，符号推理与数值运算的结合以及知识处理技术与控制技术的结合。

5. 仿人智能控制

仿人控制的基本思想就是在模拟人的控制结构的基础上，进一步研究和模拟人的控制行为与功能，并把它用于控制系统。仿人控制研究的目标不是被控对象，而是控制器本身如何对控制专家结构和行为的模拟。

仿人控制理论的具体研究方法是：从递阶控制系统的最底层入手，充分应用已有的各种控制理论和计算机仿真结果，直接对人的控制经验、技巧和各种直觉推理能力进行总结，编制成各种实用、精度高，能实时运行的控制算法（策略），并把它们直接应用于实际控制系统，进而建立其系统的仿人控制理论体系，最后发展成智能控制理论。仿人控制的结构如图 7-12 所示。

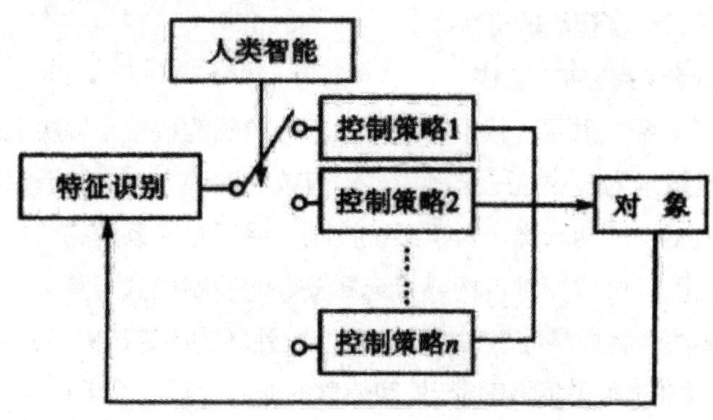

图 7-12　仿人控制的结构图

6. 学习控制

学习是人类的主要智能之一。在人类的进化过程中，学习起着非常重要的作用。学习作为一种过程，通过重复各种输入信号，并从外部校正该系统，从而使系统对特定的输入具有特定的响应。

学习控制的机理可以概括如下：

（1）寻找并求得动态控制系统输入与输出间的比较简单的关系；

（2）执行每个由前一步控制过程的学习结果更新了的控制过程；

（3）改善每个控制过程，使其性能优于前一个过程。

通过重复执行这种学习过程并记录全过程的结果，希望稳步改善受控系统的性能。

7.3.3 智能控制的应用

智能控制主要解决那些用传统控制方法难以解决的复杂系统的控制问题，其中包括智能机器人控制、计算机集成制造系统 (CIMS)、工业过程控制、航空航天控制、社会经济管理系统、交通运输系统、环保及能源系统等。

1. 在机器人控制中的应用

智能机器人是目前机器人研究中的热门课题。E.H.Mamdari 于 20 世纪 80 年代初首次将模糊控制应用于一台实际机器人的操作臂控制。J.S.Alhus 于 1975 年提出小脑模型关。控制器 (Cerebellar Model Arculation Controller,CMAC)，它是仿照小脑如何控制肢体运动的原理而建立的神经网络模型。采用 CMAC，可实现机器人的关节控制，这是神经网络在机器人控制的一个典型应用。

目前工业上用的 90% 以上的机器人都不具有智能，随着机器人技术的迅速发展，需要各种具有不同程度智能的机器人。

2. 在现代制造系统中的应用

现代先进制造系统需要依赖不够完备和不够精确的数据来解决难以或无法预测的情况，人工智能技术为解决这一难题提供了有效的解决方案。制造系统的控制主要分为系统控制和故障诊断两大类。对于系统控制，采用专家系统的“Then-If”逆向推理作为反馈机构，可以修改控制机构或者选择较好的控制模式与参数。利用模糊集合和模糊关系的鲁棒性，将模糊信息集成到闭环控制外环的决策选取机构来选择控制动作。利用人工神经网络的学习功能和并行处理信息的能力，可以诊断 CNC 的机械故障。

现代制造系统向智能化发展的趋势，是智能制造的要求。

3. 在过程控制中的应用

过程控制是指石油、化工、冶金、轻工、纺织、制药、建材等工业生产过程的自动控制，是自动化技术的一个极其重要的方面。智能控制在过程控制上有着广泛的应用。在石油化方面，1994 年美国的 Gensym 公司和 Neuralware 公司联合将神经网络用于炼油厂的非线性工艺过程。在冶金方面，日本的新日铁公司于 1990 年将专家控制系统应用于轧钢生产过程。在化工方面，日本的三菱化学合成公司研制出用于乙烯工程模糊控制系统。

将智能控制应用于过程控制领域，是过程控制发展的方向。

4. 在航空航天控制中的应用

1977—1986 年，美国 NASA 喷气推进研究所在“旅行者”号探测器上采用人工智能技术完成了精密导航和科学观测等任务，其上搭载的计算机收集和处理了木星和土星等多种不同数据。为探测器设计的由 140 个规则组成的知识库，可生成对行星摄影所需应用程序的专家系统，大幅度缩短了执行应用计划所需时间，减少了差错，降低了成本。此外，在航天飞机的检测、发射和应用等过程中也大量地采用了智能控制系统，包括加注液氧用的专家系统；执行飞行任务和程序修订用的专家系统；发射及着陆时的飞行控制系统；推理决策用的信息管理系统等。

航空航天控制领域的特殊性，使得智能控制发挥了巨大作用。

5. 在广义控制领域中的应用

从广义上理解自动控制，可以把它看作不通过人工干预而对控制对象进行自动操作或控制的过程，如股市行情、气象信息、城市交通、地震火灾预报数据等。这类对象的特点是以知识表示的非数学广义模型，或者含有不完全性、模糊性、不确定性的数学过程。对它们进行控制是无法用常规控制器完成的，而需要采用符号信息知识表示和建模，应用智能算法程序进行推理和决策。

智能控制在广义控制领域中的应用是智能控制优越性的突出体现。

7.3.4　发展趋势

智能控制作为一门新兴学科，还没有形成一个统一完整的理论体系。智能控制研究所面临的最迫切的问题是：对于一个给定的系统如何进行系统的分析和设计。所以，将复杂环境建模的严格数学方法研究同人工智能中“计算智能”的理论方法研究紧密结合起来，有望使智能控制系统的研究出现崭新局面。具体可以有以下几个方面：

（1）对智能控制理论的进一步研究，尤其是智能控制系统稳定性分析的理论研究。

（2）结合神经生理学、心理学、认识科学、人工智能等学科的知识，深入研究人类解决问题时的经验、策略，建立更多的智能控制体系结构。

（3）研究适合现有计算机资源条件的智能控制方法。

（4）研究人机交互式的智能控制系统和学习系统，以不断提高智能控制系统的智能水平。

（5）研究适合智能控制系统的软、硬件处理机，信号处理器、智能传感器和智能开发工具软件，以解决智能控制在实际应用中存在的问题。

复习思考题：

1. 图像识别技术分析是什么？
2. 智能控制的形式及应用是什么？
3. 自然语言处理进展如何？
4. 自然语言的理解层次是什么？
5. 图像识别、自然语言处理和智能控制发展的前景是什么？

第 8 章　大数据与人工智能在金融领域的应用

8.1　投资前瞻

做投资，基于产业的独立思考与判断必不可少，同时也应当总结创业失败公司的普遍性原因，做到防微杜渐。回顾历史，温故知新，进而前瞻性地捕捉投资机会并顺应趋势的变化，在正确的赛道上做正确的事情。

8.1.1　基于产业分析的独立思考与判断

投资是一个需要在不确定性中发掘趋势性的行业，不仅需要预测产业链的趋势，也要预测产业链的拐点；投资是一个需要长期积累的行业，从短期来看，行业赛道虽然拥挤，但是从 5 年、10 年甚至更长时间来看，赛道上同时期竞争者逐渐变少，新的赛道也在逐渐开辟；投资也是具有较强周期性的行业，美林时钟的周期性体现得尤为明显，当资本市场下行压力较大时，募资和投资都会变得更为困难。

投资行业的“二八效应”明显，优秀的 20% 的投资人赚取了 80% 的利润。因此，投资者要有基于产业的独立思考与判断，具有前瞻性的长远眼光，能在适当的时机做出恰当的判断，才有可能成为优秀的 20%，而不会随波逐流。

8.1.2　失败案例的普遍性原因

通过分析过往投资案例，我们可以总结出失败案例的普遍性原因。

1.“护城河”不够深

“高筑墙，缓称王。”企业的发展需要有自己的“护城河”，如技术优势或者现象级的产品等。“护城河”越浅，意味着被替代的可能性越大。拥有足够深“护城河”的企业能更从容地面对各种风险。

2. 行业天花板不够高

行业发展的天花板体现在市场总体需求的大小，它决定了在未来可孕育企业的大小。百亿级市场规模的行业孕育不出千亿级营收规模的企业。目标企业所在行业市场前景要么已经足够大，能够容纳相应规模的企业，要么所在市场能够被培育，市场规模有可能逐渐变得足够大。

3. 融资节奏错位

有些企业在市场环境好时没有把握好融资的节奏，对资金使用任意性较强，造成资金浪费；有些企业在经济周期高峰时对估值要求过高，不愿意降低估值进行融资，错失了融资机会；也有一些企业因为业绩对赌、回购条款、股权质押、董事会席位等附加条件苛刻而未能实现融资，或者因为上述条件导致企业经营过于被动，在投资方与创始团队之间产生矛盾。一旦经济低谷来临，上述企业若没有储备足够的现金类资产，则很可能会由于流动性问题倒在黎明之前。

4. 盲目扩张

很多创业企业的创始人都拥有良好的教育背景和行业经验，但缺乏耐心，急于求成，采取了一些错误的并购行为或盲目实施多元化扩张策略。盲目扩张可能会导致企业战略方向不明确、现金流紧缺甚至资金链断裂，使创业企业陷入困境。企业能否规避盲目扩张取决于一系列因素，包括能否全面把握市场发展趋势、能否全面梳理内部经营管理体系、能否全面分析企业自身产品或服务优劣势、研发优劣势、资金优劣势、人才优劣势等。

5. 企业家胜任能力不足

企业家就是企业这艘大船的总舵手，对企业发展至关重要。经营能力、管理能力、抗挫折能力、市场应变能力等，都是衡量企业家胜任能力的重要考量因素。投资创业企业，在很大程度上就是投资创始人。

6. 过高杠杆导致资金链断裂

高杠杆是一把“双刃剑”：一方面，企业可以利用杠杆资金迅速扩大规模；另一方面，一旦经济下行、市场资金供给紧缩，高杠杆很可能会导致企业资金链断裂。稳定的现金流对企业发展至关重要，有些企业收入规模很大，但实际现金流入很少，大多以应收账款等形式存在，这不仅提高了坏账形成的风险，还会影响企业的整体偿付能力。

7. 团队利益与企业利益不一致

企业的发展最终依赖于人的智慧，为了激励和留住人才，保证企业与员工利益的一致性，需观察公司的激励措施能否有效稳定核心团队、核心技术人员及骨干员工。如果企业与员工利益存在冲突或企业的激励措施难以调动员工的主观能动性，企业发展将会受到很大的影响。一般可以通过查看企业的期权池或员工持股情况等方式来评估企业利益与员工利益是否一致。

从过往众多创业失败的案例可知，内部利益冲突是很多企业难以为继的重要原因，投资者心中要始终有一根弦，了解并尽量规避上述问题，进而降低投资失败的风险。

8.1.3　前瞻

1. 行业前瞻

股权投资推动科技创新及人类社会进步，并带来效率提升和更美好、更便捷的生活方式。我们之前在一些相关影片里看过一些未来科技带来的新生活方式，很多场景目前已经实现，如利用 VR 获得沉浸式体验，运用机器人进行一系列手术，通过云计算获得某个机构的数据进而计算推演未来等。

以人工智能、清洁能源、机器人技术、量子信息技术、可控核聚变、虚拟现实以及生物技术为主的新一轮工业革命（亦称“第四次工业革命”）已经吹响了号角，这是重大的历史机遇，也面临着前所未有的挑战。一方面，“大众创业，万众创新”政策鼓励企业积极创新，目前中国已成为全球股权投资第二大市场；另一方面，2018 年 4 月香港交易所公布《新兴及创新产业公司上市制度》，鼓励没有盈利的生物科技公司赴港上市；同时，上海交易所科创板的推出也进一步增加了私募股权基金的退出渠道。私募股权基金在发展过程中也面临很多挑战，如竞争日益白热化、投资的区域性明显、私募股权“头部效应”明显等。

站在未来看现在的历史机遇，我们认为现在正处于工业革命 4.0 的时代，需要明确几个要点：

第一，明确我们处于什么样的时代背景。生产力和生产效率提升使我们站在了新一轮工业革命的起点，也是许多产业的转折点。纵观过去十年中国经济的发展，更多的是消费类、O2O、文娱等消费和服务类行业的增长及进步，人工智能、生物技术、光电芯片等真正硬科技还相对滞后。

第二，当今时代背景下的赛道选择问题。“一鸟在手胜于二鸟在林”，不能三心二意。弱水三千，要找到那个最优的项目。选赛道非常重要，选择正确的行业赛道意味着朝正确的方向奔跑，反之亦然。选择符合国家战略发展方向和符合世界发展趋势的产业进行投资，让资金流向科技创新以及消费升级等领域，流向能够更好地为人们生产、生活、消费服务的地方。大健康、大数据、人工智能、万物互联等赛道因为行业和市场空间足够大，可以出现现象级的企业，有望涌现出更多“独角兽”企业。

例如，面对人口老龄化不断加剧的形势，精准医疗、生物工程、养老产业在全球范围内依旧是具备巨大发展潜力的产业，中国更不例外，截至 2016 年每千名老年人拥有养老床位不足 35 张，人口基数大，老龄化时代迅猛来临，巨大的养老市场需求，有望促进看护型机器人、再生医学、干细胞疗法等领域出现新的技术突破。大数据的深入挖掘与应用将会给我们的工作和生活带来一场新的信息革命，科技将带领我们突破人类潜力的极限，由物联网连接的可穿戴设备可能会把相关实时信息通过芯片直接植入人们的身体之中，人们可以利用来自物联网和大数据的信息来加深对世界以及自己的了解。机器人和自动化系统也将会无处不在，自动驾驶汽车会使交通更加安全与高效，还可能会出现共享自动驾驶汽车。这是由大的历史背景决定的，技术发展是指数型的，一旦超越某个水平线，就很可能成为“奇点”①。

2. 组织形式前瞻

如今二手份额转让基金（又称 S 基金）越来越活跃。不同于通过 IPO 退出，基金或者项目的份额转让由买卖双方磋商达成，交易价格一般为估值乘以折价比例。二手份额交易策略能缩短现金回流时间，增强现金流动性。一般来说，现金回报是 J 曲线，二手份额跳过了前面的等待期，使得现金回流速度更快，因为比较靠后期，投资风险也会小很多。

母基金（又称 FOIO）也会越来越活跃。市场化母基金通过对不同 GP 基金管理人投资风格和投资策略的了解，加上政府引导基金的支持，未来将逐渐成为私募股权基金行业的发展主力。优秀的母基金精选头部 GP 管理人机构，还可以跟投优秀 GP 管理人的优质项目，通过精准跟投，提升母基金收益，这也是我们编写本书的初衷。

通过整理分析，我们认为大数据及人工智能技术可以辅助投资决策分析，通过大数据及人工智能技术挖掘投资中创业失败企业之间、创业成功企业之间的共性原因，寻求市场优质二手份额转让基金，并通过前瞻性的比对使决策更有效率。

---

① 邢晓男．人工智能技术的风险问题及对策研究 [D]. 渤海大学 ,2019.

8.2　投资决策分析

8.2.1　投资类型划分

1. 根据投资阶段划分

股权投资基金按照投资阶段进行分类，通常分为天使基金、VC（风险投资）基金、PE（股权投资）基金和并购基金。天使基金主要投资初创阶段的企业或项目，VC 基金主要投资成长初期的企业，PE 基金主要投资商业模式比较成熟、利润规模稳定增长、具有 IPO 潜力的企业，并购基金一般是由市场化基金与上市公司、大型企业集团等产业资本方共同发起设立，投资具有并购协同价值的标的，主要目的是协助产业资本开展横向或纵向扩张，有利于未来的产业布局。

不同阶段的投资逻辑是不同的，如天使投资的逻辑并不能完全适用于 VC 企业所处的发展阶段不同，呈现的特点也不同，因此对不问发展阶段的企业，投资逻辑不同，关注的侧重点也不同，需要使用不同的投资决策模型来支持决策，未合理确定企业的发展阶段或混淆了不同阶段所适应的投资理念，都可能会使投资失败。

2. 根据投资目的划分

按照投资人的投资目的来分类，可分为战略性投资人和财务性投资人。战略投资人一般不是为了追求短期盈利，会参与企业的部分经营决策。战略投资人通常为相关行业的经营者，通过投资上下游行业可实现纵向拓展业务线，增强自身主营业务竞争力。所以战略投资人通常追求较为长期的收益，一般通过现金流折现的方法来进行建模，选择的时间周期也较长。

财务投资人的投资目的与战略投资人截然不同，财务投资人主要追求短期内就获得资本增值收益。财务投资人通过对投资标的未来 3 ～ 5 年的业绩进行考量，判断其是否会在短期内快速成长。

8.2.2　投资决策模型的考量因素

股权投资需要重点关注以下几点：外界因素包括宏观经济运行情况、行业发展状况、时机；团队基因包括创始人、管理层、核心技术人员；产品与运营包括产品及服务、核心竞争力、商业模式、规模；财务情况包括成长性、估值；法律状况包括关联交易、股权结构、同业竞争等。

投资人除了要考量所投企业未来可能带来的潜在收益，更需要关注投资项目的风险。项目风险主要来自六个方面：实际控制人风险、主营业务风险、财务风险、法律风险、经营管理风险、项目运作风险。

一般投资决策模型需要对各影响因素进行全方位的考虑，下面主要介绍投资决策的基本架构。

1. 企业生命周期

企业的生命周期是企业发展与成长的动态轨迹，包括创立、成长、成熟、衰退几个阶段（图 8-1）。投资时期多集中在前两个阶段以及成熟期的拐点之前，避开衰退期以及成熟期拐点之后的阶段。

对于投资者来说，最重要的莫过于看准投资的时机。较早期的项目，运营模式还不够成熟，企业盈利模式还不够清晰，投资风险较大。而后期的项目，由于行业趋向成熟，行业的整合使市场集中度提高，企业内控也趋于完善，企业管理、商业模式等都走向科学化，所以后期的估值一般会比前期的估值要高。一般情况下，较为理想的投资策略为每一个新兴领域成为热点之前的 2 ～ 3 年，看准时机进行投资。

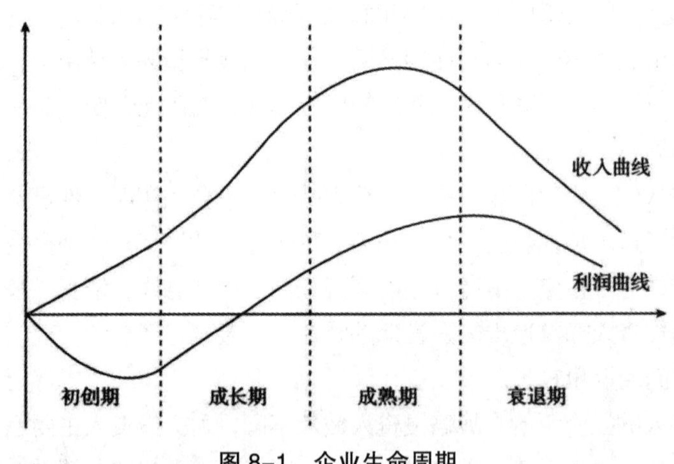

图 8-1　企业生命周期

2. 经济周期

经济周期，也称商业周期、景气循环，一般是指经济活动沿着经济发展的总体趋势所经历的有规律的扩张和收缩，是国民总产出、总收入和总就业的波动，呈现出周期性波动的特点。

一般把经济周期分为繁荣、衰退、萧条和复苏四个阶段，表现在图形上叫衰退、谷底、扩张和顶峰更为形象，这也是现在普遍使用的名称。

3. 产业（行业）周期及趋势

投资主要是为了获得未来的收益。按照巴菲特的投资理论，好的投资标的应该具有以下几个特点：过去有长期稳定的业务、有特许经营权、未来具有长期竞争优势。投资除了要看项目本身，还需要注重判断行业所处时期。一般情况下，企业的发展趋势与行业的发展趋势存在正相关关系，在一个处于衰落期的行业中出现一个快速成长的企业是很困难的。

已经处于成熟期的行业中，主要包括一些传统行业，它们的市场容量空间有限，甚至已处于萎缩阶段，这些企业经过长期竞争，形成了比较稳固的竞争格局，有较为坚实的进人壁垒。

对于一些新兴产业，现存的供给者数量非常少，供需之间巨大的差异为新的行业进入者提供了爆发式增长的机会，具有巨大的发展空间。在这个过程中，团队战斗力强、运营机制良好的企业更具有脱颖而出的可能性，更容易出现爆发式增长。

4. 可持续发展能力

投资人在对项目进行评估时，仅看历史业绩是远远不够的，更重要的是要关注其是否具有可持续发展能力。有的项目在创业初期获得了较多的受众群体、大量的订单和收入，但可能是依靠某些不正当竞争的资源或者仅仅凭先发优势获得的，随着这些资源效用逐渐降低或强大竞争对手介入，若产品或服务的复购率、使用率大幅度降低，便无法在最有利的竞争时机扩大市场占有率和企业规模，从长远来看，企业发展的可持续性就会大打折扣。

5. 规模

被投资者普遍看好的“独角兽”企业通常需要足够大的规模，不仅是企业自身规模的大小，还需要考最标的企业所处行业的市场规模大小以及上下游产业链的成熟程度，这些因素决定了企业扩张空间的大小。有的行业具有巨大的市场体量，可以支撑足够大的估值。例如电商行业，就具有较高的行业天花板，在电商企业的扩张阶段，交易行为易于标准化，可以快速积累客户资源，实现规模效应。然而，对于某些行业，虽然市场需求广阔，但产品或服务难以标准化，扩张需要付出更多的人力、财力、物力，每单位消耗的成本和费用都要明显高于其他行业，实现规模化的难度相对来说也要高于其他行业，发展速度和发展空间都会受影响。

因此，从投资的角度考虑，要重点关注那些市场规模足够大、行业天花板足够高的领域。

6. 团队

创始团队是影响企业发展的最关键因素之一。一般越是在早期，创始团队对企业的影响越大，能直接左右企业的运营和发展。随着经营模式和商业模式逐渐成熟，管理和制度逐渐完善，企业形成了具有比较优势的核心竞争力，管理层的影响程度将会被逐渐弱化，但依旧是一个需要重点考量的因素。

一般情况下，好的创始团队是创业成功的必要条件，需要兼备专业性和全面性。只懂技术不懂运营，则可能在对企业未来的规划方面有所欠缺。只懂得管理却不懂技术或产品，那么企业可能在内生性可持续增长能力方面具有劣势。从经验来看，创始团队成员若能深入了解所处行业，拥有深厚的技术积累和丰富的运营经验，精准把握行业痛点，深刻理解产品或服务的核心竞争力，将更容易脱颖而出。

相较于所拥有的经验而言，对创始团队更为重要的是持续学习能力。在企业发展过程中，生产规模逐步扩大，员工人数不断增多，管理愈加规范化，与资本市场的联系越发紧密，管理层对企业的治理方式也要随着客观情势的变化而逐步优化。经验主要代表过去，若变成经验主义，则会适得其反，整个行业和市场环境都处于不断变化之中，随时可能出现产品的迭代和技术的革新，已有的技术和经验若跟不上这种深刻的变化，过去的优势就可能成为企业长远发展的重大障碍。

所以，除了考量一个企业的已有优势与劣势，投资者还要关注企业管理者对新技术、新理念的学习态度、学习能力和执行情况，考察企业的人员流动情况、培训机制和实施效果。除了企业的运营团队，还有一个能够对企业产生较大影响的因素，即实际控制人。实际控制人作为企业的拥有者，拥有对企业经营管理的最终决策权（部分企业通过协议或合同的方式约定，实际控制人不参与企业的运营），可以决定企业未来的走向。

7. 商业模式

“商业模式”一词最早出现在风险投资领域，它高度凝练地描述了企业主营业务的运转规律和逻辑，简明扼要地概述了企业的经营模式和盈利模式。在经营模式上，一般投资者会关注创新性和可行性；在盈利模式上，会关注成长性和稳定性。

针对不同的行业，对商业模式的关注点不尽相同。例如餐饮业，投资者应当关注单店成功运营的关键要素以及这种成功是否可以大规模复制，如海底捞等；零售行业则一般重点关注资金在运营过程中的周转速度和周期，资金周转较快则表明盈利模式可能相对更优。

8. 产品及服务

这里所说的产品及服务是指企业的主营业务，集中体现了企业的核心竞争力。它可以是具体实物产品，如钢铁、汽车；也可以是网络服务，如游戏、APP 等；也可能是提供的某种劳务，如顾问、医养护理、培训等。

每个创业者在项目启动前，都应该清楚自己的核心竞争产品是什么，具体如何通过这个产品创造价值并获得利润。部分项目可能由于自身的特性无法快速扩大化和规模化，但依旧需要花费时间和精力去思考更高层级商业化的路径。在实际创业过程中，会发现最初预设的商业模式经过市场的反复检验后并不一定适用，因此，如何根据具体情况变化及时调整运营方式和发展方向，是对团队巨大的考验。

判断一个团队是否靠谱，不仅要看团队成员之前各自取得的成就，还需要考察团队与项目所在行业的相关程度。因为即使同处于一个大的行业中，每个细分行业之间的差别也非常大。例如，在养老行业中，养老地产领域中的佼佼者不一定了解养老护理领域的痛点；在 IC 行业中，做存储芯片的企业有可能会转行做显示芯片，跨度还是比较大的。

因此，创业者对细分市场定位越精确越熟悉，越可能用最小的成本实现最大的效用，从竞争者中脱颖而出。

如果创业者不能够静下心来聚焦自己的产品和服务的质量，总是好高骛远，想着一步到位，动辄希望建立一站式的全方位服务，或是建立一条打通上下游的全方位生态链体系，希望在短时间内就做成一个惊人的规模或是快速达到一个准上市的标准，则这种企业投资者尤其需要甄别。

9. 财务状况

通俗地讲，经营能力主要体现在三个方面：正确的经营方向、可持续的营运能力、可观的获利能力，这三个方面都可在企业财务报表上体现出来。

财务状况可以反映企业的历史经营业绩以及现阶段的收支情况，长期经营能力的评价还需要全面考察企业的核心竞争能力与可持续经营能力。

第一，在看企业财报时，要重点关注“非经常性损益”这一项。在判断盈利和成长时，非经常损益所创造的价值，如出售不动产等，所获收益不是可持续的，需要剔除。

第二，要关注无形资产的占比。相比于固定资产，无形资产发生资产减值的可能性更大，这很有可能是由于技术革新等因素而发生大幅度减值，在负债不变的情况下会使资产负债率大幅度提高，带来营运风险。所以一般来说，无形资产占比超过行业平均水平的标的时，投资者需要重点关注其原因。

第三，关注资产负债率和产权比率。资产负债率和产权比率都是用于衡量企业长期偿债能力的指标，两个指标在侧重点上有些差别。资产负债率又称举债经营比率，在资产负债表上，总资产 = 负债 + 所有者权益，等于负债总额与资产总额的比值，揭示的是总资本中负债的比例，它是用于衡量企业利用债权人提供资金进行经营活动的能力，也是反映债权人发放贷款安全程度的指标之一。产权比率，即有息负债与所有者权益的比值，侧重于揭示债务资本与权益资本的相互关系，说明企业财务结构的风险性，以及所有者权益对偿债风险的承受能力。

第四，关注企业主营业务收入的发展轨迹。企业销售额如果处于一个上升的趋势，即使企业还未达到收支平衡，其发展潜力也能增强投资者的风险偏好。

第五，关注薪酬支付比例。从这个比率可以看出，企业所获的利润中，有多少用于扩大再生产，有多少是自用。

综上所述，如果一家企业经常性损益和无形资产很少、产权比率和薪酬支付比率较低、销售收入保持一个稳健的增长，则不难判断，这个企业倾向于成为行业内的佼佼者。

此外，在识别风险时，还需综合考量资产负债表、利润表、现金流量表各科目的内在关系。

（1）公司利润增幅较大，但经营性现金流净额持续为负值，则公司可能存在潜在的流动性风险或财务造假风险。

（2）观察应收账款周转率与营业收入的关系。周转率的不稳定，间接反映营业收入的不稳定，营业收入可能源于提前确认，可能源于向渠道压货，或是公司产品市场竞争力下降等。

（3）企业持续经营需要稳定的现金流。通常来说，现金最好来自利润留存，而不是再融资或财务杠杆。

（4）比较净资产收益率和融资的机会成本，探索公司盈利能力的强弱，并分析可能的原因，是投资回报率下降、行业发生了变化还是公司本身产品竞争力下降等。

10. 成长性

标的企业的成长性对投资成败影响甚大。成长性受很多因素的综合影响，如行业需求、市场潜力、企业运营水平、管理的科学性等。

第一，有足够好的产品的企业，通常有较高的销售增长率。某产品在市场上供不应求，一般受两个因素的影响：一是整个行业处于成长和扩张期，市场需求潜力巨大；二是企业自身的产品竞争力优于竞争对手，拥有较高的市场占有率。

第二，企业运营质量高低也是影响企业成长性的一个重要因素。企业若能够平稳度过瓶颈期，并且没有发展的天花板，则一个合理而有效的运营体系，如高水平的销售体系，能够帮助企业拓宽市场，打破限制条件；如成熟的成本控制体系，在质量一定的情况下，具备成本方面的比较优势更容易让企业在行业内脱颖而出；如良好的劳动和人事关系，管理层基本稳定、部门之间能有效配合、团队凝聚力强，有良好的企业文化，都会对公司发展产生巨大的推动作用。

11. 投资收益预测和估值

根据风险与收益之间的关系，项目可以大体分为四类：高风险低回报、低风险低回报、高风险高回报、低风险高回报。

对于高风险低回报的项目，大多数投资人是不会投资的。对于低风险高回报的项目，通常是可遇不可求的，如果可以遇到这类项目，需快速综合评估，尽量抓住这样难得的投资机遇。一般情况下，投资者所能接触到的项目，大多是高风险高回报的项目。

关于对拟投资标的进行合理估值，需要与其所处的行业实际情况相结合，综合运作多种评估指标，同时与其竞争对手进行同行业比较，要动态地识别企业的内在优劣势，仔细甄别其比较优势和比较劣势等。只有综合各方面因素进行整体考量，才能做出相对客观的判断。

12. 价值

在二级市场上，格雷厄姆倡导价值投资，即在选择股票的时候，要注重上市公司的基本面，这种方法基本上可以规避重大投资风险，因为通过基本面研究对企业的内在价值有了合理判断后，即使短期因为二级市场“情绪波动”导致股票价格下跌，最终股票价格也会回归内在价值。当然，对于公司基本面的判断也必须保持一种动态调整的态度，以免犯“刻舟求剑”的错误。

在一级市场上，绝大部分投资人主要关注投资回报的实现期限，关注企业的收支平衡点、实现盈利的时点以及如何实现退出。收回成本并获取收益是投资者的价值目标，资金是有机会成本的，每个基金都有自己的收益标准，如果不能覆盖这个成本，则说明投资活动没有获得成功。

13. 风险与安全边际

投资活动通常是收益与风险并存，多数情况下呈正相关关系。越是新兴的行业，越是前沿的技术，越是初期的项目，越有可能获得高倍的收益，但投资失败的风险也越高。

投资需在风险与收益之间识别平衡点，在不确定性中寻求一个可以承受的风险，同时尽可能地提高收益。为了实现这一目标，需要根据投资人自身的实际情况，选择合适的风险控制模型进行科学评估。如何建立一个适合自身风险承受能力的投资模型，需要投资者通过不断实践，不断总结经验，在吸取教训的基础上逐渐形成一套自洽的投资理论体系。

例如，在 PE 投资中，通常追逐风险极低化，风险是第一考虑因素，在这个基础上再追逐较高收益。正如芒格所说，“赚钱的秘诀不在于冒险，而在于避险”。在 PE 投资中，追求的是标的确定性。确定性不仅仅局限于某单一标的的确定，还可以通过总体的确定性来实现整体投资成功率水平的提高。

14. 护城河

“护城河”就是指一个企业拥有某种技术或者某种模式，当其他有大型财团支持的竞争者出现时，竞争企业不能依靠充裕的资金复制业务并且超越标的企业。在投资过程中，财务报表是一个有效的分析工具，但是仅仅靠看财务报表还远远不够。标的企业要实现持续的长久发展，其自身必须要有一条强大的“护城河”。用哈佛大学商学院教授迈克尔·波特的话说，“护城河”是“企业可持续的竞争优势”。即企业自身要拥有强大的核心竞争力，防止竞争者轻易入侵，“护城河”在于能做别人做不到的事情，且具有持续性。

标的企业在一定时期内保持领先优势，意味着竞争企业需要花费大量的时间、精力、金钱才能做到。标的企业能做别人现阶段还做不了的事情，这体现在关键技术优势、核心团队优势、专利和知识产权优势、成本优势、规模优势、品牌优势等各个方面。为了保证护城河的持续性，企业必须在技术、管理、理念、战略、文化等各个方面提高持续创新的能力。

8.3 智能金融典型案例

由于人工智能技术的进步，金融行业人工交易员的数量大大减少，人工智能正在助力整个金融业建立“智能金融”。国内外大大小小的互联网金融企业正在加快利用人工智能技术改变现有交易流程的脚步，以提高业务效率，增加利润。

8.3.1　智能投顾平台

随着人们对智能投顾平台需求的增长和人工智能技术的进步，智能投顾领域的企业也如雨后春笋般涌现。Wealth font 是智能投顾市场的领先企业投顾平台，自 2011 年开始专注于智能投顾领域，曾被评为“2013 年度 TF 策略分析师”，其服务的客户已有 8 万多名，资产管理规模已达 40 亿美元。

与传统理财顾问的销售模式不同，智能投顾专注于为客户寻找利益最大化的投资组合。利用互利用互联网大数据，在智能分析客户的背景之后，Wealth 同时为客户提供开设、管理账户及评估投资组合等服务。

客户在使用 Wealth front 时，一般会经历以下六个步骤。

1. 风险容忍评估

在推荐投资组合前，客户会被要求填写份问卷，如表 8-1 所示[①]。

表 8-1　Wealth font 风险容忍度测评问卷问题

问题	选项
您投资的主要原因	A. 储蓄；B. 退休金；C. 其他
您期望什么样的理财顾问	A. 我喜欢多样化的投资组合；B. 我希望在税收上省钱；C. 我希望有人来完全管理我的投资；D. 我希望跟上或超过市场投资表现
您目前的年龄是多少	
您每年的税前收入是多少	
您目前的家庭状况	A. 单收入家庭，没有抚养人；B. 单收入家庭。至少一个抚养人；C. 双份收入家庭，无抚养人；D. 双份收入家庭，至少一个抚养人；E 退休或财务独立
您的现金和短期投资总额是多少	
当决定投资时，您最关心的是什么	A. 收益最大化；B. 损失最小化；C. 收益和风险兼顾

① 谢冶博．赢面 运用大数据和人工智能技术辅助投资决策 [M]. 北京：中国经济出版社，2019, 09.

续 表

问题	选项
全球股市经常波动。如果一个月在某个市场您的投资组合价值损失 10%，您将如何应对	A 清仓；B. 出售一部分；C. 继续持有全部投资；D. 买入更多

完成这份调查问卷后，系统能够了解客户对投资风险的态度，向客户推荐量身定制的投资计划。

2. 系统推荐投资计划

根据客户的风险偏好和经济背景，系统会为客户推荐最合适的投资组合计划，投资组合的载体为指数基金 (Exchange Traded Fund,ETF)。在 Wealth Front 中，投资组合主要包括两大类：需要纳税的投资组合和退休金投资组合。两大类中还有更细分的资产类别，如各种股票、债券等。依据客户自身的风险容忍度，平台推荐的投资计划只包括部分类别的资产。

3. 开户

当客户同意在 Wealth Front 平台开户后，平台会指导客户填写相关开户信息，并在信息核查后完成开户。

4. 交易

当客户要进行交易时，平台将代表客户向证券经纪公司 Apex Clearing 发送交易指令，买卖 ETF。

5. 客户评估、检查投资组合

客户可随时在 Wealth Front 平台上查看自己的投资组合，若想更改现有投资组合，平台会依照客户的指令进行更改。

6. 平台获得佣金

Wealth Front 平台有多种盈利模式，一般从用户开户之日起的次月，于每月第一个工作日收取一定的费用，数目是客户账户余额扣除 100 000 美元之后的 0.25%。其他费用模式如表 8-2 所示。

表 8-2　Wealth Front 平台盈利模式

费用项目	比例	备注
咨询费	低于 10000 美元：不收取咨询费；高于 1000 美元：每年收取 0.25% 的咨询费	计算公式：（账户资产净值 -10000）×0.25%× 投资持有天数 /365（或 366）
咨询费减免	每邀请一位客户，邀请人将获得 5000 美元投资额的咨询费减免	
转账费用补偿	平台对客户原有的经纪公司向客户收取的转账费用予以补偿	客户需要联系平台
其他费用	ETF 持有费用，平均为 0.12%	适用于持有 ETF 期间，归属于 ETF 所属基金公司

Wealth Front 平台为客户推荐投资组合的理论依据是现代投资组合理论 (Modern Portfolio Theory,Mpt)，由诺贝尔经济学奖得主马克维茨和威廉夏普提出。该理论认为，投资者在投资时，如果按照分散的投资组合进行投资，不仅不会降低预期收益率，而且能降低风险。

在现代投资组合理论的支撑下，Wealth Front 平台为客户提供的资产种类多达 11 类，既可以提高投资分散化程度、降低投资风险，还可以为不同客户制定不同的资产组合选择，满足各类客户的个性化需求。

根据专业咨询公司的统计，预计在 2020 年，金融行业资产管理规模将达到 15970 亿 ~ 22000 亿美元，其中智能投顾企业渗透率将提高至 5%。随着时间的推移，新代的年轻人将成为金融领域的客户，而他们正是 Wealth Front 平台的目标客户。Wealth Front 平台还专门为大学生设计了具有针对性的理财产品，这显然会成为 Wealth Front 独具特色的竞争力。

8.3.2　打造腾讯金融云

面对新时代智能化的变革，腾讯金融正在加快自身的技术发展，提出了“人工智能即服务”的观点，致力于打造腾讯金融云。

目前，腾讯金融云的客户数量已经超过 5000 家，囊括了四大银行、各大股份制银行、城市商业银行、农村商业银行、民营银行、互联网金融保险公司、传统保险公司、证券公司、基金公司等各类金融机构，是国内金融科技企业使用最广泛的平台之一。

在智能金融到来之际，腾讯金融云总经理胡利明认为："采用云架构、链接、数据智能、Reg Tech（监管科技）是当前金融科技发展的新趋势。"

第一，采用云架构能够为金融企业带来更大的业务弹性和更快的响应速度，让互联网金融获得更好的场景适应性，在新场景出现时也更容易获得安全性和合规性。第二，链接是互联网时代的基础，是行业机构与客户相互沟通的前提。第三，利用人工智能技术挖掘数据背后的价值，可以让金融企业变得更加智能。第四，Reg Tech（监管科技）的应用符合金融监管趋于严格的发展趋势。

腾讯金融云在人工智能领域已经蓄力 20 多年。提出"人工智能即服务"战略后，腾讯金融云在多个层面提供了新的人工智能开放服务层。在人工智能的三大核心能力（即计算机视觉、智能语音识别和自然语言处理）上，腾讯金融云为金融企业提供了 25 种人工智能服务，如智能客服、智能投顾、智能风控等，助力金融企业构建智能金融生态。

华夏银行已经与腾讯金融云签约，双方将以创建联合实验室等方式进行合作，共同深化人工智能技术在金融行业的应用，推动腾讯金融云为金融行业做出更多贡献。

腾讯金融云也和中国金融认证中心签署了合作协议，为金融安全、认证等增加安全保障。未来，中国金融认证中心提供的数字证书、安全控件等产品将基于腾讯金融云在人工智能方面的优势，以云服务的方式提供给互联网用户，增加金融业的安全合规性能。

腾讯金融云"人工智能即服务"战略推动着金融行业打造智能金融生态圈，助力金融行业的安全合规与升级。

8.3.3 蚂蚁金服

在《财富》杂志发布的"2017 年 50 家改变世界的公司"榜单上，蚂蚁金服就是其中之一。此外，蚂蚁金服还入选了《Mit 科技评论》的"最聪明 50 家公司"榜单，也是该榜单上唯一一家金融科技企业。《Mit 科技评论》对其评论道："蚂蚁金服正在探索使用人工智能进行信贷业务。"

蚂蚁金服财富事业群总裁樊治铭曾表示，"蚂蚁金服的优势不是金融，而是科技"，这也是蚂蚁金服定义自身为 Techfin（科技金融）而非 Fintech（金融科技）的原因。作为一家科技公司，蚂蚁金服的核心关键词就是"人工智能"，其致力于通过人工智能技术驱动公司的所有业务，同时正在加速向其他机构赋能。

支付宝的智能客服"小蚂答"是蚂蚁金服的人工智能技术应用。人工智能的应用使客服变得更加高效，“小蚂答”平均每天可以处理 200 ~ 300 万条客户咨询，客户满意率比人工客服高出 3 个百分点。

如果用户需要通过电话进行咨询，“小蚂答”可以通过语音识别技术帮助用户直接跳转相应服务，无须等待提示音的指示。除此之外，“小蚂答”还可以充当“保镖”的角色。“小蚂答”在检测到用户的账户存在风险时会自动启动一键挂失功能，冻结账户；在用户遇到诈骗的情况时，“小蚂答”还可帮助用户做到一键报案，减少损失。

人工智能技术也让支付宝变得越来越智能。由于支付宝的支线应用较多，有些功能人口“藏”得比较深。在结合人工智能技术后，用户可以通过语音查找的方式直接跳转进入相关页面。另外，人工智能作为蚂蚁金服的核心技术，还提供了如交易风控、基金推荐、贷款准入等系列业务服务。

蚂蚁金服的科技金融在中国取得出色的成绩后，加快了在其他国家，尤其是发展中国家的推进步伐。蚂蚁金服董事长彭蕾介绍说，蚂蚁金服在中国推动无现金社会的同时，也在世界其他国家积极推动无现金社会。根据统计显示，蚂蚁金服具备 18 种货币结算能力，通过不断输出技术和帮助，已经在全球 200 多个国家和地区为用户提供了普惠金融服务。

复习思考题：

1. 阐述大数据与人工智能在金融投资领域的前瞻工作。
2. 投资决策需要考量的各方面因素有哪些？
3. 列举智能金融典型案例。

第 9 章　大数据与人工智能在工业 4.0 领域的应用

9.1　工业大数据分析

工业大数据要求处理数据更高效、数据来源更可靠、数据安全系数更高，注重数据安全管理。掌握工业大数据的优势才能真正地把握未来市场的主动权。

9.1.1　工业大数据面临三大制约因素

1. 工业大数据安全和开放体系亟待建立

建立数据安全和数据开放体系是工业大数据大规模应用的两个重要前提。我国多数工业企业的信息化建设是由业务部门在业务开展过程中根据自身的局部需求开展建设，缺少统一规划，形成了部门割据的信息化烟囱，导致数据编码不一致，系统之间不能相互通信，业务流程不能贯通。因此，我国工业企业无论在数据的总量上，还是数据的质量上，均和欧美发达国家制造企业存在较大差距，且由于行业垄断或商业利益等原因，数据的开放程度也不高。

另一个制约我国工业大数据应用发展的重要因素是政策法规体系不健全。工业大数据的开发和利用既要满足工业企业典型应用场景的业务发展需求，也要防止涉及国家、企业秘密的数据发生泄露。而目前，我国在工业大数据的利用、评价、交换以及信息安全保护方面的法律法规尚需进一步健全，这在很大程度上抑制了工业大数据应用的广度和深度，不利于工业大数据生态系统的建设和培育。

2. 基于工业大数据的企业管理理念和运作模式变革

随着智能设备、物联网技术、智能传感器、工业软件以及工业企业管理信息系统等在工业企业的广泛应用，综合利用各种感知、互联、分析以及决策技术，通过实时感知、采集、监控现场制造加工状况、物流情况、生产准备情况、技术状态管理情况，并开展数据挖掘分析，急需工业大数据平台和相关技术的支撑。

工业大数据应用的目的是推动工业企业基于对内外部环境相关数据的采集、存储和分析，实现企业与内外部关联环境的感知和互联，并利用人工智能技术开展数据挖掘分析，支撑工业企业基于数据进行决策管控，提升企业决策管控的针对性和有效性。

3. 工业大数据人才缺乏，制约产业发展

工业大数据技术应用的关键是揭示各种典型工业应用场景下，各种数据的内在关联关系，因此工业大数据技术的应用者不但要掌握工业大数据的相关知识和工具，还需要深刻了解制造业典型的业务场景，并结合工业大数据的分析和可视化展示情况，结合业务场景进行合理解读，此外，还需要结合业务场景进行解决方案的制订和管理决策。以上工业大数据人才的要求将大大制约工业大数据产业发展的进程①。

整体上，工业大数据对复合型人才的需求更强烈，目前我国工业大数据的高级管理决策人才、数据分析人才、平台架构人员、数据开发工程师、算法工程师等多个方向均存在较大缺口，极大地阻碍了工业大数据产业的发展。

9.1.2　工业大数据应用的四大发展趋势

1. 工业大数据应用的外部环境日益成熟

以工业 4.0 和工业互联网为代表的智能化制造技术已成为制造业发展的趋势，智能化制造技术的研究和应用推动了工业传感器、控制器等软硬件系统和先进技术在工业领域的应用，智能制造应用不断成熟，一方面，正在逐步打破数据孤岛壁垒，实现人与机器、机器与机器的互联互通，为工业数据的自由汇聚奠定基础；另一方面，进一步增强了工业大数据的应用需求，使得工业大数据应用的外部环境日益成熟。

2. 人工智能和工业大数据融合加深

工业大数据的广泛深入应用离不开机器学习、数据挖掘、模式识别、自然语言理解等人工智能技术清理数据、提升数据质量和实现数据分析的智能化，工业大数据的应用和安全保障都离不开人工智能技术，而人工智能的核心是数据支持，工业大数据反过来又促进人工智能技术的应用发展，两者的深度融合成为发展的必然趋势。

---

① 李文斌．工业革命 4.0 的实质及其影响研究 [D]. 中国矿业大学 ,2019.

3. 云平台成为工业大数据发展的主要方向

工业大数据云平台是推动工业大数据发展的重要抓手。传统互联网大数据的处理方法、模型和工具难以直接使用，增加了工业大数据的技术壁垒，导致工业大数据的解决方案非常昂贵，云平台的出现为工业企业特别是中小型工业企业随时、按需、高效地使用工业大数据技术和工具提供了便宜、可扩展、用户友好的解决方案，大大降低了工业企业拥抱工业大数据的门槛和成本。

4. 工业大数据将催生新的产业

除了云平台外，新的大数据可视化和人工智能自动化软件也能大大简化工业大数据的数据 . 处理和分析过程，打破了大数据专家和外行之间的壁垒。这些软件的出现使得企业可以自主利用工业大数据，做相对简单的工业大数据分析，以及外包复杂的工业大数据应用需求给专业工业大数据服务公司，从而催生新产业，包括工业大数据存储、清理、分析、可视化等相关的软件开发、外包服务等。

9.1.3 发展工业大数据

发展工业大数据可从以下几点入手：

（1）整合各工业行业的数据资源，建设工业互联网和信息物理系统，推动制造业向基于大数据分析与应用的智能化转型。

（2）推动大数据在研发设计、生产制造、经营管理、市场营销、业务协同等环节的集成应用，推动制造模式变革和工业转型升级。

（3）加快建设工业云及基于工业云的应用等服务平台。依托两化融合和“中国制造 2025”工作平台及政策体系，开展工业大数据创新运用。

（4）开展智能工厂及精细化管理大数据应用试点。

9.2 人工智能与工业 4.0

随着人工智能技术的进一步发展，人工智能和工业的结合也受到了各国政府的高度重视，建设智能工厂成为各工业企业的紧急任务。在经过蒸汽技术革命、电力技术革命、计算机及信息技术革命三次工业革命后，人工智能将带来全新的第四次工业革命，实现高效、安全、便捷化的“人工智能 + 工业”。

在德国政府《德国 2020 高技术战略》中，一个名为“工业 4.0”的项目引起了各国政府的重视。工业 4.0 聚焦于制造业的智能化水平，以建立智能工厂为目标。

中国和德国在推进工业 4.0 落地方面取得了高度一致，双方签订的《中德合作行动纲要》重点强调了数字化在工业 4.0 中的作用。在这种背景下，人工智能在工业中的积极推进就显得极为重要。

人工智能技术在机械手臂、机器视觉和大数据上的突破，为现代工业的制造、安检和销售等各方面带来创新，在不久的将来一定能实现建立智能工厂的目标。

9.2.1　工业 4.0 即智能制造

工业 4.0 的主旨是在现代通信技术和网络技术的帮助下，将制造业向智能化转型。换句话说，工业 4.0 即智能制造。

工业 4.0 战略有两个重要的组成部分，即智能工厂和智能生产，如图 9-1 所示。

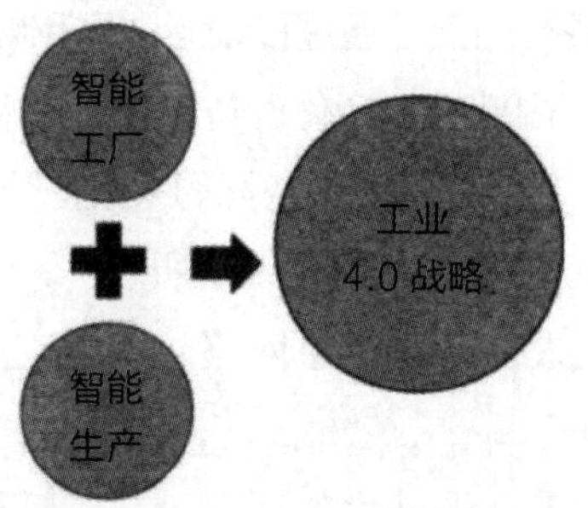

图 9-1　工业 4.0 战略的组成

智能工厂面向的是传统工厂的智能化转型问题，重点研究建设智能化的新程生产系统和过程，以及生产设施的智能化更新和分布。智能生产研究的重点则是工厂在生产过程中如何运用新技术实现生产效率的最大化。

工业 4.0 提出的智能制造是一种新的生产模式，是信息技术与制造技术的深度融合与集成，如图 9-2 所示。

图 9–2　智能制造示意图

从图 9-2 可以看出，众多智能工厂通过移动互联网和物联网的系统交互形成庞大且完整的制造网络，而智能工厂内部的社会化设备、智能产品、高素质操作者等则通过企业内部的通信机制实现沟通，其中包括生产数据的采集与分析、生产决策的确定等。

工业 4.0 有以下四个方面的特点，如图 9-3 所示[①]。

（1）生产智能化。利用人工智能信息网络，智能工厂的生产通信将变得更加流畅，生产速度大大加快。

（2）设备智能化。在人工智能技术的帮助下，工厂的生产设备能够自动判别生产环境，对生产过程进行调节。

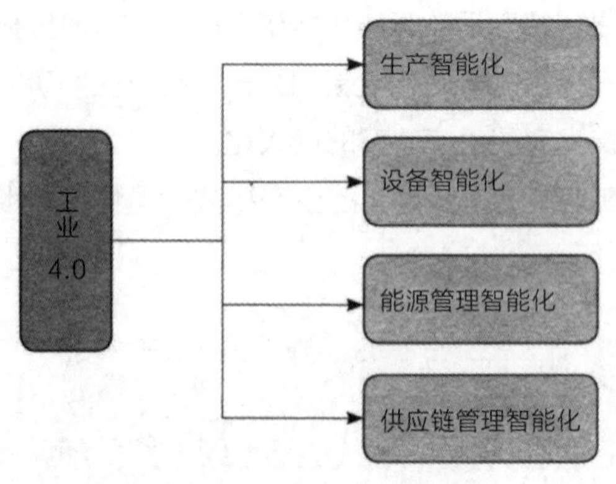

图 9–3　工业 4.0 的特点

① 杨正洪，郭良越，刘玮．人工智能与大数据技术导论 [M]. 北京：清华大学出版社，2019, 02.

（3）能源管理智能化。具有无障碍的通信系统，工厂中的电力系统、楼宇控制系统、电力微机综合保护系统等都能实现智能化，做到能源的最优分配。

（4）供应链管理智能化。智能制造是一个完全整合的系统，从原料的配送到产品的运输，供应链的管理会从全局考虑，统筹安排更加合理的管理体系。

9.2.2　机械手臂与工业制造

在大型产品的工业生产中（如汽车制造行业），机械手臂的应用已经十分普遍。但是，随着工业生产对自动化的需求越来越大，机械手臂也开始逐渐进入小型加工行业。小型加工行业的原料和产品的重量相对较轻，不强调机械手臂的举重能力，更重视机械手臂的细致操作能力。因此，机械手臂的小型化和智能化成了必然趋势。

1. 小型化

机械手臂的小型化不只是其外观的尺寸要缩小，其活动半径也要缩小。机械手臂的尺寸和操作半径越小，越有利于实现生产线的密集部署。

传统的机械手臂尺寸比生产工人大得多，再加上要为机械手臂保留一定的安全空间，工厂引入机械手臂时不仅不能实现密集部署，甚至还需要投入更多成本去重新设计生产线。当机械手臂小型化后，工厂就不再需要增加成本修改现有生产线以适应机械手臂，可直接用机械手臂代替生产工人进行流水作业，从而提高生产效率。

2. 智能化

人工智能机械手臂的智能化依靠的是智能力觉传感器和视觉传感器。在一些精细化的机床加工生产中，人类可根据触感和视觉等灵活调整加工程序，人工智能技术的入驻将帮助机械手臂实现这种操作。

通过对工人操作流程的深度学习，人工智能机械手臂对加工的应对方案储备充分的知识。当智能传感设备收集到材料的特性时，人工智能软件将指导机械手臂进行定点的精细化操作。

越疆科技公司研发的 Dobot 就是一个集小型化和智能化于一体的机械手臂。Dobot 只有台灯大小，是典型的桌面级设备，符合小型工业对机械手臂的要求。通过应用程序控制，Dobot 既能实现传统机械手臂的夹持、吸取等动作，又能实现精细复杂的操作 (Dobot 的最大精度定位为 0.2 毫米），甚至能够用于雕刻、绘画等。

Dobot 已经和众多厂商进行广合作：Dobot 曾和美国最大的扬声器厂家之一 BOSE 合作测试扬声器设备的反复按键质量，也曾参与华为手机、平板电脑等的显示屏盲点测试，还和周大福珠宝合作完成了金饰自动称重的工作等。

机械手臂本身就可在程序的指令下进行精准作业，人供智能技术和传统机械手臂的结合赋予其更加灵活的操作能力，其精准作业的特性可以发挥到极致，在实现高效统一的工业产品生产上具有十分重要的作用。

9.2.3 机器视觉与工业安检

机器视觉也被称为“自动化的眼睛”，在工业生产中具有非常重要的作用。与其他感觉方式相比，视觉无须和被观察的对象接触，因此对观察者和被观察者都不会产生伤害，十分安全。这也是机器视觉得到广泛应用的最重要的原因。

和人眼相比，机器视觉具有许多优点，如表 9-1 所示。

表 9-1 和人眼相比，机器视觉优点

	机器视觉	人眼
速度	机器能够更快地检测产品，而且可以用来检测一些人眼无法分辨的高速运动的物体，如高速生产线上的产品	没有机器反应快，受人的年龄、健康、精神状态等因素影响，不稳定
准确性	精度能够到达千分之一英寸。而且，随着硬件的更新，精度会越来越高	由于生理条件限制，人眼能分辨的精度有限
成本	作业效率比人工高，无生病、休假等情况，平均成本较低	需要正常的休息，不能不停歇地工作，成本较高
重复性	由于检测方式的固定性，对同一产品的同一特征进行检测，结果相同，具有较强的重复性	对同一产品的同一特征进行重复检测时可能会得到不同的结果，重复性差
客观性	检测结果不受外界他因素的影响，客观性强	受到人的情绪、生理状况影响较大，经常出现结果不客观的情况
检测范围	红外线、超声波等肉眼不可见的多种物质，及肉眼可见的物质	肉眼可见的物质

由表 9-1 可见，机器视觉可以探测到如红外线、超声波等人类观察不到的信号，而且无须休息，可以实现 24 小时观测，这对环境较为恶劣的工业生产来说具有非常

明显的优势。因此，机器视觉在工厂中有很高的经济效益。

机器视觉可以利用人工智能的机器学习技术，加强对工厂环境的检测。通过机器学习技术，机器视觉可以充分感知各种条件下的不安全环境和安全环境之间的差别，提高工厂环境的安全性。

机器视觉在工业安检方面的应用有以下三个具体案例，如图 9-4 所示。

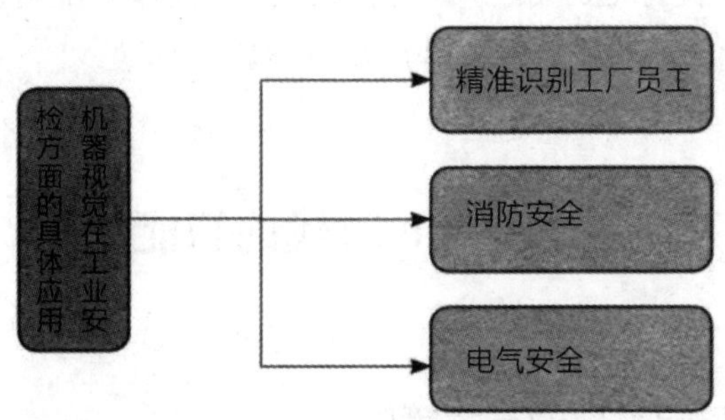

图 9–4　机器视觉在工业安检方面的具体应用

1. 精准识别工厂员工

大多数工厂对进入工作区的人员的管控很严格。传统的解决办法是监控摄像头和门房人员配合，但不能完全消除隐患。如果利用机器视觉对进入工厂的人员进行全方位监控，就能实现高精度的面部识别，杜绝闲杂人等混入工厂中。

2. 消防安全

利用机器视觉对红外线、温度等数据进行检测，可实现对火灾等隐患提前预警，减少事故的发生。

3. 电气安全

工厂工作环境中的用电安全同样重要。机器视觉可以检测全厂的电路情况，防止电路出现过载、短路等现象。

9.2.4　人工智能与工业产品销售

德国工业 4.0 明确指出，由于各种智能设备的进入和信息化进程的推进，工业将产生各种各样的数据。这些数据就是工业 4.0 的核心，是其区别于传统工业生产体系的最根本的特征。这些数据可运用于工业产品销售方面，起到精准营销的作用。

利用人工智能的深度学习，工业大数据的分析会变得越来越精准，能够深度挖掘消费者的需求，促进生产部门不断改进产品。

与单纯的大数据分析营销相比，人工智能背后的大数据营销更加注重“智能”。人工智能技术的深度学习能力将供应链、物流仓储和生产制造三个方面的数据进行结合分析，为营销人员提供了更好的决策参考。

在工业 4.0 时代，工业企业的数据会随着智能化进程的推进以爆炸式速度增长。这也给人工智能的营销决策提供了学习分析的大数据土壤。随着人工智能营销技术的更新迭代，工业企业的营销能力也会得到极大的提升。

9.3 工业 4.0 时代的智能工厂

9.3.1 建设智能工厂的五大策略

随着工业 4.0 的提出，“智能工厂”的概念也得到了人们的广泛认可。一方面，人工劳动力成本日益增加，企业招工困难；另一方面，人工智能等新兴技术的出现为各大企业推进智能工厂建设提供了良好的技术支撑，一时间各大工厂纷纷寻求转型升级。但是，如何才能建设真正的智能工厂呢？本节将从五大策略出发，详述建设智能工厂的有效措施。

1. 结合核心价值链与信息化落地

在建设智能工厂的问题上，首先要搞清楚建设智能工厂最关键的因素是什么。良信电气副总吴煜曾经表示，在迈向工业 4.0 的过程中，企业要关注的关键因素是质量。“质量”不仅仅是指最简单的产品质量，更重要的是打造健全的全价值链质量平台，实现平台信息化。

企业信息化能够充分提升企业的竞争力，是建设智能工厂最重要的部分。企业信息化涉及的主要领域有四个部分，包括企业资源规划 (ERP)、供应链管理 (SCM)、客户关系管理 (CRM) 和产品生命周期管理 (PLM)。因此，打造全面信息化的智能工厂，需要将 ERP、SCM、CRM、PLM 等信息化系统的管理体系做到固化落地，消除信息孤岛。

通过企业信息化，能够实现智能工厂以下五个方面的目标，如图 9-5 所示。

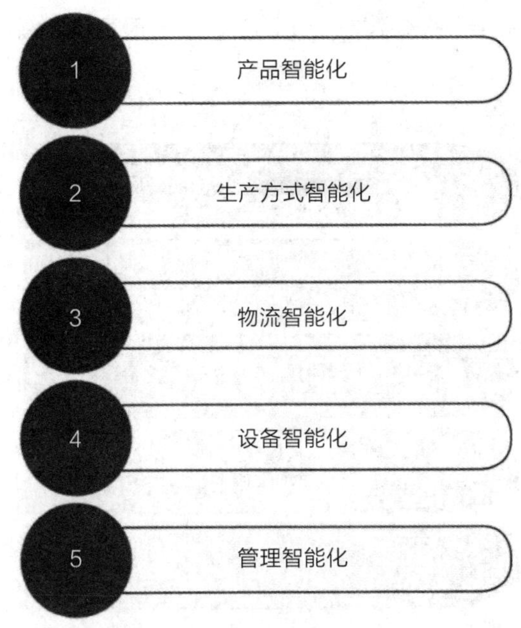

图 9–5　企业信息化的目标

（1）产品智能化。通过打通 PLM 和其他多个系统，实现协同设计，将产品生命周期中的各个过程转换成结构化的数据和文档，输入系统的数据长期有效，便于实现系统自动化设计。

（2）生产方式智能化。在生产过程中利用 ERP 等系统进行管控，打开生产过程中的“黑箱”，实现生产过程透明化、可追溯等目标。

（3）物流智能化。利用 SCM 系统进行统筹管理，减少线边库存，提升配送响应度和配送过程的透明度。

（4）设备智能化。利用各个信息系统之间的数据交流，实现对生产线、机械手臂等精确调控，成功实现产品生产过程中的自动化和智能化。

（5）管理智能化。各个信息系统之间实现横向的沟通和交流后，生产流程和程序信息就能 实现深度融合，为产品的项目管理提供更多智能决策参考。

建设智能工厂的关键是打造全价值链质量平台，实现信息化落地。只有打通信息化管理的壁垒，才能建立起深入到企业内部的“智能化”体系。

2. 建立清晰的智能工厂标准

智能工厂的核心在于结合全价值链质量平台，实现信息化落地，仅拥有自动化生产线和工业机器人的工厂还不能够称为智能工厂。智能工厂涵盖的领域非常多，衡量一家工厂是否真的“智能”需要建立一定的标准。一般来说，智能工厂有以下五大衡量标准，如图 9-6 所示。

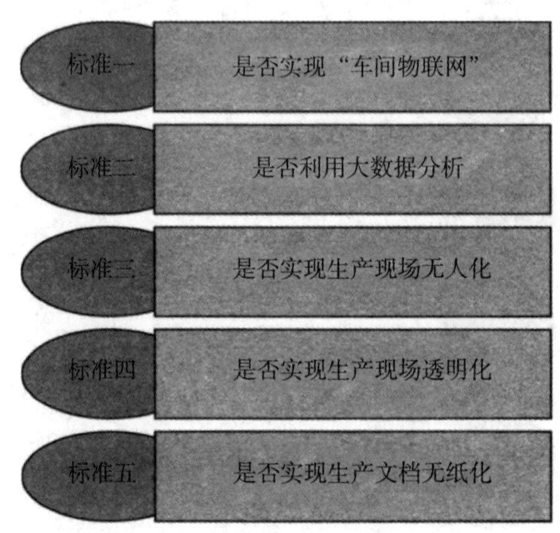

图 9-6 智能工厂的衡量标准

（1）是否实现“车间物联网”。传统的工生产中只存在设备与设备之间的通信，人与设备之间的交互还需要接触式操作。在真正的智能工厂中，人、设备、系统三者之间应构建起完整的“车间物联网”，实现智能化的交互式通信。当建立起“车间物联网”后，车间内的所有人与物都可通过物联网得到连接，方便管理。

（2）是否利用大数据分析。随着工业的信息化进程加快，工厂生产所拥有的数据日益增多。由于生产设备产生、采集和处理的数据量与企业内部的数据量相比要大很多，因此智能工厂能够充分利用大数据技术对数据进行分析。

在工业生产的过程中，设备产生的数据每隔几秒钟就被收集一次。大数据技术利用这些数据能够建立起生产过程的数据模型，与人工智能技术结合，不断学习优化生产管理过程。同时，如果在生产过程中发现某处生产偏离了标准，系统就会自动发出警报。

（3）是否实现生产现场无人化。智能工厂的基本标准是自动化生产，不需要人工参与。当生产过程出现问题时，生产设备可自行诊断和排查，一旦问题得到解决，立刻恢复自动化生产。

（4）是否实现生产过程透明化。在信息化系统的支撑下，智能工厂的生产过程能够被全程追溯，各种生产数据也是真实、透明的，通过人工智能系统可以轻松实现查询与监管。

（5）是否实现生产文档无纸化。智能工厂定是环境友好型工厂，因此目前工业企业中的众多纸质文件（如工艺过程卡片、质量文件、零件蓝图等）就是不符合要求的。所以，智能工厂的一个重要标准就是实现生产文档无纸化。

生产文档实现无纸化管理，不仅减少了纸张的浪费，还能杜绝纸质文档查找困难的问题，大大提高了工作人员检索文档的效率。

这些标准表明，建设智能工厂是全面、系统的工作，具有自身的衡量标准。只有明确智能工厂的标准，并在建设过程中一一落实，才能确立适合自身的智能企业建设方案。

3. 建设智造单元

在建设智能工厂的过程中，建设智造单元的策略得到了大多数企业的认可。有人称智造单元是“智能制造落地最有效的抓手”。由此可见，建设智造单元是实现智能工厂的必经之路。

智能工厂本身是一个非常复杂的系统，需要从整体上考虑。而落实到具体的生产线时，就需要从构建智造单元做起。

智造单元从工业生产中的基本生产车间出发，将一组功能近似的设备进行整合，再通过软件的连接形成多功能模块集成，最后和企业的管理系统连接在一起，形成一体化。

智造单元可以用“一个现场，三个轴向”来表述，如图 9-7 所示。

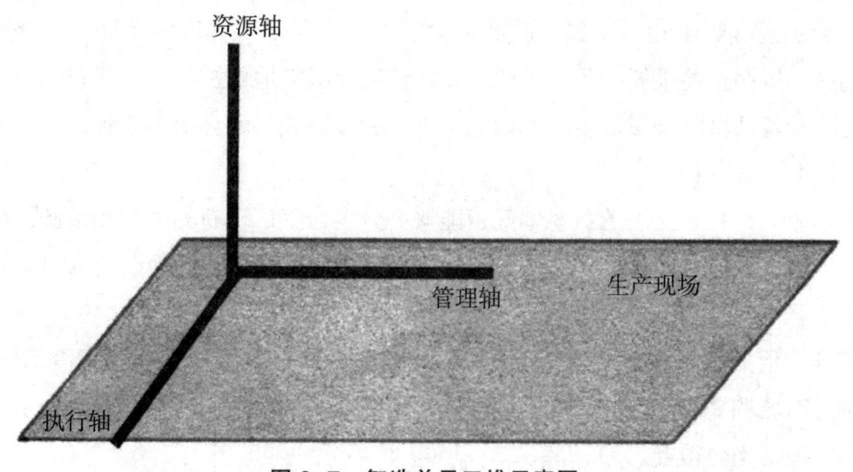

图 9–7　智造单元三维示意图

（1）资源轴。资源轴的“资源”是抽象意义上的资源，可以是任何对象，包括员工、设备、工艺流程，也包括精神层面的企业文化。

（2）管理轴。管理轴是指生产过程中的要素管控和运行维护过程，包括对产品的质量、成本、性能和交付等的管理把控。

（3）执行轴。执行轴是 PDCA 循环（也叫戴明环，如图 9-8 所示）的体现，即计划 (Plan)、执行 (Do)、检查 (Check)、行动 (Action)。

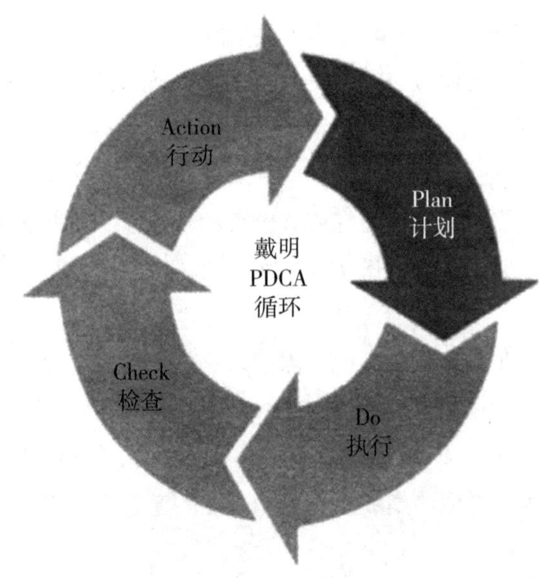

图 9-8 PDCA 循环示意图

智造单元实际上是一个最小的数字化工厂，本身可以实现多品种、少批量（单件）的产品生产。更重要的是，智造单元能够最大限度地保护工厂的现有投资，即工厂既往的设备都可以被重复使用。如此，工厂的投资成本就会得到控制，对推进智能工厂的建设十分有利。

智造单元是智能生态的最小单元，能够充分组合工厂现有的资源和设备，在整体的智能环境下让已有设备的功效和效率达到最大化，体现了智能制造的调控柔性。

4. 加强人机配合

智能工厂的本质并不是“无人工厂”，而是在合理控制成本的前提下实现人机配合，满足市场的需求。因此，在推进智能工厂的建设时，加强人机配合以追求人机协同发展的策略十分重要。

在工业 4.0 的背景下，工业产品的市场需求朝着个性化的方向发展。智能工厂的人机配合形式充分利用机器人去完成重复性的工作，将人力解放出来进行创造性的工作，以满足消费者的个性化需求。

在智能工厂的人机配合模式上，海尔堪称榜样。海尔曾发布一批众创洗衣机“intelius”，以智能、高科技等因素赢得了消费者的追捧。这批洗衣机由海尔的互联工厂推出，全球 50 万用户共同参与了设计。

海尔欧洲白电总经理弗兰克介绍说：“我们一直在与用户交互更能满足需求的新一代洗衣机方案，在互联网上已经吸引了 50 万用户参与众创。而首批众创洗衣机最终方案便是由用户从 79 个模块方案中挑选出的 2 个最佳组合，可以说是一个由用户最终决定的产品。”

这款洗衣机之所以能够满足用户的个性化定制需求，是因为海尔的互联工厂采用了先进的智能化和信息化技术，是全球洗衣机行业最先进的互联工厂。该工厂采用了高柔性的自动无人生产线，生产车间全程无人工操作，是彻底的“黑灯车间”。通过多种智能设备，不仅能够实现生产设备的智能控制，还能够为全球的消费者展现工厂的生产流程，首次实现了洗衣机行业的全面透明化。

海尔互联工厂的建立实现了对建设智能工厂的新探索。通过实现工厂车间的全面自动化，海尔的互联工厂把产品的设计权交给消费者，加强人机的协同能力，充分体现了智能工厂在定制个性化产品上的优势。

5. 培养科技意识

随着人工智能技术的发展，智能工厂中运用的技术也一定是日新月异的。因此，企业在建设智能工厂时，要积极尝试新兴的人工智能技术，培养科技意识。

运用以下技术可以更好地建设智能工厂。

（1）智能语音 +ERP（企业资源规划）应用。通过人工智能的智能语音唤起 ERP 应用，可以大大简化诸如功能调用、信息录入等操作。ERP 延伸到与工厂设备连接时，还能够利用语音唤起工厂设备的运行，提高生产效率。

（2）图像智能扫描识别。利用人工智能的图像智能扫描识别功能，可以快速生成单据和凭证，避免手工录入，减少人工的工作负担和录入差错的可能性。

（3）AR 技术。AR(Augmented Reality，增强现实）技术也是值得关注的重点。利用 AR 技术，维修人员可以通过扫描相应的二维码，将虚拟模型和实物模型重合在一起，同时经过人工智能软件的分析给出相应的维修建议，从而提高维修效率。

总之，建设智能工厂不是一朝一夕的事情，但是已经有实际案例在不断探索。所以在实现建设智能工厂的目标上，企业必须牢牢把握住这五大策略，建设真正意义的智能工厂。

9.3.2 工业 4.0 时代的智能工厂

在“工业 4.0”被提出后，全球众多优秀的工业企业都纷纷开展了智能工厂的建设，并总结了许多宝贵的实践经验。本节将详细介绍在建设智能工厂过程中取得较好成绩的案例，希望能够带给读者些启发。

1. 德国西门子安贝格智能工厂

作为工业中的龙头企业，西门子在建设智能 Ir 方面同样处于领先地位。在西门子的安贝格工厂 (Electronic Works Amberg,EWA) 中，只有 1/4 的工作需要人工完成，3/4 的工作都由机器和计算机自主处理。德国总理默克尔曾亲临 EWA，并对这项成果表示了极大的赞赏。

自建成以来，安贝格工厂的生产面积没有扩大，生产人员的数量也没有太大变化，但是产能却提高了 8 倍。安贝格工厂平均每秒就生产一个产品，产品的合格率高达 99.9985%，无论生产速度，还是生产质量。全球没有一家同类工厂可与之匹敌。

在安贝格出色的生产成绩背后，有以下三个重要特点，如图 9-9 所示。

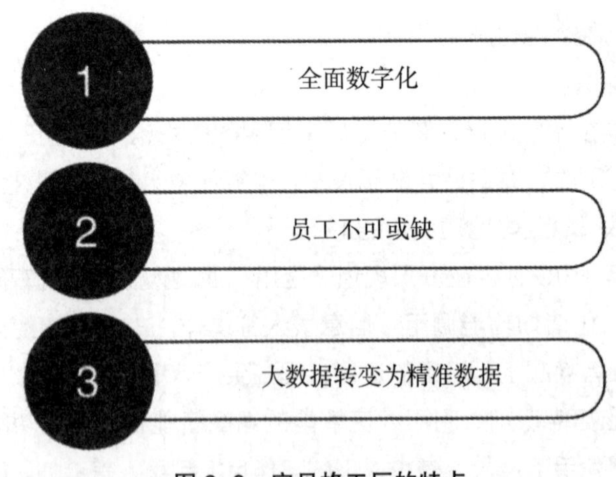

图 9–9 安贝格工厂的特点

（1）全面数字化。安贝格工厂的核心特点是实现了全面数字化，其生产过程是“机器控制机器的生产”，而这正是工业 4.0 所希望达到的目标。

安贝格工厂生产的产品是 SIMATIC 可编程逻辑控制器 (PLC) 及相关产品，这些产品本身就具有类似 CPU 的控制功能。利用全方位数字化，产品和生产设备之间实现了互联互通，保证了生产过程的自动化。

在安贝格工厂的生产线上，产品可以通过产品代码自行控制、调节自身的制造过程。通过通信设备，产品可以告诉生产设备自身的生产标准是什么、下一步要进行的工序是什么。利用产品和生产设备的通信，所有生产流程实现计算机控制并不断进行算法优化。

除了生产线的自动化，安贝格工厂的原料配送也实现了自动化和信息化。当生产线上需要某种物料时，系统会告知工作人员。工作人员通过扫描物料样品的二维码，将信息传输到自动化仓库，物料就会被传送带自动传输到生产线上。

在从物料配送到产品生产的整个流程中，工人所需要做的大约只占整个工作量的 14。在全面数字化的影响下，安贝格工厂的生产路径不断优化，生产效率不断提高。

（2）员工不可或缺。尽管工厂的生产流程已经实现高度的数字化和自动化，但员工在安贝格工厂中依旧是不可或缺的。除了日常巡查车间，检查自己所负责生产环节的进度，员工最重要的工作是不断为工厂提出配送生产过程中需要改进的意见。在对安贝格工厂的生产力具有促进作用的各个因素中，员工提出改进意见的因素占 40%，这显然不可小觑。

为了鼓励员工不断提出改进意见，安贝格工厂对提出了改进意见的员工发放相应的奖金。安贝格工厂曾发放了共 220 万欧元的奖金给提出意见并获得采纳的员工。

（3）大数据转变为精准数据。智能工厂的关键就是将工厂生产过程中不断产生的大数据经过挖掘、分析和管理，让数据变得更符合智能工厂的生产需要，员工也能更好地使用这些数据。安贝格工厂每天处理的数据量已经超过了 5000 万，利用人工智能的智能分析手段和分类推送给员工的方式，安贝格工厂将大数据转变为了精准数据，让数据变得更有用。

2. 九江石化智能工厂

九江石化是我国首批石化智能工厂的试点单位之一。尽管没有成熟的经验可供借鉴，九江石化依旧在结合石化流程型企业特点和人工智能的前提下，成功打造了石化智能工厂。在中国石化总部信息化管理部组织的验收测试中，九江石化智能工厂的各项试点建设项目均满足了设计要求，成功达标。

九江石化智能的企业核心业务管理绩效有了大幅的提升，具体表现在三个方面[①]。

---

① 张泽谦．人工智能未来商业与场景落地实操 [M]. 北京：人民邮电出版社，2019-04-01.

（1）本质安全持续提升。本质安全是指在设计手段的安排下，生产设备和生产系统本身就具有安全性，即使在员工误操作或机器故障时也不会发生安全事故。九江石化智能工厂建成投用了人工智能生产管控中心和数字炼厂平台，保证了工厂的监管全场最覆盖和动态数据实时交互，深化本质安全不断提升。

（2）环保管理明显进步。通过人工智能数字炼厂平台的应用，九江石化工厂的生产工艺不断进步，形成了绿色、高效、可持续发展的生产工艺流程，工厂的环保水平不断提升，连续两年获评“中国石化环境保护先进单位”荣誉称号。

（3）盈利能力大幅提升。九江石化智能工厂自主研发了人工智能炼油全流程优化平台，该平台以经济效益最大化为目标。经过试验，该平台已实现了“月计划—周调度—日平衡”的双闭环管理，确保了九江石化面对市场变化时的敏捷性和准确性，大大提升了企业的盈利能力。九江石化智能工厂的加工吨油边际效益连续四年在中国石化沿江 5 家炼油企业中排名首位。

（4）管理效率大幅提高。九江石化在石化企业的典型信息化三层平台架构之上，创新构建了集中集成、数字炼厂、应急指挥三个公共服务平台，打破了企业原有的各类“孤岛”，让生产运行管理模式从传统的“分散管控”模式走向“集中管控”模式，并继续向“智能管控”模式提升。管理模式的提升大大提高了企业的管理效率，在炼油产量增加了一倍的同时，工厂的操室数量降低了 35%，班组数量减少了 13%，员工总数下降了 12%。

在初步实现了智能化应用的“智能工厂 1.0”之后，九江石化正在加速推进“智能工厂 2.0”的建设 . 把石化工厂推向高端智能、原创智能的方向，推动智能工厂的快速落地。

复习思考题：

1. 工业大数据制约因素有哪些？
2. 人工智能在工业领域的应用现状有哪些？
3. 工业 4.0 发展战略是什么？
4. 智能工厂的建设策略与衡量标准是什么？
5. 请用案例解析工业 4.0 时代的智能工厂。

第 10 章　大数据与人工智能在医疗领域的应用

10.1　医疗大数据的特点

医疗大数据是指在医疗服务过程中产生的与临床和管理相关的数据，包括电子病历数据、医学影像数据、用药记录等。医疗大数据除了具有大数据的“4V”特点外，还包括时序性、隐私性、不完整性等医疗领域特有的一些特征。

（1）规模大 (Volume):1 个 CT 图像约为 150MB，1 个基因组序列约为 750MB,1 份标准的病历约为 5GB；1 个社区医院数据量约为数 TB 至 PB，全国健康医疗数据到 2020 年约为 35ZB。医疗行业在数字世界中占比为 30%。

（2）类型多样 (Variety)：包含文本、影像、音频等多类数据。

（3）增长快 (Velocity)：信息技术发展促使越来越多的医疗信息数字化，大量在线或实时数据持续增多，如临床决策诊断、用药、流行病分析等。据权威机构预测，医疗数据每年以 48% 的速度增长。

（4）价值巨大 (Value)：医疗数据的有效使用有利于公共疾病防控、精准诊疗、新药研发、医疗控费、顽疾攻克、健康管理等，但数据价值密度低。

（5）时序性：患者就诊、疾病发病过程在时间上有一个进度，医学检测的波形、图像均为时间函数。

（6）隐私性：患者的医疗数据具有高度的隐私性，泄露信息将造成严重后果。

（7）不完整性：大量来源于人工记录，导致数据记录的残缺和偏差，医疗数据的不完整搜集和处理使医疗数据库无法全面反映疾病信息。

（8）长期保存性：医疗数据需要长期保存。

10.2 医疗大数据分析系统

当前，我们正处于一个数据爆炸性增长的时代，各类信息系统在医疗卫生机构的广泛应用以及医疗设备和仪器的逐步数字化使得医院积累了更多的数据资源，这些数据资源是非常宝贵的医疗卫生信息，对于疾病的诊断、治疗、诊疗费用的控制等都是非常有价值的。如何在大数据的趋势下做好医疗卫生信息化建设，是值得我们去探索的问题。

就现在来说，大数据在医疗行业的应用情况，国外比国内要多一些。国外一些医疗机构利用大数据提供个性化诊疗、个性化治疗、研制新药和预测分析等。而国内大数据的发展，目前来看大部分都是由一些公司自己进行开发的。例如，百度开发的疾病预测平台，利用用户的搜索数据和位置数据构建了疾病预测模型。

从现在的技术和需求来看，大数据的发展趋势分为数据收集、数据预测、提供决策支持分析、数据的价值提取 4 个阶段。就医院而言，在这个数据发展阶段，可以承担多重角色：既可以是原始数据供应者（主要是内部数据、结构化数据），也可以是数据产业投资者、数据价值消费者。目前，医疗大数据的发展正处于数据集成阶段。医院对于数据的收集和管理主要集中在结构化临床业务数据、影像数据与病历扫描图像数据、科研文献资料数据等。像医疗设备日志数据、生物信息数据、基因数据、人员情绪数据和行为数据等都还未进行收集和产生。

大数据趋势下，建设医疗信息化的几个关键要点如下。

10.2.1 加强数据集成

中国医院信息化起步相对较晚，很多医院没有从宏观高度统筹规划和系统设计的信息化工作，没有共享信息平台，更没有国家规范与标准，各开发商提供的所谓点对点数据接口也形形色色。异构系统是医院信息系统发展的必然形态。异构数据库系统的目标在于实现不同数据库之间的数据信息资源、硬件设备资源和人力资源的合并和共享。随着信息化技术的发展，医院的信息化已经从一体化发展阶段迈入了集成化阶段。集成化作为当前医院信息化建设的关键，是医院信息化建设的主要内容，在更大层面上体现着医院信息化的效益，更加考验医院和信息中心的建设能力。医院信息化的集成工作不单纯是把电子病历集成化，其他一些非电子病历的数据也需要做集成化处理。只有打通各个系统的数据，才能为以后进行大数据分析打下扎实的基础。

10.2.2　提升数据质量

医院信息系统每天采集、传输、存储和处理大量的数字医疗数据，这些医疗数据支撑着整个信息系统的运行，成为医院管理和医疗业务工作的基础。医疗数据质量的高低直接影响和决定着医疗数据和统计信息的使用价值。提升数据质量方面，首先要保证数据的完整性，对电子病历进行结构化处理，更有效地进行数据的收集。同时，也要个性化地发展，专科电子病历作为比较火热的领域，为医院的大数据科研打下了非常好的基础。在数据的可用性方面，数据质量一定要有标准可以遵循，医院对于数据的质量要有一个监控的过程。医生利用系统查找出来的数据是三年以前的，这样的数据利用起来的话肯定会出问题的。在遵循标准的同时，数据采集的过程中也要进行规范化和标准化的管理。

10.2.3　提高数据安全

医疗数据和应用呈现指数级的增长趋势，也给动态数据安全监控和隐私保护带来了极大的挑战。在 2017 年 6 月，国务院发布了促进健康医疗大数据发展行动纲要的指导意见，将健康医疗大数据作为国家重要的基础性战略资源。国家对于健康医疗大数据的安全十分重视，“规范有序，安全可控”作为“意见”基本原则中最重要的一项。健康医疗大数据应警惕数据安全，保护患者隐私，才能真正实现数据融合共享、开放应用。

10.2.4　推进大数据应用的三大维度

在大数据时代的发展当中，医院的信息管理方式出现了非常明显的转变，其中的信息数据已经呈现出了非常显著的特征。但是，大数据距离临床业务发展成熟仍然是有距离的，目前科研还是大数据应用的主要战场。要更好地推进大数据的发展，首先，要扩大医疗信息化的覆盖面；其次，信息化在一个领域中要有深入的应用，比如高值耗材要深入到床旁、手术台旁等；最后，医院要利用信息化进行互联互通，产生协同效应。

10.3　医疗大数据处理模型

医疗大数据平台中的数据从医院信息平台获取，依据相关业务应用经整合、加工后，供医护人员、患者和医院管理人员使用，医疗大数据处理模型如图 10-1 所示。

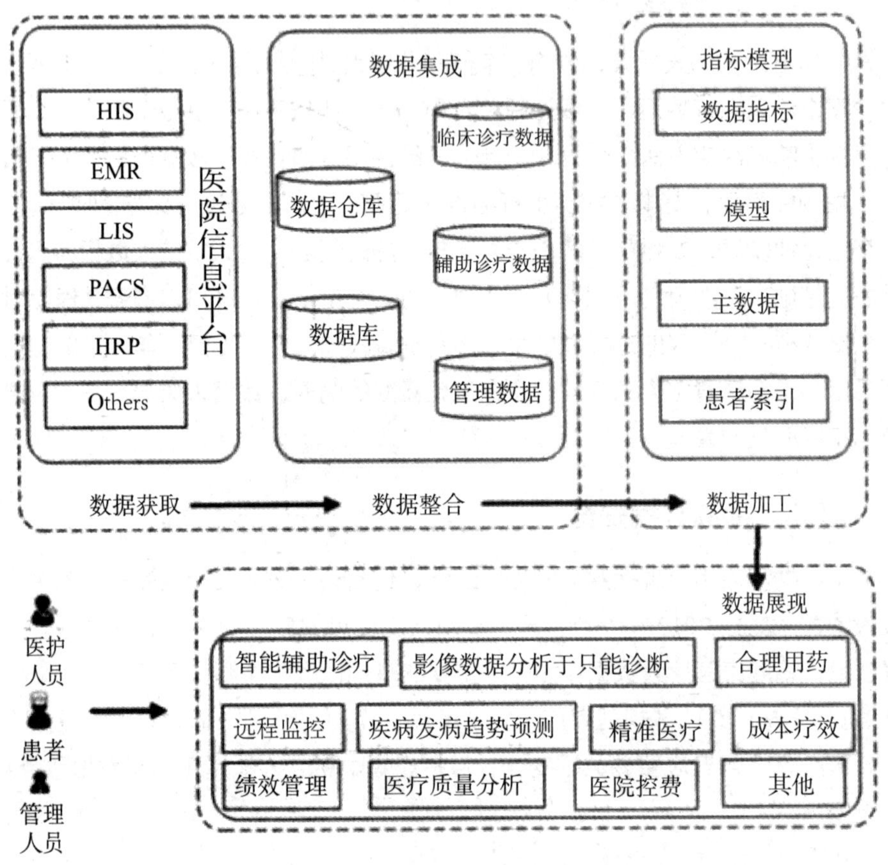

图 10-1　医疗大数据处理模型

10.3.1　数据获取

数据获取即根据应用主题从医院信息平台获取相关原始数据存储于医疗大数据平台数据库。

10.3.2　数据整合

数据整合是将从医院信息平台抽取的业务数据按照统一的存储和定义进行集成。医院信息化经过多年的发展，积累了很多基础性和零散的业务数据。但是数据分散在临床、医技、管理等不同部门，致使数据查询访问困难，医院管理层人员无法直接查阅数据，若对数据进行分析利用，则需要综合不同格式、不同业务系统的数据。

10.3.3　数据加工

将整合后的数据进行清洗、转换、加载，根据业务规则建立模型，对数据进行计算和聚合。

10.3.4　数据展现

数据展现即数据可视化，为方便医护人员、患者和管理人员理解和阅读数据，而采用相关技术进行的数据转换。

10.3.5　数据分析

医疗大数据分析可服务于患者、临床医疗和医院管理。如图 10-2 所示是一个基于患者就诊过程的医疗大数据分析与应用的模型[①]。

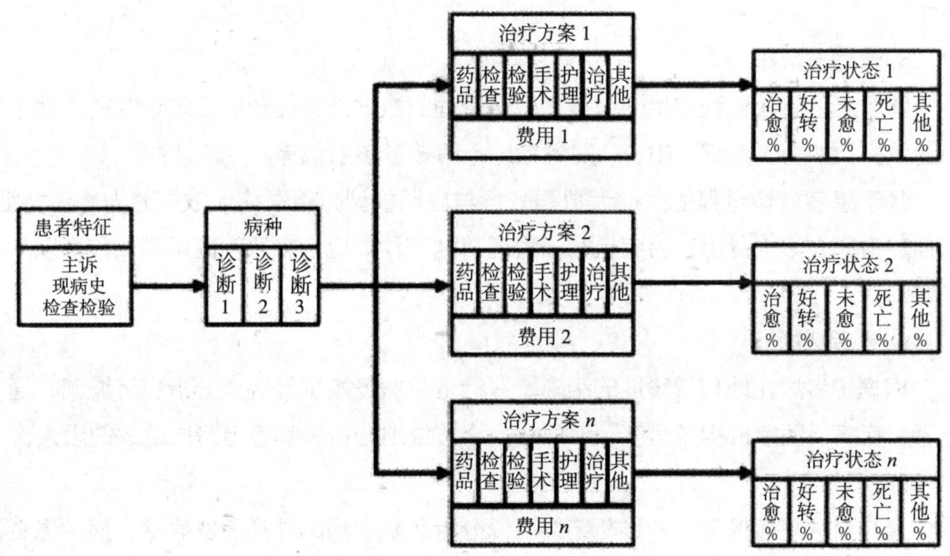

图 10–2　基于患者就诊过程的医疗大数据分析与应用模型

该模型展现了从患者入院到出院过程中产生的相关数据，主要包括患者特征数据、病种数据、治疗方案与费用数据、治疗状态数据及在该过程中产生的管理类数据。

① 杨正洪，郭良越，刘玮．人工智能与大数据技术导论[M]．北京：清华大学出版社，2019, 02.

1. 患者特征数据

患者特征数据主要有主诉、现病史、检查检验类数据，涵盖疾病的主要症状、体征、发病过程、检查、诊断、治疗及既往疾病信息、不良嗜好，甚至是职业、居住地等信息。

2. 病种数据

即患者疾病的诊断结果，一般有第一诊断、第二诊断、第三诊断等。目前医疗机构大多使用ICD-9/ICD-10进行疾病的分类与编码。

3. 治疗方案与费用数据

根据诊断结果，为患者提供的治疗方案与费用数据主要包括药品、检查、检验、手术、护理、治疗六大类，此外，费用数据还有材料费、床位费、护理费、换药费用等。

4. 治疗状态数据

治疗状态数据即患者出院时的治疗结局，一般分为治愈、好转、未愈、死亡4类。

5. 管理类数据

除了患者就医过程产生的服务于医院管理的数据外，还包括医院运营和管理系统中的数据，如物资系统、HRP、财务系统、绩效考核系统等产生的数据。

基于患者就诊过程的医疗大数据分析与应用模型，将医疗大数据分为患者特征、病种、治疗方案、费用、治疗状态、管理数据5种类型，主要的应用模式包括以下几个方面。

6. 患者特征

根据患者居住地和就诊地的距离、医疗卫生服务水平等因素分析患者流向，通过患者、疾病、医疗机构多角度、深层次、全方位地分析影响患者跨域就诊的因素。

7. 病种

通过对医院接诊患者的诊断结果可以分析医院疾病的种类和发病率，病种患者数量分布、病种科室分布等。

8. 费用

对医院药占比、门诊病人次均医药费用、住院病人人均医药费用、门诊病人次均医药费用增幅、住院病人人均医药费用增幅、典型单病种例均费用、参保患者个人支出比例、医保目录外费用比例、检查和化验收入占医疗收入比重、卫生材料收入占医疗收入比重、挂号/诊察/床位/治疗/手术/护理收入总和占医疗收入比重、百元医疗收入消耗的卫生材料费用、管理费用率、资产负债率等进行分析。

9. 患者特征 - 病种 - 治疗方案

包括病种与患者体征的关系、同一病种治疗方案选择的关系、病种与检查检验数据的关系、疾病与诊疗过程的关系、疾病和药物使用的关系等。

10. 病种——治疗方案——费用——治疗状态

根据医疗机构的医疗费用和疗效数据，通过建立的成本——效果（疗效）分析模型，计算病种不同治疗方案的平均成本、平均效果、增量平均成本、增量平均效果等指标，以及成本 - 效果比 (C/E)、增量成本 - 效果比 (ICER) 等效果指标，并进行相关指标的敏感度以及不同治疗方案的成本敏感度分析。

11. 管理

基于医院信息系统产生的医疗业务、临床业务、医疗运营数据可开展动态化、过程化、精细化的医院管理。可以更有效地对各科室、各种医疗人员进行全面的医疗业务、医疗费用、医疗安全、医疗质量、医疗绩效的监管。

10.4　人工智能的医疗应用

目前，行业治理、临床科研、公共卫生、管理决策、便民惠民以及产业发展已经成为我国健康医疗大数据的六大核心应用。AI 应用以前三者为重点分析对象，聚焦于行业治理的体制改革评估、医院管理和医保控费；临床科研领域的临床决策支持药物研发、精准医疗等方面；公共卫生则在多元化数据检测的基础上构建重大突发事件预警和应急响应体系，同时探索开展个性化健康管理服务。在应用开发方面，IT 巨头和数据驱动型创新企业各有特点，除此之外，拥有丰富资源的政府和医疗机构也开始扮演重要的角色。

下面我们阐述医疗大数据的几个 AI 应用：智能辅助诊疗、影像数据分析与影像智能诊断、合理用药、远程监控、精准医疗、成本与疗效分析、绩效管理、医院控费、医疗质量分析等。

10.4.1　智能辅助诊疗

借助大数据分析挖掘技术，在医院大量疾病临床资料的基础上，将同种疾病不同患者的就诊数据根据体征、环境因素、社会因素、心理因素、经济因素等多个角度划分为不同的组，以选择适合不同组的检查检验类型、治疗方案类型等。当有新的患者来医院就诊时，医生可进入系统，依据该患者的特征数据将其进行分类，然后为其选择个性化的诊疗方案。

10.4.2 影像数据分析与影像智能诊断

影像数据分析与影像智能诊断即借助 PACS 系统，在尽可能保持图像数据准确性和真实性的条件下，首先利用多维影像融合 (CT/MRI/PET-CT) 技术等对影像数据进行配准、分割、聚类，经过 PACS 处理的影像数据，进一步通过人工智能技术进行病灶识别等数据上的挖掘和应用，可有效减少医生的负担，提高医学判断的精准性。

10.4.3 合理用药

合理用药是根据疾病种类、患者状况和药理学理论选择最佳药物及其制剂，制定或调整给药方案，以期安全、有效、经济的预防和治愈疾病。除了执行国家药物政策、规范医疗行为、加强药学服务等措施之外，通过临床合理用药审核、咨询系统来规范临床医师的用药行为也是提高合理用药水平的有效措施。可采用大数据技术，依据患者的病历病史、疾病诊断、医嘱信息、用药信息、过敏信息等进行用药安全警示，如药物禁忌审查、配伍禁忌审查、药物相互作用审查等，及时发现不合理的用药问题。此外，可对医院历史处方数据进行大数据挖掘，分析抗菌药、注射剂、基本药物等占处方药的百分比，检验医院处方开具的不合格率，为规范医疗行为提供数据支持。

10.4.4 远程监控

远程病人监护系统包括家用心脏检测设备、血糖仪、芯片药片等。远程监控系统中包含大量的医疗数据，可从远程监护系统中进行患者相关体征数据的收集，经分析后再将结果反馈至监控设备，围绕体征数据的采集，对相应波动规律进行分析和判断，结合患者的病史资料，确定今后的用药和治疗方案。同时可减少患者的住院时间，缓解医院门、急诊排队拥堵的现象。

10.4.5 精准医疗

大数据分析技术通过收集电子病历系统患者个人的完整临床诊疗记录、同病种相似患者的临床诊疗记录，并结合患者的基因信息，利用生物信息学分析工具、本体、数据挖掘等大数据分析技术，对所收集的数据进行整合分析，以精准查找致病病因，形成精准临床诊断报告，并为患者提供最佳治疗方案，达到治疗效果最大化和副作用最小化的目的。

10.4.6　成本与疗效分析

以生存期和生活质量为临床疗效评价指标，通过比较不同治疗方案之间的健康效果差别和成本差别，从而为包括单病种控费、总额控制等在内的多种支付方式提供支持，实现在有效控制医疗费用的前提下提供最佳的临床诊疗方案。

10.4.7　绩效管理

通过大数据技术对医院床位使用率、财务收支、门 / 急诊量等医疗绩效指标数据进行分析，提供全方位的、精细化的、个性化的绩效评价体系。以美国为例，为减少再住院率，特地建立了一个模型来评估再住院风险。部分医院依靠这个模型，预测准确性可以达到 79%，减少了约 30% 地再住院病例，为医院和病人节省了大量开支。

10.4.8　医院控费

药品收入占比较大、大型医用设备检查治疗和医用耗材的收入占比增加较快、不合理就医等导致的医疗服务总量增加较快等，均是导致医院医疗费用不合理增长的原因。通过大数据技术测算各病种诊疗过程中的药品、检查、检验、手术、护理、治疗等方面的合理费用及补偿水平，同时针对医疗费用控制的主要监测指标进行数据分析和挖掘，积极控制医院费用的不合理增长，实现医院精细化管理。

10.4.9　医疗质量分析

医疗质量是评价医院医疗服务与管理整体水平最重要的标准，一直以来都是医院管理工作的核心。利用大数据分析技术将医疗质量数据转换为管理人员所需要的指标信息，按照患者特征、历史资料、图表信息等为管理层提供数据支撑和依据，是医疗大数据重要应用的体现。

此外，医疗大数据和人工智能在疾病发病趋势预测、健康状况评估、患者需求与行为分析、心电数据分析与心电智能诊断方面的应用也将越来越广泛。

复习思考题：

1. 医疗大数据的特点是什么？

2. 大数据时代建设医疗信息化的几个关键要点？

3. 请分析医疗大数据处理模型。

4. 人工智能在医疗领域的应用及发展前景是什么？

第 11 章　大数据与人工智能在教育领域的应用

教育部网站发布的《高等学校人工智能创新行动计划》提出在未来形成“人工智能 +X”的复合专业培养新模式，并提出将在中小学阶段引入人工智能普及教育的要求。随着人工智能的持续升温，其在教育领域的应用也崭露头角，“人工智能 + 教育”的新型教育模式开始为更多人所认知，并得到了资本的青睐。

11.1　高校教育管理的影响

大数据时代，数据科学家也于前沿的数据技术开发，经济学家关注大数据的产业价值，企业家期盼大数据的阳光照进日常的经营现实，法学家强调隐私保护，教育工作者思考如何利用大数据管理来推进智慧教育。大数据时代，我国高校教育管理面临着机遇，也面临着挑战。

11.1.1　高校教育管理的本质

何为教育？何为管理？何为教育管理？学术界对此的定义可以说是仁者见仁、智者见智，有从价值角度定义，有从方法角度定义，也有从目的角度定义。

高校教育管理的根本旨趣，就是通过教育和涵养、熏陶和浸染、培养与赋能，使学生具有发现幸福、创造幸福和体验幸福的能力，使学生更加优秀。可以说，优秀和幸福是高校教育管理所有的价值所在。

1. 高校教育的本质

教育的本质是什么？苏格拉底指出，求知是每个人灵魂里固有的能力，但他嘲笑智者的知识灌输如将视为放入盲人的眼睛里一样荒谬。孔子主张，学习是“为己”，而非“为人”的事情。西塞罗认为，教育的目的并非让学生适应现实，而是让学生摆脱现实的奴役。蒙田说，学习不是为了适应外界，而是为了丰富自己。卢梭提出“教育即生长”，即要使每个人的天性和与生俱来的能力得到健康成长，而不是把外在的东西如知识灌输进一个容器。卢梭指出生长是教育的唯一目的，除此无它，“只有一门学科是必须要教给孩子的：这门学科就是做人的天职。这门学科是一个整体，不管色诺芬对波斯人的教育说了什么，反正这门学科是不可分割的。……导师的责任不是交给孩子们以行为的准绳，他的责任是促使他们去发现这些准绳。”[①] 如果用生长的观点看教育，那么教育的每个阶段都有着自身的价值，每个阶段的价值都应该实现。卢梭认为每个人的一生都要有三种教师：受之于自然、受之于人、受之于事物，只有这几种教育配合一致，这样的教育才能成功。受之于人的教育是我们能真正控制的，教育的本质就是促进人的全面成长、使之天性和潜能得到展现。哈佛大学前校长德雷克·博克曾说过：“几乎普遍被认可的本科教育目标就是——批判性思维、交际能力、种族宽容度、道德观发展、全球视野以及广博的知识，都有助于学生公民责任感的养成。”[②] 怀特海认为，抛开了教科书和听课笔记，忘记考试要背的细节，剩下的才是教育。爱因斯坦认为教育的目的是培养独立思考和判断的总体能力，他主张向教育争自由，不要学生去做各门功课皆优的“好学生”。当然，在当前时期，教育要面向世界、面向未来、面向现代化，教育作为社会机构，具有培养社会需要的人才的功能和使命，更有甚者，提出专业要按市场需求设置，就业要以市场为导向。……这些似乎具有社会角度的工具论。

从不同角度反映教育矛盾冲突，就形成所谓“个人本位教育论”和“社会本位教育论”两种对立的教育观。实际上，这两种矛盾本质观正体现了教育的两大基本功能：促进人的发展和社会发展。教育是人与社会关系的中介，人与社会是教育的两端。教育的本质是培养人的活动，人是教育的对象，教育促进人的发展和人的社会化；教育在一定的社会环境中进行，社会为教育提供物质和精神教育资源。人的发展和社会的发展是一致的，因此教育促进人的发展和促进社会的发展功能具有本质上的一致性。促进人的发展，即德、智、体、美诸要素的关系，是教育的内部关系；教育与社会经济、政治、文化的关系，是教育的外部关系。但是，从根本上来讲，教育是帮助受教育的人，给他发展自己的能力，完善他的人格，即润泽生命、开启智慧。归根到底，教育者还是要守护他的精神高地、守护他的内心。一个人的内心感觉是否幸福、是否宁静、是否有力量，从某种意义上来讲，最终还是要回归教育本质、回归幸

① （法）让－雅克·卢梭(Jean - Jacques Rousseau). 平爱弥儿－论教育[M]. 李泟译. 北京：商务印书馆，1978(06)：31.

② （美）德雷克·博克(Derek Book). 回归大学之道[M]. 侯定凯译. 上海：华东师范大学出版社，2012(08).

福本质、回归爱的本质。正如周国平先生所讲的“教育应使受教育者现在的生活就是幸福而有意义的，并W此为幸福而有意义的一生创造良好的基础”。[①] 高校是学生进入社会前的最后一站，是培养“大学之人”的摇篮。大学大学，大人之学，就是精神高贵的人，精神贵族。

2. 高校教育管理的本质

高校是培养身也协调发展的高素养人才的一种特殊社会组织，高校的关键业务有三项：教学、科研和管理，教学和科研目标的实现离不开科学管理，教育目标的实现，更离不开科学管理。德鲁克的亲传弟子那国毅博士说“管理的终极之善是改变他人的生活”，这对高校教育管理有重要的显示。“向管理要效益”，这不仅是企业的口号，同样也适用于高校教育管理。高校教育管理的终极之善是改善各类办学要素状态及其组合状态，共同服务于培养具有丰富精神、高尚品德、独立思考、情善意美的社会普适性人才。高校教育管理是协调高校内部各要素之间、内部要素与外部要素之间关系、对有限的资源进行合理配置、使之与环境更相适应，从而更好地实现办学目标的重要方法和手段。高校教育管理水平高低，是衡量教育现代化程度的基本尺度之一，高校教育管理的水平直接影响高校教育教学的水平和质量，影响高校办学目标的实现。高校教育管理包括教学管理、学生管理、科研管理、师资管理、物资管理、财务管理及服务管理等内容，其中，教学管理、科研管理和学生管理是本研究重点讨论的内容。高校教育管理是一种特殊的管理，它的管理对象是活生生的人，高校除了财和物的管理，更重要的是人的管理——教师和学生。管理是一把双刃剑，管理得好了，那么被管理的事物就会焕发生机，管理得不好，那么被管理的事物就会萎靡不振，甚至死亡。管理的艺术在于借力，力的本质是能量及其特殊的存在方式。借力关键是要增加协同力，通过密切目标接触等办法，增加动力源，促进动力释放；同时，也要通过避免接触障碍的方法，减少阻力的能源，减少阻力释放。在管理也是生产力的时代，高校应树立“向管理要效益”的观念，充分认识提高高校教育管理水平对于提高资源利用效率、激发师生员工教和学积极性的重要意义，不断提高管理水平和能力。

11.1.2　我国高校大数据教育管理发展现状

我国教育信息化历经了十余年的发展，通过“985 工程”“211 工程”“西部大学

① 周国平 . 周国平论教育：守护人性（第 2 版）[M]. 上海：华东师范大学出版社，2015(02): 16.

校园网”“校校通”以及“面向21世纪的教育振兴计划”等一系列的重大工程建设，有力推动了高校教育管理信息化进程和创新改革进程。自《国家中长期教育改革和发展规划纲要》发布以来，我国教育信息化建设成效显著，在顶层设计、资金投入、基础设施建设、学科建设及制度建设等方面取得了一定进展。我国教育信息化经过了“整合——融合——深度融合”的阶段，目前正迈向“融合创新”新阶段。

1. 教育信息化战略地位得以确立

在我国教育信息化发展历程中，几个影响较火的事件是：2010年发布《国家中长期教育改革与发展规划纲要》，并指出“信息技术革命对教育发展具有革命性影响，必须予以高度重视”；2012年出台年《教育信息化十年发展规划（2012—2020）》，提出“中国数字教育2020”行动计划，重点建设优质数字资源共享，衔接各级各类教育管理信息系统与基础数据库，实现系统互联与数据互通，建设纵向贯通、横向关联的教育管理信息化体系；2012年召开第一次全国教育信息化工作电视电话会议并发布教育“三通两平台”；2013年启动教师信息技术应用提升工程；2014年实施“一师一优课、一课一名师”；2015年举办国际教育信息化大会并举行全国教育信息化电视电话会第二次会议；2016年教育信息化“十三五”规划提出校园CIO，信息化从支持教育教学融合向育人全过程。一系列规划的制定和实施，显示我国教育信息化的战略地位已得以确立。

2. 学校网络教学环境建设明显改善

一是“教学点数字教育资源全覆盖”项目取得重要进展。我国广大城市和农村地区的六万多所教学点的数字资源覆盖率达到百分之百，教学点在数字教学设备建设、数字资源传送和利用数字资源教学上取得了一定突破。

二是“宽带网络校校通”快速推进。各级各类学校互联网全覆盖的目标基本实现，安装并使用宽带的教学点占总数的50%以上。到2016年9月，京、沪、苏、浙等省市已率先达到百分之百因特网接入教学点，这些地区的教学点在多媒体教室配备上也率先实现了全覆盖。

三是优质资源匮乏局面明显改观。“优质资源班班通”计划将教育优质资源分享到每一个教学单位中的每一个教学班级之中，实现教学优质资源共享，也取得了十分显著的成绩。教育信息化背景下的职业教育体系中，建成了56个网络专业教学数字资源中也，国家层面的开放式大学建立了为继续教育服务的在线资源3万多个、课程总量达到60多个太字节。

四是“网络学习空间人人通”实现新跨越。全国已有超过30%的学校开通了网络学习空间，建设了国家开放大学远程开放教育云平台，开放教育为特色的国家开放大学实行远程教育开放式的云端课堂，提供 60 门核心课程和 50 门通识课程，数字教材达到 50 种，并在网络媒体上进行推广，促进了教育理念变革和模式创新。五是教育云服务体系初步建立，这一云平台将全国 20 多个省级教育优质课平台、企业教育云服务平台等整合起来，形成了校际之间、企业之间、校企之间并联发展的良好态势。

3. 国家教育资源是服务体系初具规模

教育部、财政部和工信部协同建设，“两级建设、五级应用”（教育部、省教育厅两级建设，国家、省、地市、区县和高校五级运用）的信息资源格局业已形成，国家级数据中也基本建成，省级数据中也建设快速推进，建成了支撑学生、教师、学校等核心业务管理的 29 个信息系统及各类基础数据库。基本实现了校、师、生在管理上的“一所学校对应一个编码，一个学生对应一个号码”的信息录入，教育管理信息系统建设与应用体系已经覆盖全国并日臻完善。到 2015 年 3 月，省级教育数据中心 22 个省份已部分建成、3 个省份正建设实施、4 个省份进行设备招标采购、3 个省份尚未开展建设。在教育部《2017 年教育信息化工作要点》中明确指出国家层面的平台同省、市级平台及企业平台对接，扩大公共服务体系的用户范围，实现全国 200 万个班级共同享受到教育优质资源。利用云技术促进我国高校教育管理的转型升级，已势在必行。

4. 教育信息化投资规模不断增长

《国家教育事业发展第十二个五年规划》和《教育信息化十年发展规划（2011—2020 年）》的出台，为教育事业发展确立了明确的建设目标，并为教育信息化经费投入提供了稳定增长的保障。2012 年以来，我国财政性教育经费占国内生产总值比例持续保持在 4% 以上。计世资讯 (CCW Research) 研究显示，2013—2016 年，我国教育行业信息化投资规模、教育行业云计算投资规模均呈直线上升趋势。

5. 学科专业建设规划开始实施推进

随着互联网及大数据技术的发展，相关学科专业建设显得尤为重要。我国已加大大数据相关专业学科的建设：2015 年国家成立了网络空间安全一级学科；2016 年初，国务院学位委员会正式下发《国务院学位委员会关于同意增列网络空间安全一级学科博士学位授权点的通知》，共有 29 所高校获得网络空间安全一级学科博士学位授权点。我国高校也根据国家法律法规及相关政策，加大数据人才培养及相关专业建设。如，电子科技大学 2015 年 7 月成立网络空间安全学院，2016 年正式招收博士生，包括网络与数据安全、安全通信、电磁空间安全、密码理论与应用算法及云计算与大数据安全五个研究方向。学科的建立，对资源的汇聚带来正效应。四川大学作为首批国家网络安全人才培养基地，其获得网络安全人才培养专项基金，在中央网信办的支持下，启动金额达 1000 万元。另外，大数据科学与技术专业人才的培养也拉开序幕，教育部 2016 年批准北京大学、对外经济贸易大学、中南大学等成为第一批新增“数据科学与大数据技术”本科新专业的高校。

11.1.3　大数据对我国高校教育管理带来的积极影响

大数据带给高校数据采集、治理模式、教育教学、考核评估等方面带来革命性的力量。

1. 数据采集

局限于技术、人力和物力，传统高校数据采集主要以管理类、结构化和结果性的数据为重点，关注教育整体发展情况，这种反馈机制在一定程度上对于高校教育决策、规章制度的制定起到了积极的作用。但是对于学生、教师、科研的实时掌握情况却远远不够，对于不好的结果也不能提前预测和预防，而多是事后补救型，从而使高校教育管理处于被动局面。随着大数据技术强力渗透到各行各业，高校教育数据的采集将面临新的变革。互联网、物联网和大数据技术支撑下的高校智慧校园，不仅在采集数据的数量上超越传统高校，而且在数据的质量及数据的价值方面都具有传统高校数据所不可比拟的优势。高校教育管理大数据具有非结构化、动态化、过程化及微观化的特点，处理程序更加复杂、深入和多元化。学生的学、教师的教，一切活动都处处有迹可循。数据流源源不断，在数据分析师的头脑加工，产生源源不断的智慧流，从而促进高校教育管理更加科学化、人性化。当然，高校大数据采集和管理宗旨是：功能是必需，情感是刚需，以人为本。然而，由于高校教管理对象及活动的复杂性，加上缺乏商业领域标准化业务流程，从而导致高校教育管理大数据的采集活动呈现复杂性的特点。在高校教育管理大数据的分析中，要特别强调因果关系，虽然国际大数据专家舍恩伯格认为更应重相关关系，但是教育是培养人为根本目标，它不同于商业数据，无须追根求源，教育大数据不仅要“知其然”，更要知其“所以然”。通过技术分析和处理，挖掘高校教育管理大数据所体现的规律及发现揭示问题背后的根本原因，最终寻找破解之道、应对良策，从而更好地提升高校教与学的活动效果。

2. 模式

利用数据进行决策，已经在管理中形成共识。SAS 及《哈佛商业评论》调研结果显示：700 名参与调研的高层管理者中，有 75% 认为他们在部门的决策实际上依赖数据分析；40% 的人认为采用数据分析的结果进行决策，提升了他们工作的重要程度以及在企业中的地位。[①] 大数据时代，高校决策模式、治理模式都将面临转型。传统高校治理属于"精英治理"，受限于校园信息化程度和智能化程度不高，学校各项事业发展方案、措施、策略等不能广泛传达至师生，民主意识较强的管理者顶多召开一个小范围的研讨会，或者以开会的形式传达，而这种正式会议过于严肃和拘谨，缺乏自由、轻松的氛围，不利于异质声音的表达，也就意味着不能将群众的真正声音传递到决策者耳中。而在以互联网、物联网、云计算、大数据及移动终端为技术支撑的智慧校园中，可以实现高校由"管理"向"治理"转变，更好地实现治理的民主化、科学化。高校管理者与师生不受时空限制的互动交流，至少有四点优势：一是收集有利于学校发展、各项业务完善的群众智慧；二是传达学校发展战略、思路，形成上下合力；三是拉近干群距离，将各种矛盾化解在萌芽状态；四是决策处处留痕，实现阳光政务，防止权为"任性"，促进决策的规范化、科学化。

3. 教学化

利用大数据技术开展翻转课堂教学改革或在线教育是当前高校教育管理变革的重要内容。高校学生数量庞大，是运用信息技术的主要群体，也是高校教育管理大数据的重要生产者和使用者。可以根据学习平台上不同学生对各个知识点的不同用时、不同反应，来确定要重点强调的知识和决定不同的讲述方式。大数据教学有两大优势：一是私人定制，二是大规模个性定制。私人定制即借助适应性学习软件，通过相关算法分析个人需求为每一位学生创建"个人播放列表"，且这种学习的内容是动态的。通过大数据分析，对提高学生个体学业成绩需要实施的行为作出预测，决定如何选择教材、采取什么样的教学风格和反馈机制等。大规模个性定制指根据学生差异对大规模学生进行分组，通过相同测验、有更多相似性的学生会被分在一组，相同组别的学生也会使用相同的教材。大规模个性定制教育的成本并不比批量教育成本高出许多。吴恩达教授 2011 年将其课程搬上互联网之后，注册的学生突破了 10 万人，其中有 4.6 万人确定开始了课堂学习，并提交了作业。在为期 4 个月的课程结束后，有 1.3 万人因成绩合格而获得了结业证书，课堂结业率为 10%，看起来相当低，而其他网络课堂的学习甚至只有 5%。Coursera 上现有 60 多所不同的大学提供在线课堂，300 种以上的免费大型公开在线课程，吸引了全球 300 多万学生和成年学习者参加，

① 如何快速培养高素质大数据人才 [EB/OL].[2017 - 01 - 20].

课程包括了计算机科学、数学和工程专业、诗歌、历史等学科。中国大学 MOOCs 通过率只有 3.72%，似乎与传统实体大学比，网络大学的通过率是如此低，是否 MOOCs 是一个失败的新鲜事物呢？其实，即使是很低的结业率，乘以数十万的分母，通过的总人数还是凭借传统的教学手段无法企及的。哈佛大学在线教育负责人认为，在线教育的浪潮是继印刷术发明之后，教育领域面临的最大变革。人类教育的形式由古代学徒制、到近现代的学校制、再到在线教育的个性化，是教育形式的螺旋上升，既解决了教育产品的量的问题，又能很好解决教育产品质量的问题。大数据的教育潜力很大，运用前景广阔。以行为评价和学习诱导为特点的在线教育平台，仅是其影响高校教育的“冰山一角”。

4. 考核评估

“刻舟求剑、刮目相看、盲人摸象”这些蕴含着中国智慧的成语告诉我们；要用运动的、全面的眼光评价事物。作为“科学”“先进”的社会群体符号代表的高校教育管理者，对于学校的办学水平及教与学的成效评估更要体现科学性和人文性。大数据时代，从数海中找到当前教育管理问题及其影响因素和根本原因，用易懂的数据关系诠释深刻的哲学道理，是这个时代的重要特征。大数据促进高校教育管理评估从注重经验向注重数据转变，从注重模糊宏观向注重精准微观转变，从注重结果向注重过程转变。高校教学活动是大数据评估最常用的领域，从广义上理解，高校大数据应是人类学、社会学、社会关系学背景下的大数据。高校内部大数据系统一定要与外部社会大数据系统建立起融合关系或者链接关系，这样才可能从知识、情感、能力、道德等全方位、多维度了解学生，制定人性化发展方案，有效避免以学习为中心，而更好地实现以素质为中心的教育旨趣，才能更好培养符合社会需求的高水平专业人才。首先，高校利用大数据技术，对人才培养、产业发展及社会信息等数据的采集要提前布局，要有连续的数据对其支撑，每个地区的生源情况、就业情况，要有长期连续的动态数据，才能从数海中预测经济发展、社会人才需求、高等教育未来发展趋势等，及时调整学校发展战略，促进人才培养模式改革。其次，大数据技术可以实现考核评估的革命性改变，高校教育管理者利用回归分析、关联规则挖掘等方法帮助教师对学生学习状况、思想状况、社交状况等进行全方位的掌握，关注学生生长的过程，实现评估的全方位和立体化，从而优化教育管理策略，提高教育管理效果。哈佛大学 2011 年研发的学习分析系统，是一种基于云计算的学习分析系统，包括数据采集、数据存储、数据分析和数据呈现几个模块，能将学生进行学习任务的相关数据进行分析后可视化，并实时呈现到教师的设备屏幕上，便于教师对课堂教学的及时调控，这种分析系统已在 Ohio State、Cornell 等大学中推广。最后，利用大数据技术可以建立起教师科研、教学的预警机制，对于教学质量监控、科研趋势等设置报警区域，达到设定的域值，系统自动报警提醒管理人员重点关注一些教师。基于大数据技术，创新高校教育教学评估体系，使之更加多元化、智能化、个性化，实现由传统基于分数的评价向基于大数据的评价转变，由传统的结果评价向过程评价转变。

11.2　教学模式的优化

在传统的教学模式中，“以老师为中心”的教学模式是最常见的。随着人们时教育研究的深入和科技水平的发展，“以学生为中心”的教育模式成了教育专家所建议的最佳教育模式，也成了教育改革的目标。

“以学生为中心”的教育模式强调激发学生的自主学习能力，为学生提供个性化的教育，并在充分利用现代科技的基础上，通过互联网为学生提供全部的教学资源。但由于科技手段的限制，许多教学过程都无法达到“以学生为中心”的目标。当人工智能技术与教学手段结合后，智能语音技术能够帮助英语课堂获得更好的教学效果；智能批改作业系统能够将老师从单调的作业批改工作中解放出来，从而有更多精力去开展备课等教学活动；智能分析技术能够充分分析学生的特点，帮助老师做到因材施教；人工智能支持的游戏化教学平台使课堂更加有趣，充分激发学生的学习兴趣。

总之，“人工智能教学”的模式能够将课堂变得更加高效，为学生提供个性化的教学，也能够为教学领域带来新的发展契机。

11.2.1　智能语音系统

1. 我国传统的英语教学模式存在以下缺陷

（1）课程枯燥乏味。为了让学生在较短的时间内尽量学到更多的知识，英语教材的内容在情景设计上可能会有些脱离实际，因此需要老师在备课上多下功夫，让实际教学能够更加灵活，让学生有兴趣参与。但有的老师只是按照课本讲，不结合学生的实际情况，因而导致英语课堂枯燥乏味，学生的学习积极性不高。

（2）学生开口机会少。作为一门语言，英语的教学也应建立在语言交流的基础上，才能获得更好的效果。然而，由于实际条件的限制，并不是每一位学生在课堂上都可以和老师进行交流，这就大大影响了英语教学的效果，容易造成“哑巴英语”的现象。

这些短板既是传统教学模式的遗留问题，也是我国教学系统中老师与学生的数量不平衡导致的。为了解决这些问题，除了不断推进教育制度改革、增加老师数量等政府措施以外，在教学硬件上引入人工智能技术也能极大地改善这些现象。科大讯飞公司推出了一款具有人工智能技术的畅言语音系统，在英语课堂的试用中取得了很好的效果，被许多试用过的老师推荐。

2. 现代智能教学模式的优点

（1）趣味导入激发学生的学习兴趣。“好的开始是成功的一半”，任何课程都需要个好的课程导入过程，这样不仅能够让学生的注意力集中到课堂上，更能够激发他们的学习兴趣，在上课时积极主动地学习新知识。在利用畅言语音系统进行课程的导入时，老师可将与课程内容有关的图片展示出来，运用识别笔进行触点，放出语音。例如，在进行英语课程 (We love animals) 时，老师利用畅言语音系统对贴有隐形识别码的图片、简笔画等进行触点，使无声的图片能够和学生进行语音互动。这样一来，学生与这些实物的交换过程中能够激发学习兴趣，对所学单词的印象更加深刻。

（2）活跃课堂教学气氛。课堂气氛是影响学生学习的重要因素，活跃的课堂气氛能够将学生的注意力集中在老师的教学过程上，提升教学效果。智能语音系统可以帮助老师活跃课堂气氛。例如，该系统自带的魔音功能可以模仿学生们喜爱的人物声音和学生进行交流。当学生回答问题后，后者学生的注意力有些不集中时，老师通过魔音功能能够充分刺激学生的听觉，活跃课堂气氛，吸引学生的注意力。

（3）创设情境巩固操练。在英语教学活动中，课堂练习（如小组口语练习、情景练习等）是学生对所学知识进行巩固的最基本的活动形式。因此，老师在这个环节也应充分提高学生的参与度，加深学生对学习内容的理解。

智能语音系统能够为课堂练习创设不同的情境，辅助学生进行巩固操练。例如，英语课堂中，学生需要练习英语单词，老师就可以用识别笔点触事先准备好的隐形识别码，让智能语音系统发出声音，创设出具有情景模式的场景，加深学生对单词的印象。

（4）提高老师的专业水平。以英语为代表的语言类教师岗位对老师的专业水平具有很高的要求。由于客观原因，我国英语老师尤其是农村英语老师的英语专业水平不容乐观，这给英语教学带来了一定的障碍。智能语音系统具有发音纯正的语音系统，可以帮助老师不断修正语音上的不足。同时，智能语音系统还能够及时更新课外读物，帮助老师不断学习新知识，丰富课堂教学内容。

与传统的教学教具（如录音机、英汉词典等）相比，智能语音系统的交互性特点十分突出，而英语课堂教学只有在教学双方具有良好互动的情况下才能达到最好的效果，所以智能语音系统更能够协助提高英语教学效果。

11.2.2 智能批改作业

众所周知，在教学过程中，对学生的作业进行批改是老师了解学生情况的重要手段之一，也是占用老师大量精力的环节。尽管批改作业可以让老师充分了解学生对所学知识的掌握程度，以此作为制定下一步教学方案的依据，但是由于有的作业只是辅助学生进行知识巩固，不具有暴露学生学习薄弱点的作用（如抄写诗词等），因此如果能够实现对作业的智能批改，就能够为老师节省大量的时间和精力，使老师能够更好地钻研备课等其他教学活动。

“智能批改”的概念十分火爆，但实现起来并非易事。在实现智能批改的过程中，需要利用智能识别技术对手写文字进行识别，对逻辑应用进行模型分析。也就是说，智能识别技术是智能批改的基础。

最初级的智能批改是中、高考最常用的一种批改模式——机器批改。这种模式利用微机读卡技术能够对学生的客观题进行批改，从而提高阅卷效率。但由于对手写题目的批阅要求更高的识别技术和数字化转换技术，因此不能完成智能识别的机器并不能实现智能批改。只有结合人工智能技术，才能够真正实现智能批改。

“OKAY”智慧教育和 MyScript 公司及微软合作，实现了智能批改的教育全场景覆盖。“OKAY”智慧教育利用了 MyScript 公司的手写识别技术，能够完成对学生手写答案的数字化转换，然后结合微软的人工智能分析技术对数字化转换后的作业进行比对，实现智能化批改。

在智能识别领域，MyScript 公司一直走在世界前列。MyScript 公司的手写识别技术能够对各种手写信息进行识别，包括数学符号、各国语言、图形等。即使人们在书写过程中出现偶然的笔顺变形，笔迹也能被精准地识别并完成数字化转换。微软的人工智能技术则能够实现对海量题库进行学习、比对，从而对每一类题型的解法生成智能比对结果，在面对已经完成数字化转换的学生作业时就能够实现智能批改。

智能批改在教育变革中具有十分重要的作用。首先，智能批改能够让教学过程中最重要的教育生产力一老师，从繁重的作业批改中解放出来，让他们有更多精力充分备课或进行其他教学活动。其次，智能批改系统不会遗漏任何一位学生的成绩，能够更好地向老师展示学生的学习情况，辅助老师制订教学计划，实现因材施教。另外，智能批改的速度极快，能够让老师及时得到反馈，随堂测验更加高效地完成，有更多时间讲解学生没有理解的问题。

除了“OKAY”智慧教育以外，“爱作业”也是一款可以实现智能批改的App，将人工智能技术应用于小学数学的口算作业批改，减轻了家长和老师的负担。无论是家长进行单份作业检查，还是老师给全班批改作业，只要将作业拍照上传至“爱作业”App，就能实现1秒批改。“爱作业”App上线当天就有1600多人下载使用，仅上线4天就成了苹果应用商店教育类应用排行榜第5名，上线1个月就拥有了60万用户。

“OKAY”智慧教育受到广泛好评和“爱作业”的用户激增都说明了智能批改作业的实际需求巨大，而人工智能技术在智能批改上的应用使智能批改终于从理想变为现实。当人工智能为各行各业带来变革时，人工智能终于也要以智能批改为起点，为教育行业带来新的浪潮。

11.2.3 智能分析技术

自孔子提出“因材施教”的教育观念以来，我国在实行个性化教育方面已经有2000多年的历史。但在现代应试教育的大环境下，老师要想根据学生的特点制定个性化的教学方案是十分困难的。在科学技术尤其是人工智能分析技术的支持下，因材施教有了可行的方法。

通过人工智能技术，有以下两种途径来实现因材施教的个性化教学。

1. 构建、优化智能模型

人工智能的智能分析技术能够为用户构建和优化学习内容模型，帮助用户更加准确地发现适合自己的学习内容。国外的分级阅读平台就是典型的案例。它能够为用户推荐适合其水平的阅读材料，并在阅读材料后附有相关的小测验。在用户完成阅读和测验后，平台会对其答案进行智能分析，生成阅读数据报告，既可用于下一次推荐，也方便老师掌握学生的学习情况。

例如，Newsela是一款面向个人英语学习的应用软件，其用户数量已经超过百万。该应用软件通过智能算法分析用户的英语水平后，抓取彭博社、《华盛顿邮报》等主流媒体的新闻报道，并改写成符合用户的词汇量水平的难度。

2. 自适应平台

要想做到教学过程中的因材施教，就必须了解学生的学习特点。具有智能分析的自适应平台能够满足这个要求，为学生提供个性化的学习。

自适应平台的运作流程如图11-1所示。

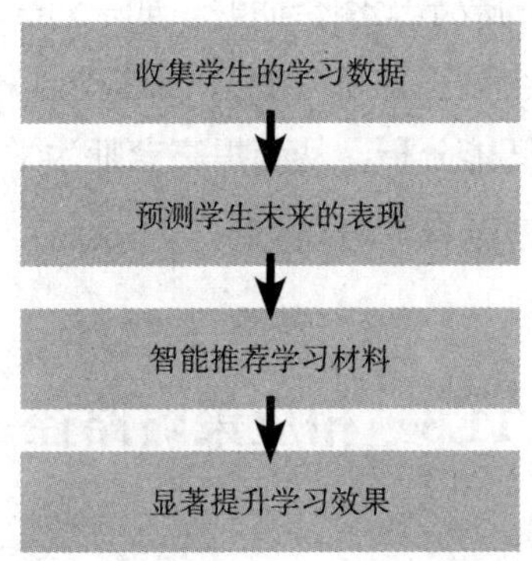

图 11-1　自适应平台的运作流程

以自适应平台的代表 Knewton 为例。Knewton 为全球的发行商、学校及学习者提供课程推荐和预测分析，它具有三项重要功能：智能推荐课程、预测性的学习数据分析和结果数据分析。

在获取学习者的学习数据后，Knewton 能够为学习者推荐一些合适的课程。在学习者经过一段时间的学习后，Knewton 能够预测性地告知学习者未来能够达到的学习程度。最后，当学习者完成学习后，Knewton 会对学习者的学习结果进行分析，评估课程对学习者到底起到了哪些作用，以便更精准地推荐学习材料。

在教学过程中，实现教学的反馈环是十分重要的，即形成“老师提出问题——学生解决问题——学习成果反馈——老师发现问题——老师有针对性地调整教学方向”的正向循环，如图 11-2 所示。

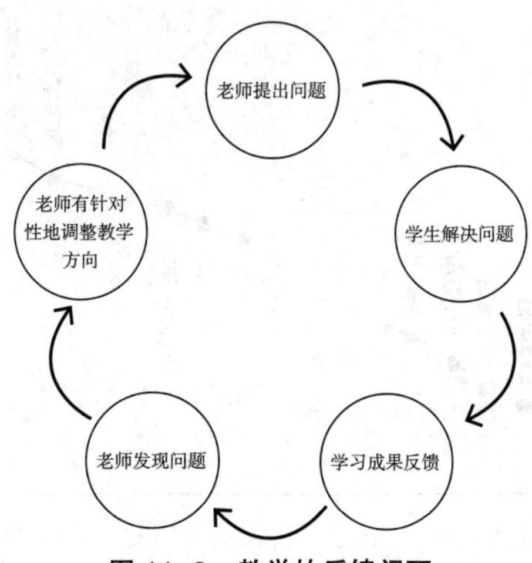

图 11-2　教学的反馈闭环

这个闭环在老师和学生的数量比例合适时（如一对一的教学）十分容易实现，但当学生数量增多时，学生的个体差异就会使这个闭环难以实现。然而，人工智能分析技术可以帮助实现对学生的智能分析，从而提高老师为学生制订个性化学习计划的效率，也使因材施教真正成为可实现的目标。

11.3 相应策略路径

人工智能技术是通过对人类认知能力和智慧行为进行模仿，实现智能化的过程中所要掌握的物质方法和技术手段。目前人工智能技术不仅包括自然语言处理、语音识别、深度学习和自适应等公认的技术，还包括人类暂时无法处理的复杂性、实时性的机器智能技术、基因技术、脑机接口等技术。当前人工智能技术在国内教育领域的应用主要有自适应学习、智能辅导系统、教育机器人三方面。

11.3.1 自适应学习

自适应学习是指通过对学生每一阶段的能力进行测评、对学习者学习特征进行监控，适当调整教学内容、教学方法和教学环境，给出精准的学习路径的一种学习方式。艾瑞咨询公司 2016 年发布的人工智能新兴技术显示，当前影响人工智能自适应教育行业发展的关键技术中，短期、中期、长期分别能实现的技术如图 11-3 所示。

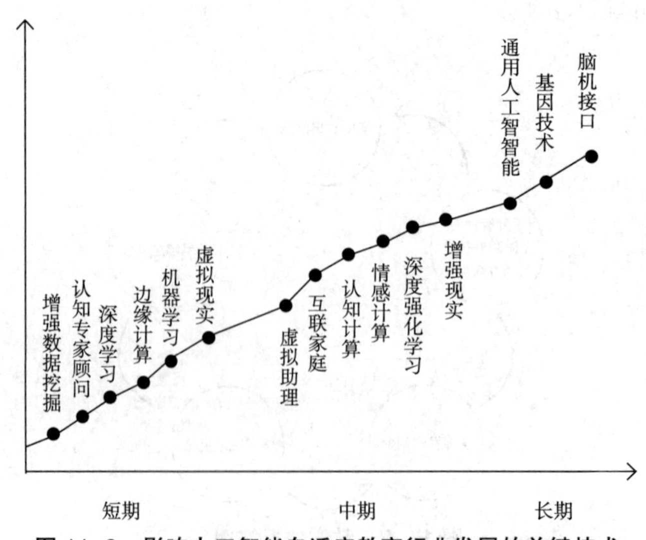

图 11-3 影响人工智能自适应教育行业发展的关键技术

自适应学习强调建模中的学习者差异，追踪学习者的需要和能力并为学习者提供精准的学习路径是自适应学习系统的关键。因此，当前国内自适应的研究主要是在分析学习者的情感状态、性格特点、知识水平和学习能力的基础上，建立精准的学习者概况和学习者模型，其中具有代表性的是姜强、赵蔚团队。2011 年，为解决主流系统推送资源千篇一律的问题，制定了自适应学习系统，为学生提供个性化学习资源①。2013 年提出实现双向适应交互的观点，解决了当时大多数自适应学习系统仅具有单向适应能力的问题②。2017 年对自适应学习系统的学习者个性特征进行分析，解析了学习者模型的运行机制③。建立精准的学习者概况和学习者模型的研究还在继续中。

11.3.2　智能辅导系统

智能辅导系统包含于自适应学习系统中，自适应学习系统的核心在课上，智能辅导系统的核心在课后，属于自适应学习系统的次核心部分。智能辅导系统可以帮助学生自学新知识，提供作业辅导，以智能的方式给予多类型的帮助和反馈。当前智能辅导系统主要的环节如图 11-4 所示，主要功能涉及的技术如表 11-1 所示。

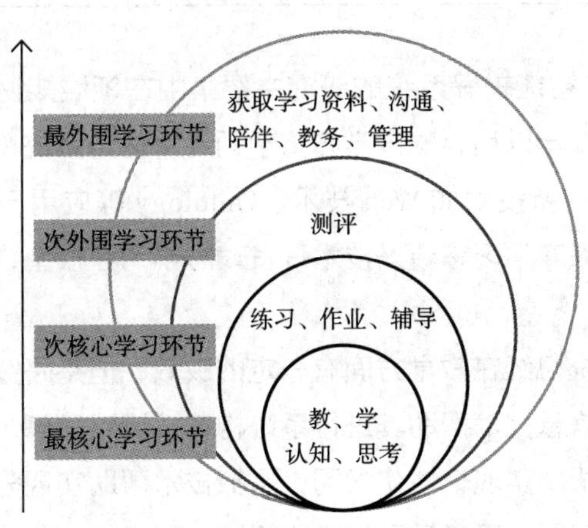

图 11-4　智能辅导系统学习环节

① 姜强，赵蔚．自适应学习系统述评及其优化机制研究 [J]. 现代远距离教育 ,2011(06): 57-63.

② 姜强，赵蔚，王朋娇．自适应学习系统中双向适应交互评价实证研究 [J]. 现代远程教育研究，2013(05): 106-112.

③ 菅保霞，姜强，赵蔚，等．大数据背景下自适应学习个性特征模型研究——基于元分析视角 [J]. 远程教育杂志 ,2017,35(04): 87-96.

表 11-1　智能辅导系统应用场景与关键人工智能技术

主要功能	相应技术
拍照搜题	图像识别
沟通交流	语音交互
口语测评	语音识别
作文批改	图像识别、自然语言处理
虚拟场景展现	VR/AR
规划学习路径 推送学习内容 侦测能力缺陷 预测学习速度	自适应
分层排课	智能搜索
判断学习态度	情绪识别
组卷阅卷	图像识别、自然语言处理
作业布置	自适应

在 2000 年以前，智能辅导系统的研究主要集中在领域知识模型的构建、集成环境的开发等方面；2000 年以后，国内学者将学习者特征与系统模型构建融合，建立学习者模型，并把当时的新技术如 Web 技术、Ontology 等应用于模型中；近年来，学者们利用数据挖掘、深度学习等新兴技术开发动态学习者模型，为学习者提供动态学习路径[①]。

尽管智能辅导系统已经在教学方面有一定的成效，但是研究发现，智能辅导系统还未到达成熟阶段。信息技术帮助其进行系统构建，情感计算帮助实现教学中的情感沟通，人工智能技术帮助实现个性化学习，虚拟技术帮助实现分享与交流，认知科学帮助我们更好地了解问题、思考问题和解决问题，但目前这些技术都没达到成熟阶段从而限制了智能辅导系统的发展。

① 刘清堂，吴林静，刘嫫，范桂林，毛刚．智能导师系统研究现状与发展趋势 [J]．中国电化教育，2016(10)：39-44.

11.3.3　教育机器人

教育机器人是以激发学生学习兴趣，培养学生动手实践、编程创造和观察能力等为目标专门面向教育领域研发的机器人。教育机器人主要技术如表 11-2 所示。

表 11-2　教育机器人应用场景与关键人工智能技术

主要功能	相应技术
肢体表演	姿势识别
交流互动	语音交互
面部识别	语音识别、人脸识别、
同理心与情绪侦测	情绪侦测、同理回应
判断学习态度	情绪识别
规划学习路径 推送学习内容 侦测能力缺陷 预测学习速度	自适应

2013 年，葛艳红研究了定位导航、感知交互等教育机器人的关键技术，并研发了实验平台①。2019 年，单俊豪、官玲玲等通过元分析研究了教育机器人对学生学习成果的影响②。总体来说，国内缺乏教育机器人如何应用的研究，同时在教学管理平台、师资力量、对应的教学内容上也明显缺乏。

目前，实践应用主要集中在以下三方面：实践课教学内容、教师助手、学习陪伴者。机器人在实践课上组装或利用编程操控可以提高学生的动手操作能力；机器人作为教师助手主要用于辅助教师传递教学内容，使教学内容更直观，激发学生的学习兴趣，如机器人表演舞蹈动作；教育机器人作为学习陪伴者主要功能有与学生互动记忆单词等。

---

① 葛艳红．基于物联网的教育机器人关键技术研究 [D]. 武汉：武汉理工大学 ,2013.

② 单俊豪，官玲玲，李玉，闫寒冰．教育机器人对学生学习成果的影响——基于 49 篇实验或准实验研究论文的元分析 [J]. 中国电化教育 ,2019(05): 76-83.

11.4　发展面临的挑战与前景

人工智能时代中的高度智能化和信息化给教育带来的影响主要体现在智能教学环境、智能教师资源、智能教学技术和智能学习技术等方面。从当前的应用现状来看，人工智能与基础教育正不断融合，虽然可以初步做到优化学习路径，提供个性化学习服务，在技术和应用上也在不断创新，但理论研究与实践应用相对不足，人工智能与教育的深度融合面临的挑战也不断地凸显出来：高素质综合型人才紧缺导致高发文量低应用率、大量的异构数据库阻碍人工智能教育数据库的完善、需求率不明确技术相对不领先阻碍人工智能的实践与创新[①]。因此，未来人工智能的发展需要在以下几个方面加强。

11.4.1　以应用能力为导向，加强高素质综合型人才的培养

随着人工智能市场经济的高速发展、产业结构的优化调整和技术的不断升级，人工智能教育需要的不再是具有单一学科的理论技术人才，而是具有思维推理能力、问题解决能力和创新能力等的高素质综合型的优质人才。优质人才的培养分为两个方面。

第一，复合型技术人才培养。人工智能教育是融合了多种学科理论的交叉的科学，因此，应加强人工智能与多学科交叉融合研究，培养具有多学科理论基础的复合型人才，将当前研究成果落实到实践。

第二，“AI”教师的培养。未来优秀的教师将是懂得“AI”技术方法和擅长使用人工智能产品的教师，课堂将从传统的单一课堂向“双师课堂”的转变，在教学过程中，智能导师与“AI”导师相互配合，协调完成教学目标。因此，要改变教学模式、革新教学方式、更迭教学环境、制定完善的教师培训体系，加强“AI”教师的培养。

11.4.2　以个性化检索为导向，完善人工智能教育数据库

在智能场景方面，庞大的人工智能教育数据库是发展智能教室、智能学习空间等

---

① 李振，周东岱，刘娜，欧阳猛．人工智能应用背景下的教育人工智能研究[J]．现代教育技术，2018,28(09)：19-25.

人工智能场景的重要条件之一。当前由于教育资源库中存在大量的异构数据库，阻碍教育资源共建共享机制的完善，还没有形成统一的标准。

因此，未来的发展首先是要对现有教育资源进行标准化处理，将各类优质教育资源融合，协调统一的规范技术和标准，实现更大范围的信息资源共享。其次要建立教学资源存储云数据库。考虑当前资源现状，有两种途径：第一，将教育资源信息工作交给第三方，以便拥有安全快捷的云计算服务；第二，构建独立的教学资源共享服务中心，以便具有较强的专业性和针对性的优点。

11.4.3 以需求为导向，深化人工智能技术的实践与创新

人工智能技术在基础教育阶段的应用需要关注技术本身对智能教学场景、智能教师资源、智能教学技术和智能学习技术等要素所发挥的作用。其着力点在于智能教室、智能学习空间等人工智能场景的实现和以基础教育阶段学生需求为导向的自适应学习系统、智能教学技术为导向的智能辅导系统、教育机器人等教育产品的研发。同时，下一步主流技术的开发和与教育的融合应以把人类积极性情感问题的因素考虑其中，设计需求明确实用性强的产品，深化人工智能技术的实践与创新。

人类正步入人工智能的新时代，人工智能与教育正深度融合。“人类 + 机器”是现在，不是未来。而这种“现在”正在迅速地引领教育走向人工智能时代。随着越来越多的学生对科技越来越熟悉，人工智能将逐渐变成学校课堂中不可或缺的一部分。在人工智能对基础教育影响越来越大的今天，我们应更好地完善人才培训体系，加强人工智能技术的研发与创新，完善教育资源共建共享机制，实现教育的更进一步发展。

复习思考题：

1. 大数据与人工智能对高校教育管理的影响是什么？
2. 我国高校大数据教育管理发展现状是什么？
3. 请分析传统教学模式与智能教学模式的利弊。
4. 我国高校教学模式优化的思考及对策是什么？
5. 大数据与人工智能在教育领域发展面临的挑战与前景是什么？

参考文献

[1] 张泽谦 . 人工智能 [M]. 北京 : 人民邮电出版社 , 2019,04.

[2] 葛艳红 . 基于物联网的教育机器人关键技术研究 [D]. 武汉：武汉理工大学 ,2013.

[3] 单俊豪，宫玲玲 , 李玉，闫寒冰 . 教育机器人对学生学习成果的影响——基于 49 篇实验或准实验研究论文的元分析 [J]. 中国电化 教育 ,2019(05):76-83.

[4] 李振，周东岱 , 刘娜，欧阳猛 . 人工智能应用背景下的教育人工智能研究 [J]. 现代教育技术 ,2018,28(09):19-25.

[5] 天津滨海迅腾 . 走进大数据与人工智能 [M]. 天津 : 天津大学出版社 , 2018,08.

[6] 佘玉梅 , 段鹏 . 人工智能原理及应用 [M]. 上海 : 上海交通大学出版社 , 2018,12.

[7] 李莹莹 . 人工智能背景下教学设计的范式迁移 [D]. 北京邮电大学 ,2019.

[8] 朱紫蔚 .《数据的本质》(节选) 汉英翻译实践报告 [D]. 曲阜师范大学 ,2019.

[9] 张盟 . 基于人工智能的民办高校教学管理改革研究 [D]. 华北水利水电大学 ,2019.

[10] 邢晓男 . 人工智能技术的风险问题及对策研究 [D]. 渤海大学 ,2019.

[11] 李文斌 . 工业革命 4.0 的实质及其影响研究 [D]. 中国矿业大学 ,2019.

[12] 金坚 . 大数据时代信息熵的价值评价研究 [D]. 吉林大学 ,2019.

[13] 朱文艳，马安琪 . 国内人工智能教育的应用现状与发展路径分析 [J]. 中小学电教 ,2019(Z2):99-102.

[14] 辛阳 , 刘治 , 朱洪亮 , 孔令爽 . 大数据技术原理与实践 [M]. 北京 : 北京邮电大学出版社 , 2018,03.

[15] 李涛 . 数据挖掘的应用与实践　大数据时代的案例分析 [M]. 厦门 : 厦门大学出版社 , 2013,10.

[16] 贵阳市教育局 , 合众美华教育 . 人工智能与大数据 [M]. 上海 : 上海科学技术出版社 , 2018,09.

[17] 王莉 , 宋兴祖 , 陈志宝 . 大数据与人工智能研究 [M]. 北京 : 中国纺织出版社 , 2019,01.

[18] 李胜男 . 基于人工智能技术的课堂教学行为的分析框架构建研究 [D]. 北京邮电大学 ,2019.

[19] 郭可 . 大数据对我国高校教育管理的影响及对策研究 [J]. 才智 ,2019(26):150.

[20] 赵蔚语 . 大数据对我国高校教育管理的影响及对策研究 [J]. 中国管理信息化 ,2018,21(13):222-223.

[21] 黄震 . 大数据对高校教育管理的影响及对策 [J]. 黑龙江教育学院学报 , 2018, 37(06):4-6.

[22] 赖智鹏 . 大数据对高校大学生教育管理的影响及对策 [J]. 艺术科技 , 2018, 31(05):219-233.

[23] 陈桂香 . 大数据对我国高校教育管理的影响及对策研究 [D]. 武汉大学 ,2017.

[24] 李伦 . 人工智能与大数据伦理 [M]. 北京 : 科学出版社 , 2018,12.

[25] 杨正洪 , 郭良越 , 刘玮 . 人工智能与大数据技术导论 [M]. 北京 : 清华大学出版社 , 2019,02.

[26] 姚海鹏，王露瑶，刘韵洁 . 大数据与人工智能导论 [M]. 北京 : 人民邮电出版社 , 2017, 09.

[27] 董晓波，吴培 . 人工智能促进教育事业新发展 [N]. 中国社会科学报 ,2019-11-19(004).

[28] 蔡俊杰 . 人工智能在财务领域的应用及思考 [J]. 财会学习 ,2019(32):56-57.

[29] 陈功文 . 人工智能中的语义分析技术及其应用 [J]. 电子技术与软件工程 , 2019(21):239-240.

[30] 张弘宇，王钧丰 . 人工智能中大数据技术的应用 [J]. 电子技术与软件工程 , 2019(21):242-243.

[31] 李月 . 互联网、大数据、人工智能与实体经济深度融合研究 [J]. 计算机产品与流通 , 2019(11):165.

[32] 张坤颖 , 李晓岩 . 大数据环境下的人工智能教育应用 [M]. 北京 : 学苑出版社 , 2019,05.

[33] 孙晓霞 , 谢冶博 . 赢面　运用大数据和人工智能技术辅助投资决策 [M]. 北京 : 中国经济出版社 , 2019,09.

[34] 杜圣东 . 大数据智能核心技术入门　从大数据到人工智能 [M]. 北京 : 电子工业出版社 , 2019,04.

[35] 史忠植 . 人工智能 [M]. 北京 : 机械工业出版社 , 2016,01.

[36] 教育研究所 . 大数据人工智能背景下的教育教学改革探索 [M]. 成都 : 西南财经大学出版社 , 2018,11.

[37] 中国人工智能学会智能教育技术专业委员 . 未来学习与人工智能 [M]. 郑州 : 郑州大学出版社 , 2018,09.

[38] 杨宗保 . 人工智能和大数据科技文献信息挖掘 [D]. 广州大学 ,2019.
[39] 韦军威 . 大数据技术应用的社会问题及治理对策 [D]. 华中师范大学 ,2019.
[40] 雷亚美 . 人工智能时代下的高等职业教育人才培养目标研究 [D]. 天津职业技术师范大学 ,2019.
[41] 闫丽平 . 基于人工智能背景下高职教师专业发展的策略研究 [D]. 天津职业技术师范大学 ,2018.
[42] (美) 瑟夫·E. 奥恩 (Joseph E.Aoun). 教育的未来人工智能时代的教育变革 [M]. 北京 : 机械工业出版社 , 2019,01.
[43] 刘凡平 . 大数据时代的算法机器学习、人工智能及其典型实例 [M]. 北京 : 电子工业出版社 , 2017,01.
[44] 王万良 . 人工智能及其应用第 3 版 [M]. 北京 : 高等教育出版社 , 2016,02.
[45] 魏苗 , 陈述 , 吴禀雅 . 大数据分析导论 [M]. 北京 : 电子工业出版社 , 2019,02.
[46] Yoshua Bengio. 人工智能中的深度结构学习 [M]. 北京 : 机械工业出版社 , 2017,08.
[47] 陈明 . 大数据技术概论 [M]. 北京 : 中国铁道出版社 , 2019,01.
[48] 青岛英谷 . 大数据开发与应用 [M]. 西安 : 西安电子科技大学出版社 , 2018,08.
[49] 娄岩 . 大数据应用基础 [M]. 北京 : 中国铁道出版社 , 2018,10.